कुम्भ मेला

कुम्भ मेला

एक क्षणिक महानगर का प्रतिचित्रण

सम्पादन

राहुल मेहरोत्रा और फिलीप वेरा

विषयवस्तु

डायना एक्क

तरुण खन्ना

जेनिफ़र लीनिंग

जॉन मैकॉम्बर

छायांकन

दिनेश मेहता

सहायक **दीप्ति मेहता**

अनुवाद

बाल किशन बाली

HARVARD University
South Asia Institute

बहुवचन

नियोगी बुक्स

An imprint of Niyogi Books

प्रकाशक

नियोगी बुक्स

ब्लॉक-डी, बिल्डिंग नं. 77
ओखला औद्योगिक क्षेत्र, फेज़-1
नई दिल्ली-110020, भारत
दूरभाष: 91-11-26816301, 26818960
ईमेल: niyogibooks@gmail.com
www.niyogibooksindia.com

मूलग्रंथ ©: राहुल मेहरोत्रा और फिलीप वेरा
अनुवाद ©: नियोगी बुक्स

डिज़ाइनः शशि भूषण प्रसाद

ISBN: 978-93-86906-67-0
प्रकाशन वर्षः 2019

मुद्रकः नियोगी ऑफसेट प्राईवेट लिमिटेड, नई दिल्ली, भारत

विषय-सूची

प्रस्तावना

"कुम्भ मेले की असामान्यता हैरान करती है। कोई नहीं बता सकता कि अब सामने क्या होने वाला है और शायद इसी एक वजह से लोग परस्पर सहयोग के लिए प्रेरित हुए हैं।"

–राहुल मेहरोत्रा

"कुम्भ मेले में उमड़ने वाले जनसमूह से मैं हैरान था और इस बात से भी कि स्वतंत्र निकायों की छोटी–छोटी कोशिशों से इतनी बड़ी भीड़ कैसे नियंत्रित है।"

–तरुण खन्ना

"इतनी विशाल भीड़ को देखने का मुझे एक बिल्कुल नया नज़रिया मिला। जो हो रहा है, उसे होने दो, बहने दो, नियंत्रित मत करो।"

–जेनिफ़र लीनिंग

परिचय

कुम्भ मेला, उत्तर भारत के मैदानी इलाके में, गंगा और यमुना नदी के संगम पर प्रत्येक बारह वर्षों में आयोजित होने वाला हिन्दुओं का एक धार्मिक मेला है। प्रथम सहस्त्राब्दि के पूर्वार्द्ध में, जब पहली बार इसका आयोजन हुआ, तब से लेकर आज तक, इसमें भाग लेने वाले लोगों की संख्या दुनिया भर में सबसे अधिक रही है। 14 जनवरी से 10 मार्च, 2013 तक इलाहाबाद में इस मेले का आयोजन हुआ जिसमें अनुमानतः लगभग सत्तर लाख श्रद्धालुओं ने भाग लिया।

मेले के आकार और जटिलता ने हार्वर्ड विश्वविद्यालय के सूचना एवं प्रौद्योगिकी, नगर शास्त्र एवं परिकल्पना, धर्म एवं संस्कृति शास्त्र तथा लोक–स्वास्थ्य जैसे विषयों से जुड़े शोधार्थियों का ध्यान आकर्षित किया।

वर्षा ऋतु की समाप्ति पर पवित्र गंगा नदी के समतल रेतीले किनारों पर कुम्भ नगरी को बसाया जाता है, जिसमें मेले के समापन तक हज़ारों तीर्थयात्री, श्रद्धालु और मेले की व्यवस्था को बनाए रखने वाले अधिकारीगण निवास करते हैं।

ग्रिड पर बसाए गए इस नगर को बस कुछ ही हफ़्तों में खड़ा भी कर दिया जाता है और हटा भी दिया जाता है।

तम्बुओं से बने इस नगर में समकालिक नगरीय जीवन की सभी सुविधाएं जैसे, नगर नियोजन एवं प्रबंधन यान्त्रिकी, स्थल परिधिकरण, स्थल आवंटन, विद्युत ग्रिड, जल प्रबंधन, आरोग्य व्यवस्था, भोजन एवं पेयजल वितरण प्रणाली, अस्पताल एवं टीकाकरण, पुलिस एवं अग्निशमन व मनोरंजन स्थल आदि उपलब्ध करायी जाती हैं। कुम्भ मेले में लोक–स्वास्थ्य सम्बन्धी अनेक चुनौतियाँ हैं, साथ में सुवर्ण अवसरों की भरमार भी है। गंगा–यमुना के जल को एक स्वीकृत सीमा तक प्रदूषण–मुक्त बनाए रखना अनिवार्य है ताकि लोग उसमें स्नान कर सकें। स्वच्छता सुनिश्चित करने के लिए कचरों का निपटान आवश्यक है और उसके लिए पर्याप्त मात्रा में सफाई कर्मचारियों की तैनाती भी अनिवार्य है। मेला स्थल एवं रेलवे स्टेशन पर टीकाकरण की समुचित व्यवस्था की जाती हैं, ताकि रोगों से बचाव हो सके।

व्यापारिक दृष्टिकोण से मेले में निजी कम्पनियों और सरकार के मध्य साझेदारी देखने को मिलती है। तकनीक, मीडिया, इन्टरनेट कनेक्टिविटी और सेल्यूलर नेटवर्क की मेले में एक अहम

भूमिका होती है। परन्तु धार्मिक पक्ष इस मेले की सबसे बड़ी विशेषता है। यहाँ पर हम यह समझने का भी अवसर प्राप्त करते हैं कि किस प्रकार देश के भिन्न–भिन्न स्थानों, सम्प्रदायों और सामाजिक स्तर से जुड़े हिन्दू धर्मावलम्बी एक–दूसरे से संवाद स्थापित करते हैं।

इन समस्त बातों को ध्यान में रखते हुए, हार्वर्ड विश्वविद्यालय, साउथ एशिया इन्स्टीट्यूट (SAI) ने *''मैपिंग द कुम्भ मेला''* नामक एक बहुवर्षीय शोध परियोजना के समन्वयीकरण का दायित्व संभाला। SAI का उद्देश्य अलग–अलग विषयों के संकायों के महत्वपूर्ण विषयों पर शोध करना है।

कुम्भ मेले को एक केन्द्रीय परियोजना के तौर पर देखा गया। विभिन्न संकायों ने सम्बन्धित विषयों पर अपने शोध–पत्रों को स्वतंत्र रूप से प्रकाशित किया तथा हार्वर्ड के अन्तःविषयक दृष्टिकोण का पुस्तक रूप में प्रकाशन का भी निर्णय लिया गया।

हार्वर्ड के इस प्रयास से पूर्व कुम्भ मेले पर तीन प्रकार के साहित्य उपलब्ध थेः (1) शोधार्थियों के अकादमिक कार्य (2) प्रशासकों के अनुभव और (3) छायाकारों के छायाचित्र। ये पुस्तक इन तीनों ही दृष्टिकोणों से इस उत्सव को समझने का प्रयास करेगी।

जुलाई, 2012 में आरम्भ होकर, सत्र की समाप्ति तक SAI के तत्वावधान में हार्वर्ड में अनेक बैठकों का आयोजन हुआ। इन बैठकों में संकाय सदस्यों ने उन विभिन्न दिशाओं का आकलन किया, जिधर अपने विषय सम्बन्धी लक्ष्य की प्राप्ति के लिए उन्हें जाना पड़ सकता था।

जुलाई 2012 के अन्त तक इस परियोजना से मात्र दो संकाय और कुछ विद्यार्थी जुड़े थे जिनकी संख्या कुम्भ–भ्रमण अर्थात् जनवरी, 2013 तक बढ़कर कई गुना हो गई। अब इस परियोजना में पचास से भी अधिक संकाय और भिन्न–भिन्न विश्वविद्यालयों के पाँच विभिन्न विषयों से सम्बधित कर्मचारी और विद्यार्थी भी शामिल हो चुके थे जिनमें हार्वर्ड स्कूल ऑफ़ पब्लिक हैल्थ (HSPH), हार्वर्ड बिज़नेस स्कूल (HBS), हार्वर्ड स्कूल ऑफ़ आर्ट्स एण्ड साइंसेज़ (FAS), और हार्वर्ड डिविनिटी स्कूल (HDS) प्रमुख हैं। इन बैठकों में होने वाले विचार–विमर्श से भिन्न–भिन्न संकाय और विषयों से जुड़े शोधार्थियों को एक–दूसरे की जिज्ञासाओं को जानने अवसर और उनका समाधान भी मिला।

मार्च, 2012 में SAI दल की बैठकों से पूर्व ही GSD के एक दल ने इलाहबाद में कुम्भ मेला स्थल का निरीक्षण किया। अपने आरम्भिक शोध के लिए वो सम्बन्धित अधिकारियों से मिले और कुम्भ की प्रकृति को समझने में सहायक सामग्रियों का संकलन किया। इस दल ने एक नगर के अचानक साकार हो उठने की प्रक्रियाओं को भी समझने का प्रयास किया। विद्यार्थियों के लिए इस बात को समझना आवश्यक था कि कुम्भ के दौरान गतिविधियों के अनुसार समस्त भू–खण्ड का भिन्न–भिन्न उपयोंगों के लिए विभाजन किया जाता है। इन समस्त आरम्भिक सूचनाओं का संकाय सदस्यों ने अपने शोध से जुड़े प्रश्नों और योजनाओं को समुन्नत करने के लिए प्रयोग किया।

इस परियोजना में SAI ने विभिन्न लोगों की बढ़ती रुचियों के समन्वय की भूमिका बखूबी निभाई। उसने इस परियोजना को प्रशासनिक सहयोग उपलब्ध कराने हेतु हार्वर्ड ग्लोबल हैल्थ

इन्स्टीट्यूट से अनुबन्ध भी कर लिया। इस अनुबन्ध के अनुसार कुम्भ से जुड़े शोध का विवरण, हार्वर्ड दल के सदस्यों से सम्पर्क की जानकारी, स्थल के मानचित्र एवं आरम्भिक शोध के दौरान एकत्रित अन्य जानकारियों का विवरण उपलब्ध कराने के लिए एक वेबसाईट बनाई गई। इस वेबसाईट ने शोध से जुड़े विभिन्न दलों को अपनी सूचनायें एवं प्रगति साझा करने का एक मंच प्रदान किया।

इस बढ़ती हुई परियोजना के लिए धनराशि उपलब्ध कराने का दायित्व SAI ने लिया। The President's January Innovation Fund, the Provost's Fund for Interfaculty Collaboration, HGHI, और The Harvard University Asia Center धनराशि उपलब्ध कराने वाली प्रमुख संस्थाएं थीं। The François-Xavier Bagnoud (FXB) Center for Health and Human Rights, HBS and the Harvard Center for the Environment (HUCE) ने विद्यार्थियों के कुम्भस्थल की यात्राओं को प्रायोजित किया था।

इस परियोजना के आकार लेने के साथ ही संभार–तंत्र (Logistics) के समन्वयीकरण में SAI की भूमिका अहम होती चली गई। टीकाकरण और वीज़ा प्रबन्धन को सुनिश्चित करना, हार्वर्ड यात्रा सेवा और US Consulate को सूचित करने हेतु व्यक्तिगत सूचनाओं को एकत्र करना, छात्रों के risk and release forms का प्रबन्धन करना, प्रतिभागियों के फ़ोटोयुक्त परिचय–पत्रों की व्यवस्था करना, भारत में उपयोग के लिए उन्हें सेलफ़ोन एवं internet dongles उपलब्ध कराने की व्यवस्था तथा सम्पर्क सूची तैयार करना, SAI के प्रमुख उत्तरदायित्वों में शामिल था।

पचास से भी अधिक हार्वर्ड के प्रोफ़ेसर्स, विद्यार्थी, प्रशासनिक अधिकारी, चिकित्सक और शोधार्थियों ने कुम्भस्थल की यात्रा की। स्थल पर इनके प्रवास की अवधि दो दिन से लेकर कई सप्ताह तक की थी। दल के कुछ सदस्यों ने तो साल भर तक इस स्थल की यात्राएँ कीं ताकि वो भू–भाग विनियोग की तस्वीरें उतार कर उन्हें लेखबद्ध कर सकें, निमार्ण कार्य में लगे कारीगरों और कामगारों से बातचीत कर सकें और साथ ही सम्बन्धित अधिकारियों का साक्षात्कार कर सकें।

कुम्भ मेला प्रशासन और हार्वर्ड रिसर्च दल के सदस्यों के मध्य सहयोग की भावना को विकसित करना भी SAI का प्रमुख कार्य था। वास्तुकला एवं नगर नियोजन के दलों ने अत्यंत ही क्रमबद्ध तरीके से कुम्भस्थल के विभिन्न खण्डों को लेखबद्ध किया और एक ऐसे समृद्ध और प्रगतिशील नगर के प्रारूप को सामने रखा जिसके घटक भविष्य में आपदा प्रबन्धन, लोक–स्वास्थ्य एवं सम्पोषणीयता के अपेक्षित सन्दर्भों में प्रयोग में लाए जा सकते हैं।

लोक स्वास्थ्य से जुड़े दल ने स्थल पर स्थित अस्थायी शौचालयों की संख्या तथा उनके विभिन्न प्रयोगों का आकलन किया। इसके अतिरिक्त संग्रहणीय पेयजल से सम्बन्धित लोक स्वास्थ्य अधिकारियों के प्रावधानों का भी अध्ययन किया गया।

धर्म और संस्कृति का अध्ययन करने वाले दल ने आयोजन के क्रम में होने वाले प्रदूषण से चिंताग्रस्त प्रतिभागियों एवं योजना अधिकारियों की पीड़ा को समझने का प्रयास किया। शोधार्थियों के एक दल ने कुम्भ में प्रयुक्त वृक्षों एवं वनस्पतियों का अध्ययन किया। एक अन्य दल ने उत्सव

एवं पूजा कार्यों में बड़े पैमाने पर फूलों के प्रयोग लेकर गंभीर चिंता भी जताई। इस प्रकार यह भी समझने का अवसर मिला कि धार्मिक कर्मकाण्डों का हमारे पर्यावरण पर कैसा प्रभाव पड़ता है। व्यावसायिक गतिविधियों का आकलन करने वाले दल ने अस्थायी प्रकृति के इस बाज़ार में विक्रेताओं तथा आपूर्तिकर्ताओं की विभिन्न समस्याओं का अध्ययन किया।

वैश्विक बाज़ारों के गठन में इस प्रकार के अध्ययन अत्यंत लाभकारी सिद्ध हो सकते हैं। एक अन्य दल ने इतने बड़े स्तर पर और इतनी शीघ्रता से कोई नगर कैसे बस जाता है, पर अपने शोध को केन्द्रित किया। यातायात और प्रदूषण जैसी समस्याओं का भी गहन विश्लेषण किया गया और स्वच्छ वायु, जल और विद्युत जैसे मूलभूत संसाधनों की आपूर्ति सुनिश्चित करने में सरकार की भूमिका का भी अध्ययन किया गया। एक दल ने सेलफोन्स के आँकड़ों का तथा एक निश्चित समय–सीमा और एक अनिश्चित से भू–खण्डीय विस्तार में सोशल नेटवर्क की रूपरेखा का भी अध्ययन किया।

SAI के आरम्भ से अन्त तक सुनियोजन और कार्यन्वयन से भिन्न–भिन्न शोध दलों का एक साथ काम करना संभव हो सका।

हार्वर्ड दौरे से पूर्व एवं पश्चात् SAI ने न सिर्फ मीडिया प्रबंधन का कार्यभार संभाला, बल्कि संग्रहित सामग्रियों के संकलन का भी काम किया ताकि किसी भी प्रकार की तथ्यात्मक चूक की सम्भावना न रह जाए।

कुम्भ दौरे से वापसी के उपरान्त SAI द्वारा कुछ अतिरिक्त बैठकों का भी आयोजन किया गया ताकि भिन्न–भिन्न संकाय एवं विद्यार्थीगण अपनी भावी योजनाओं को कार्यान्वित कर सकें।

अगस्त, 2013 में एक समीक्षात्मक बैठक भी आयोजित की गई जिसे RADCLIFF INSTITUTE OF ADVANCED STUDIES ने प्रायोजित किया। इस कार्यशाला में उत्तर प्रदेश के योजना और प्रबन्धन के उत्तरदायी पाँच अधिकारियों ने भी भाग लिया। इनके अतिरिक्त विभिन्न संकाय, विद्यार्थियों और प्रशासकों ने भी भाग लिया। इस कार्यशाला का उद्देश्य सबको शोध के भिन्न–भिन्न परिणामों से अवगत कराना था। अन्तःविषयक साझेदारी और अकादमिक जिज्ञासा, ने हार्वर्ड के कुम्भ मेले के अध्ययन को इतना सफल बनाया।

किसी भी तीर्थयात्रा या सांस्कृतिक आयोजन, जहाँ लोग इतने बड़े स्तर पर एकत्रित होते हैं, की अपनी समस्यायें होती हैं। इन समस्याओं का विश्लेषण करने में *"कुम्भ मेला, जनवरी, 2013" Mapping the Ephemeral MEGACITY* अन्तःविषयक शोध के एक ऐसे उदाहरण के रूप में सामने आता है, जिससे लोक स्वास्थ्य, आँकड़ा विज्ञान, स्थापत्य, नगर योजना, व्यवसाय एवं धर्म–संस्कृति आदि विषयों को समझने में मदद मिल सकती है। यह परियोजना समस्त भूगोल (भू–खण्ड) का समग्र अध्ययन करती है। यह इस बात का प्रमाण भी है कि SAI जैसी संस्था विभिन्न प्रोफ़ेशनल स्कूल्स को एक मंच पर लाने में भी महत्त्वपूर्ण भूमिका निभा सकती है। हार्वर्ड विश्वविद्यालय में भौगोलिक ज्ञान को पिछले तीस वर्षों से कम महत्त्व दिया जाता रहा है। हालाँकि HBS जैसे विद्यालयों के साथ यह मानसिकता बदलती जा रही है जो अपने विद्यार्थियों को अन्य

देशों की यात्रा के लिए इसलिए प्रेरित करते हैं ताकि उनके यात्रा–अनुभवों से क्लासरूम लर्निंग और समृद्ध हो सके। अन्ततोगत्वा इस संस्था के समक्ष इस परियोजना ने यह यक्ष–प्रश्न खड़ा कर दिया है कि क्या किसी स्थान की भौगोलिक जानकारी से कुछ और भी प्राप्त किया जा सकता है, या अध्ययन को किसी विषय–विशेष तक ही सीमित रखा जाना चाहिए?

मीना सोनिया हेवेट
कार्यकारी निदेशक
साउथ एशिया संस्थान

The SOUTH ASIA INSTITUTE at Harvard University

तरुण खन्ना, मीना हेवेट जेनी बोर्दो,
टोड मोस्तैक डियोनी मूडी,
नम्रता अरोड़ा, नोरा मैगीन

Harvard University Graduate School of Design

राहुल मेहरोत्रा, चॉन हाओ चेन,
नमिता धारिया अनिशा धारवडकर,
विनित दिवादकर, ऑस्कर मलस्पिना
अलीखान मोहम्मद, जॉस म्योरल मॉरतिल्ला,
बेन्जामिन शियरबार्थ जोहान्स स्टॉउड,
जस्टिन स्ट्रेन, फिलीप वेरा, जेम्स व्हाटन

Harvard University School of Public Health

रिचर्ड कैश, कैन्डैस ब्राउन, स्टीफनी शेन्ग,
जुक्का–पेक्का ऑनेला

Global Health Institute

सूजन आर हॉल्मन, अमान्डा ब्ररूस्टर, सू जे गोल्डी

FXB Center for Health and Human Rights

जेनिफर लीनिंग, ग्रेग ग्रीनो, सत्चित बलसारी, पूजा अग्रवाल,
आरोन हीरबॉथ ध्रुव काज़ी, ऋषि मादोक, नील मूर्ति, लॉगन
प्लास्टर माइकल वॉर्तमैन

Harvard University Faculty of Arts & Sciences

डायना एक, कल्पेश भट्ट, डॉरोथी ऑस्टिन, इसाक डायनो
फेलिक्स डी रोजन, अन्ना नेफेल, बरेना मेक्डफी, निकॉलस रोथ
लैला शैयगन, राशेल टेलर, नेद वाईटमैन

Harvard University Business School

तरुण खन्ना, जॉन मैकॉम्बर, सलोनी चतुर्वेदी,
वाउगन टन, टिऑना ज़ुज़ुल

कार्यक्षेत्र में यात्रा के दौरान हार्वर्ड युनिवर्सिटी के शोधकर्ता।

बाधा आने पर क्या होता है?

बीमार व्यक्ति को इलाज के लिए भीड़ से बाहर किस रास्ते ले जाते हैं?

जल, स्वास्थ्य–सेवा एवं कचरा प्रबंधन की रूप रेखा क्या है?

चिकित्सालयों की स्थिति, संख्या, और उसके कर्मचारियों की स्थिति क्या है?

विशाल भीड़ से उत्पन्न आकस्मिकता से बचने और उसके निदान से सम्बंधित नेतृत्व एवं संस्थागत संरचनाओं की स्थिति कैसी है?

प्राकृतिक संरचनाओं से लौकिक आयोजन किस प्रकार सम्बद्ध हैं?

उत्सव की भौतिक सीमायें क्या हैं? क्या यह दो उत्सवों के बीच बदलती रहती हैं?

पारम्परिक योजनानुसार बने और बसे नगरों के समक्ष कुम्भ नगर किस प्रकार की चुनौती पेश करता है?

वाहनों में और पैदल चलने वाले लोगों के मध्य ताल–मेल कैसे होता है?

विस्तृत भू–भूाग पर आयोजित मेले का उस भू–भाग से कैसा सम्बन्ध होता है?

निकटवर्ती शहरों में सार्वजनिक परिवहन की समय सारणी एवं मार्गों की स्थिति कैसी है? क्या वे बदलती भी हैं?

कुम्भ मेले का व्यवसायिक प्रारूप कैसा है? क्या ये लाभ के मकसद से तो नहीं किया जाता?

मेले में सरकार, निजी क्षेत्र एवं विभिन्न समुदायों के मध्य किस प्रकार का सम्बन्ध होता है?

मेले के दौरान वायु की गुणवत्ता एवं प्रदूषण की स्थिति कैसी होती है?

मेले का पर्यावरण पर क्या प्रभाव होता है?

संस्थागत एवं विधिक प्राधिकार की संरचना कैसी होती है तथा प्राधिकार का स्तर कैसे सुनिश्चित होता है?

नगर की संरचना के अतिरिक्त सेना और किस तरह से मेले से जुड़ी रहती है?

कौन से कानून प्रभावी रहते हैं?

सर्वसमावेशक आर्थिक व्यवस्था क्या है?

कुम्भ में तकनीक का क्या इतिहास रहा है?

स्थायी और अस्थायी तकनीक के मध्य संतुलन कैसा है?

श्रद्धालुओं एवं सैलानियों के परिप्रेक्ष्य में इंटरनेट तक पहुँच की स्थिति कैसी है?

ग्रिड का प्रयोग क्यूँ होता है?

कुम्भ–मेले के भौतिक, राजनैतिक एवं आर्थिक स्वरूप में समय के साथ कितना परिवर्तन आया है?

श्रद्धालु, सैलानी, प्रेस तथा संचालक मंडल परस्पर कैसे सम्बन्धित होते हैं?

टीकाकरण व अन्य उपलब्ध दवाईयाँ कुम्भ श्रद्धालुओं में कैसे वितरित की जाती हैं?

इतनी विशाल भीड़ अपेक्षाकृत शांतिपूर्ण एवं संयमित तरीके से कैसे व्यवहार करती है?

स्नान, हाथ धोना, पेयजल का प्रयोग तथा भोजन बनाने की उपयुक्त प्रक्रिया का प्रबन्धन कैसे हो पाता है?

टीकाकरण प्रक्रिया की व्यवस्था, घोषणा एवं संचालन किस प्रकार होता है?

राष्ट्रीय, धार्मिक एवं निजी पहचान के बीच परस्पर संघर्ष से कैसे निपटा जाता है?

आर्थिक एवं सामाजिक दृष्टिकोण से विषम पृष्ठभूमि के तीर्थयात्री एक–दूसरे से किस भाँति संवाद स्थापित करते हैं?

कुम्भ पर मौसम का दैनिक, मासिक या वार्षिक प्रभाव किस प्रकार होता है?

दृष्टिगत और स्थानिक परिप्रेक्ष्य में कुम्भ को किस प्रकार लेखबद्ध किया जा सकता है?

भूमि आबटन किस प्रकार होता है?

आयोजन से उपजी तत्कालीन व्यवस्था, दूसरी मौजूदा व्यवस्थाओं से किस भाँति सम्पर्क स्थापित करती हैं?

'निजी' एवं 'सार्वजनिक' के बीच जगह का विभाजन किस प्रकार होता है?

आयोजन–स्थल के आस–पास स्थित भू–खण्ड के प्रयोग की रूपरेखा समय के साथ किस भाँति बदली है?

सार्वजनिक एवं निजी क्षेत्र के मध्य अल्पकालीन भागीदारी कैसे पनप पाती है?

अनौपचारिक व्यवसायिक पद्धति की मौजूदगी किस सीमा तक होती है?

सूचना संस्थायें सूचना का आदान–प्रदान किस प्रकार करती हैं एवं मध्यस्थता अस्तित्व में कैसे आती है?

ढाँचागत अभियान्त्रिकी, यातायात प्रारूप एवं खाद्यान्न–पेयजल वितरण का प्रतिचित्रण किस प्रकार होता है?

मेले में भौतिक बुनियादी ढाँचे का प्रारूप, उसकी योजना और इस्तेमाल किस प्रकार किया जाता है?

पॉन्टून सेतुओं का निर्माण, प्रदर्शन एवं कार्यान्वयन किस प्रकार होता है?

विधि व्यवस्था अनुपालन कैसे सुनिश्चित की जाती है?

पर्यटन, धार्मिक संगठन, विषम पृष्ठभूमि से सम्बंधित श्रद्धालु एवं प्रेम आदि किस भाँति पद नामित किए जाते हैं?

सेलफ़ोन चार्जिंग की क्या व्यवस्था होती है?

आयोजन के लिए उपयुक्त तकनीक का चयन किस तरह और क्यूँ होता है?

क्या किसी चीज में कोई कमी रह गई है?

मेले में तकनीकी विकास समय के साथ कैसा रहा है?

जनोपयोगी सेवायें, आश्रय, संचार, स्वच्छता एवं खाद्यान्न सम्बन्धित सामूहिक संरचना किस प्रकार निर्मित एवं विघटित की जाती है?

'पॉप अप अस्पताल' किन जगहों पर स्थित होते हैं?

पुलिस, थानों एवं अधिकारियों की व्यवस्था किन जगहों पर की जाती है?

श्रद्धालुगण कहाँ से और कैसे यात्रा करके आते हैं?

धार्मिक संगठनों को स्थान का आवंटन कहाँ और कैसे होता है?

इंटरनेट स्टैण्ड्स किन जगहों पर लगाये जाते हैं, उन्हें संचालित कौन करता है तथा वो कितने प्रभावी होते हैं?

टीकाकरण अभियान में किन लोगों की भागीदारी होती है और अभियान के प्रति उनकी तत्परता कितनी होती है?

आगंतुकों के भोजन, आश्रय एवं प्रार्थना स्थलों को सुनिश्चित करने की जिम्मेदारी किसकी होती है?

कार्यान्वयन का खर्च कौन उठाता है?

मेले के दौरान जल, नागरिक सुविधाओं, सार्वजनिक शौचालयों आदि सेवाओं का व्यय कौन वहन करता है?

प्रचार एवं अन्य निजी निवेश से होने वाली आय को कौन ग्रहण करता है?

मेले में प्रमुख धार्मिक व्यक्ति एवं संगठन कौन–कौन से हैं ओर मेले के अन्य लोगों पर उनका क्या प्रभाव है?

मेले में तकनीकी प्रणालियों, ग्रिड, पावर लाइन्स, शौचालय, इंटरनेट आदि का प्रचलन कब और क्यूँ आरम्भ हुआ ?

व्यवस्थाओं का सुचारू रूप से संचालन कब से आरम्भ हुआ तथा वर्तमान में मेले का संचालन किस प्रणाली पर आधारित है?

उद्देश्य

कुम्भ मेले पर एक अन्तर्दृष्टि

डायना एक्क व कल्पेश भट्ट

कुम्भ स्नान तीर्थयात्रा से जुड़ा हुआ एक विशाल भारतीय धार्मिक मेला है। हर बारह साल में एक बार, एक महीने के लिए इस पावन परम्परा को निभाने के लिए लाखों–करोड़ों लोग इलाहाबाद में गंगा, यमुना और सरस्वती के पवित्र संगम पर एकत्रित होते हैं। पृथ्वी के सबसे बड़े धार्मिक सम्मेलन की विशालता विश्व को आश्चर्यचकित करती है, विशेषतया स्नान वाले तीन दिनों पर यहां एकत्रित होने वाला विशाल जनसमूह शाही शोभायात्रा एवं उनकी धार्मिक आस्था। तीनों नदियों के आसपास मौजूद विस्तृत भू–भाग पर तम्बुओं का एक नगर उभर आता है। सबसे पवित्र माने जाने वाले दिनों में, नदी में स्नान करने वालों की सबसे अगली पंक्ति में संन्यासी और निर्वस्त्र साधु रहते हैं, और उनके पीछे–पीछे भक्तों की भारी भीड़ लाखों की तादाद में नदी के किनारों की ओर बढ़ने लगती है। इस विस्मयकारी घटना की तस्वीरें पूरे विश्व के सामने एक अद्‌भुत दृश्य प्रस्तुत करती हैं।

20 वर्ग मील इलाके में नदियों के मैदानों में एक *'कुम्भ सिटी'* का निर्माण किया जाता है, जो अस्थायी होते हुए भी संरचनात्मक दृष्टि से अत्यंत जटिल होता है।

इस शहर का आकार मैनहट्टन के आकार का करीब दो तिहाई होता है, जो किसी चमत्कार से कम नहीं है। यहां लाखों लोगों के रहने के लिए टैन्ट लगाए जाते हैं, और किसी भी स्थायी शहर की तरह सड़कें, सेतु, पावर स्टेशन, विजली, साफ़–सफ़ाई और स्वास्थ्य सेवायें, पुलिस और अग्निशमन विभाग, यातायात और दूर–संचार सुविधाएं उपलब्ध होती हैं।

इसे लेकर एक प्रश्न उत्पन्न होता है कि हर बारह साल में आयोजित होने वाली इस महान तीर्थयात्रा का एक महीने तक रहने वाले हजारों साधु–सन्तों के लिए अथवा सिर्फ एक दिन के लिए आने वाले तीर्थयात्रियों के लिए क्या महत्त्व है?

हिन्दू जीवन–शैली में कुम्भ मेले का महत्त्व पूरे भारत में आयोजित तीर्थयात्राओं और धार्मिक मेलों के संदर्भ में समझा जाना चाहिए। ये सदियों पुरानी परम्परा का एक हिस्सा है जो पूरे देश में हिन्दुओं को पवित्र स्थानों पर एकत्रित करती है। आधुनिक भारत में आवागमन और संचार के साधनों में हुई तकनीकी प्रगति ने तीर्थयात्रा की परम्परा को अधिक लोकप्रिय एवं समृद्ध बना दिया है।

तीर्थ: आध्यात्मिक केन्द्र

भारतवर्ष में हजारों तीर्थस्थान हैं, जहां हिन्दू पवित्र नदियों में स्नान और पुण्य प्राप्ति के लिए अनेक धार्मिक अनुष्ठान करते हैं। इन आध्यात्मिक तीर्थस्थानों में किसी की भी प्रार्थना आसानी से सुनी जाती है। इस जीवन की सरिता हमें अमरत्व के सुदूर स्थानों तक पहुंचने के योग्य बनाती है।

प्रयाग इलाहाबाद का पुराना नाम है। इसे तीर्थराज यानी तीर्थों का राजा भी कहा जाता रहा है। कहते हैं कि असंख्य तीर्थयात्री पापों और दुखों के बोझ से मुक्ति पाने के लिए प्रयाग आते हैं। यूं तो प्रयाग में बहुत से मन्दिर हैं, पर इस पवित्र स्थल की महत्ता नदियों के संगम में है।

इन स्थानों की एक ऐसी छवि बन गई है, जो दैवीय उपस्थिति का आभास कराती है।

संगम: नदियों का मिलन

भारत में महान नदियों के उद्गम स्थल को दैवीय माना जाता है। कहा जाता है कि इन नदियों का जल दैवी शक्ति का तरल रूप है, जो स्वयं इस जगत की रचना से जुड़ी ऊर्जा हैं। गंगा और यमुना नदियों का उद्गम हिमालय में स्थित गंगोत्री और यमुनोत्री हैं।

गंगोत्री: गंगा का उद्गम स्थल।

संगम के दृष्टिकोण से भारत की अन्य कई पावन नदियों के उद्गम को भी पवित्र माना जाता है, इनमें गोदावरी का उद्गम महाराष्ट्र में नासिक के निकट, नर्मदा का स्रोत अमरकंटक में है, और कावेरी दक्षिण–पश्चिमी कर्नाटक की कुर्ग पहाड़ियों में तालकावेरी से निकलती है।

मंदाकिनी नदी का महत्त्व भी कम नहीं है। मंदाकिनी का अर्थ है स्वर्ग की नदी। ये नदी भी हिमालय की पहाड़ियों के बीच से बहकर आती है और रुद्रप्रयाग में इसका मिलन अलकनंदा से तथा देवप्रयाग में भागीरथी से होता है।

लेकिन गंगा के किनारे जिस संगम की महत्ता सबसे अधिक है, वह प्रयाग में है। यहीं पर गंगा और यमुना का मिलन, एक अदृश्य नदी सरस्वती से होता है, और तीनों नदियों के मिलने वाली इस जगह को त्रिवेणी कहा जाता है। प्रयाग में जब इन नदियों का समागम होता है तो इनका विस्तार बहुत दूर तक नज़र आता है और वर्षा के कारण ये खूब भरी होती हैं। गंगा यहां से आगे बढ़ती हुई वाराणसी होकर, फिर बिहार और बंगाल पहुंचकर बंगाल की खाड़ी में समा जाती है। गंगा इस यात्रा में करीब 1600 किलोमीटर का फासला तय करती है।

इसी गंगा सागर द्वीप में हर साल जनवरी में तीन दिन का एक मेला लगता है जिसमें करीब 10 लाख लोग हिस्सा लेते हैं।

कुम्भ–मेले में संगम ही लोगों का मुख्य गंतव्य स्थान होता है। इसी पवित्र स्थल पर वे एक पावन समय में डुबकी लगाकर अपने सभी पापों से मुक्त होने का प्रयास करते हैं। मान्यता है कि कुम्भ मेले की शुभ स्थिति के दौरान इस स्थान पर इन नदियों में अमृत प्रवाहित होता है।

अमृत: अमरत्व दाता

उपनिषदों में कहा गया है – 'हमें असत्य से सत्य की ओर, अंधकार से प्रकाश की ओर, मृत्यु से अमरत्व की ओर ले चलो।' यही ''अमरत्व की कामना'' सभी संस्कृतियों और धर्मों का मूल रही है। कुम्भ से जुड़ी हिन्दु दंत–कथाओं में देवताओं को भी अमरत्व की कामना रही। पौराणिक मान्यताओं के अनुसार, सागर की असीम गहराइयों में अमरत्व प्रदान करने वाला अमृत विद्यमान था जिसे देवतागण पाना चाहते थे। उनकी सहायता के लिए भगवान विष्णु ने कच्छप अवतार लिया, ताकि सागर को मथने के लिए मथानी को कछुए की पीठ पर रखा जा सके। हिमालय के मंदरा पर्वत को मथानी बनाया गया और नागराज वासुकी ने मथने के लिए रस्सी की भूमिका निभायी। परन्तु इस कार्य की सफलता के लिए देवताओं को असुरों के सहयोग की आवश्यकता भी पड़ी ताकि रस्सी बने नागराज वासुकी के एक सिरे को देवता खींचें और दूसरे को असुर। दोनों ही पक्षों ने पूरी शक्ति से समुद्र–मंथन किया। असुरों ने अमृत कलश के सागर से बाहर आते ही उसे अपने अधिकार में ले लिया। क्षण–भर के लिए ऐसा प्रतीत हुआ कि मानो सब कुछ समाप्त हो गया, तभी विष्णु ने मोहिनी स्त्री का रूप धारण करके छलपूर्वक वह कलश असुरों से ले लिया और उसे देवताओं को सौंप दिया। देवतागण उस कलश को लेकर स्वर्गलोक की ओर उड़ चले। इस आपा–धापी में अमृत की चार बूंदें धरती पर भी गिर गईं। मान्यताओं के

अनुसार धरती पर जिन–जिन स्थानों पर ये चार बूंदें गिरी थीं उन्हीं चारों स्थानों पर वर्तमान में कुम्भ के मेले का आयोजन किया जाता है। ये जगह हैं हरिद्वार, जहाँ गंगा मैदानी क्षेत्र में प्रवेश करती है। प्रयाग, जहाँ त्रिवेणी संगम है। नासिक, जो कि महाराष्ट्र में गोदावरी के तट पर स्थित है और उज्जैन, जो मध्य–प्रदेश में क्षिप्रा नदी के तट पर बसा है। ज्योतिषीय गणना के आधार पर चक्रीय क्रम में इन चारों ही स्थानों पर प्रत्येक बारह वर्षों में इस मेले का आयोजन होता है।

समुद्र–मंथन और अमृत के लिए होने वाले युद्ध की कथा पुराणों से होती हुई अपने अलग–अलग अवतारों में आगे बढ़ती रही है। यद्यपि कुम्भ मेले को नाम से चिन्हित नहीं किया गया है तब भी समुद्र–मंथन के साथ इसका सम्बन्ध इतना प्रसिद्ध है कि कुम्भ मेला–2013 के आधिकारिक वेबसाईट के फ़लक–चित्र पर देवताओं एवं असुरों को समुद्र–मंथन करते हुए दर्शाया गया है।

स्कन्द–पुराण में कुम्भ मेले की उत्पत्ति के संबंध में एक कथा का उल्लेख मिलता है कि किन नक्षत्रीय संयोगों में किन स्थानों पर अमृत की बूँदें टपकी थीं। उन्हीं स्थानों पर कुम्भ के चारों मेले लगते हैं।

मान्यता यह है कि नक्षत्रों के आधार पर लगने वाला प्रथम कुम्भ मेला हरिद्वार में लगा था। प्रयाग के विद्वान डी. पी. दूबे का कहना है कि "ऐसा लगता है कि 'कुम्भ पर्व' प्रत्येक बारह वर्षों में हरिद्वार के उस पवित्र स्नान से जुड़ा है, जो बृहस्पति के कुम्भ–राशि में होने और सूर्य के मेष राशि में प्रवेश की मांगलिक वेला में किया जाता है।

इलाहाबाद, 1953 में कुम्भ मेले की बसावट का एक अभिलेखीय चित्र।

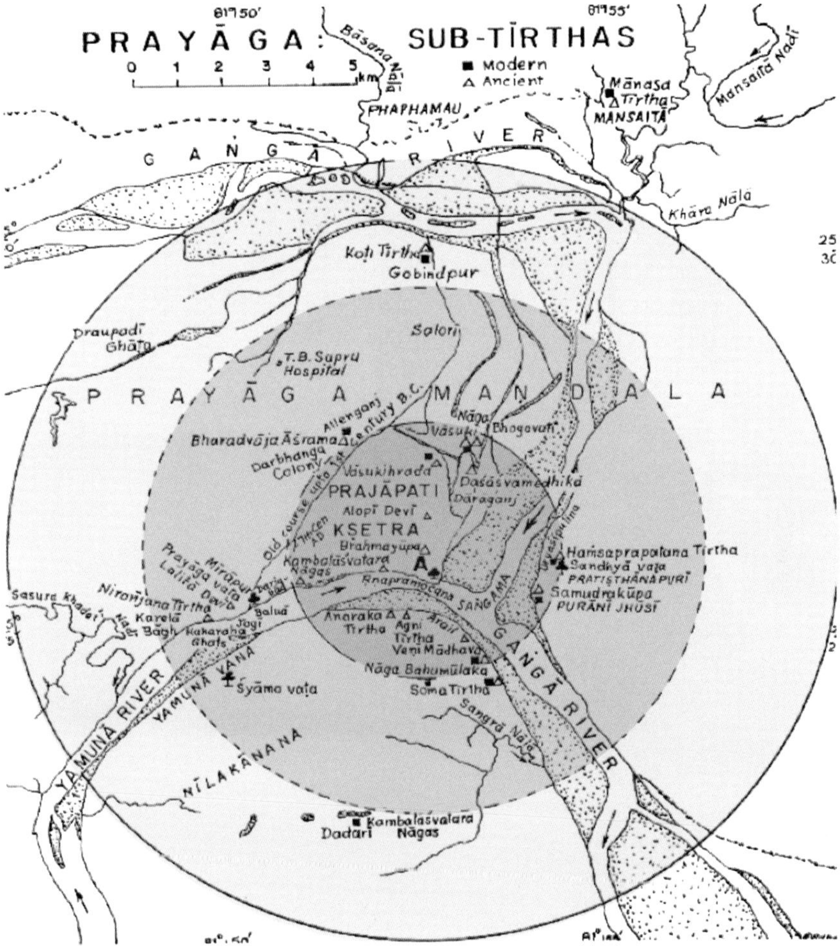

प्रयाग मण्डल

अमृत की गाथा को यदि छोड़ भी दिया जाए तो पुराणों में संगम स्नान एवं इसके जल को ग्रहण करने की महानता का विशद वर्णन मिलता है। इसे सिद्ध करने के लिए दो उदाहरण ही काफ़ी हैं:

"यदि कोई गंगा, यमुना और सरस्वती के संगम में स्नान करता हैं और आचमन करता है तो निःसंदेह उसे मुक्ति प्राप्त होती है।" (पद्म पुराण, उत्तर खण्ड 23.14)

"गंगा का उज्ज्वल जल जिस स्थान पर यमुना के गहरे जल से मिलता है, उस स्थान पर माघ के महीने में स्नान करने वाले जातक को हज़ारों वर्षों में भी पुनर्जन्म नहीं लेना होगा"। (मत्स्य पुराण 107.7)

अखाड़े के मुख्य द्वार पर लंगर खाते श्रद्धालु।

इतिहास

यद्यपि कुम्भ मेले को प्राचीन माना जाता है। कुछ विद्वानों के शोध के अनुसार इसका आरम्भ गुप्तकाल में चौथी से छठी शताब्दी ईस्वी में हुआ था।

संभवतः इस मेले का प्रथम ऐतिहासिक विवरण 643 ईस्वी में बौद्ध ग्रन्थों की खोज में चीन से भारत आए बौद्ध भिक्षु, ह्वेनसांग के साहित्य में मिलता है। ह्वेनसांग ने उल्लेख किया है कि माघ (जनवरी–फ़रवरी) के महीने में तीर्थयात्रियों के सम्मेलन में किस तरह सम्राट हर्ष ने हर वर्ग के लोगों को दिल खोल कर तब तक दान दिया जब तक कि स्वयं उनके पास मात्र एक टुकड़ा वस्त्र भी नहीं बचा। पाँचवीं–छठी सदी के नरसिंह पुराण में भी एक माह तक चलने वाले एक ऐसे मेले का वर्णन मिलता है जो गुप्तकाल में आयोजित होता था। अलग–अलग समुदायों के संत इस आयोजन में भाग लेते थे।

अकबर के मुग़ल बादशाह शासनकाल में प्रयाग का नाम बदल कर इलाहाबाद कर दिया गया। 1582 में बादशाह अकबर इस स्थान पर आए और गंगा–यमुना के संगम पर एक किला बनाने का आदेश दिया। ये किला आज भी पूरी शान से कुम्भ मेला स्थल के एक किनारे पर खड़ा है। इस्लामी

इतिहासकारों और बाद में ब्रिटिश इतिहासकारों ने भी इस मेले का वर्णन किया है। उनके विवरणों के आधार पर डी. पी. दूबे कहते हैं कि ''मेले का पारम्परिक रूप अब भी नहीं बदला है। योगियों द्वारा किया जाने वाला योग प्रदर्शन, पवित्र ग्रन्थों का वाचन, सामाजिक–धार्मिक समस्याओं पर चर्चायें और अपने–अपने पंथ का प्रचार–कार्य, अब भी मेले के प्रमुख आकर्षण केन्द्र हैं।

प्रयाग ने 'कुम्भ मेले' का नाम शायद हरिद्वार में लगने वाले कुम्भ मेले से ही लिया है। इतिहासकार कामा मैक्लीन के अनुसार इलाहाबाद में 1860 से पहले कहीं भी कुम्भ या हर बारह साल में लगने वाले वाले किसी और मेले का विवरण नहीं मिलता, यद्यपि माघ मेले के बारे में सभी जानते थे। सबसे पहला कुम्भ मेला, सम्भवतः 1870 में आयोजित हुआ था।

आकार और संभावना की दृष्टि से 19वीं सदी के मध्य से ही इस उत्सव का विस्तार हुआ है। ब्रिटिश सरकार ने इस अव्यवस्थित और चुनौतीपूर्ण मेले को नियंत्रित करने का प्रयास किया, लेकिन उनके इस प्रयास ने आयोजन को और भी अधिक लोकप्रिय बना दिया। मैक्लीन लिखते हैं कि, ''औपनिवेशिक सरकार के हस्तक्षेप ने, जो कि यद्यपि विवादास्पद थे, इस मेले को अधिक सुरक्षित बना दिया, जिसके फलस्वरूप श्रद्धालुओं की संख्या में वृद्धि ही हुई''।

मेलाः एक त्योहार

कहा जाता है कि भारत को समझने के लिए मेलों को समझना जरूरी है। प्रयाग का वार्षिक माघ मेला शीत ऋतु में पूरा महीना चलता है किंतु 2013 का कुम्भ मेला, मकर संक्रान्ति (14 जनवरी, 2013) से महाशिवरात्रि (10 मार्च, 2013) तक, पूरे पचपन दिनों तक चला। माघ मेला तो कुम्भ मेले का एक चौथाई भर है। इस मेले में दैनिक श्रद्धालुओं के अतिरिक्त अनेक भक्त एक माह के प्रवास के संकल्प के साथ यहाँ आते हैं। रोजाना गंगा स्नान, पूजा–अर्चना, ध्यान एवं सत्संग ही इन भक्तों की दिनचर्या होती है।

इस वार्षिक आयोजन में एक ही समय में, एक ही स्थान पर तम्बुओं के विशाल शहर, आनंदोत्सव व धार्मिक क्रियाकलापों का मेलजोल, महान कुम्भ मेले की एक झलक मात्र है।

दूबे लिखते हैं ''इस पवित्र स्थान की चुम्बकीय शक्ति असंख्य लोगों को माघ की कड़कड़ाती सर्दी में, गंगा–यमुना के शुष्क तटों पर खींच लाती है और भारत के आध्यात्मिक रूप का दर्शन कराती है''। कुम्भ–नगरी में सड़कों के साथ लगे पवेलियनों के मुख्य द्वार रंग–बिरंगे झंडों, चमकदार रोशनी और रूपहली चरखियों से सजे होते हैं। विशाल हॉलनुमा कमरों में सैकड़ों श्रद्धालु एक साथ बैठकर सत्संग का आनन्द लेते हैं। गुरुओं के लिए भी यह मेला अपने पुराने शिष्यों से मिलने तथा नए शिष्य बनाने का अवसर प्रदान करता है। शिष्यों के साथ बैठ कर गुरुजन पवित्र ग्रंथों की व्याख्या करते हैं। योगी अपनी आध्यात्मिक उपलब्धियों का प्रदर्शन करते हैं। लोकप्रिय गायकों एवं संगीतज्ञों को भी आमंत्रित किया जाता है।

नाटक मंडलियों के प्रदर्शन के लिए बड़े पवेलियनों की व्यवस्था की जाती है जहाँ राम एवं कृष्ण से सम्बन्धित लीलाओं का मंचन होता है। इस प्रकार के कार्यक्रम प्रतिदिन सुबह और

शाम होते हैं, जिनका समापन पूजन–अर्चना, भजन–कीर्तन एवं देवताओं की भूमिका निभाने वाले कलाकारों को पुष्पार्पण एवं आनुष्ठानिक दीप प्रज्वलन के साथ होता है। इन लीलाओं के प्रदर्शन में मल्टीमीडिया के प्रयोग ने मेले को एक नई ऊर्जा और जीवंतता भी प्रदान की है।

कुम्भ मेले के प्रांगण के बाहर, सड़कों के किनारे रोजमर्रा की जरूरतों और धर्म से जुड़ी चीजों का बाज़ार सजता है। इन चीजें को एक ही जगह पर बैठकर या फ़ेरी लगाकर बेचा जाता है। व्यापारियों के लिए ये मेला व्यवसाय का एक अच्छा अवसर होता है।

संक्षेप में कहा जाए तो मेले में पर्व के उल्लास और तीर्थ के भक्ति–भाव का एक अनूठा संयोग देखने को मिलता है। कुछ श्रद्धालुओं के लिए इस मेले का पारिवारिक महत्त्व भी है। उन क्षणों में जब मेले की गहमा–गहमी अपेक्षाकृत कम होती है तब श्रद्धालुगण स्नान–ध्यान और अध्ययन–चिंतन के साथ–साथ पिकनिक का आनंद भी उठाते हैं।

स्नान और शाही स्नान

कुम्भ का आध्यात्मिक आकर्षण क्या है? बहुत से श्रद्धालुओं के लिए नदी के पवित्र जल में स्नान करना ही सर्वाधिक आध्यात्मिक महत्त्व की बात होती है। वो नदी में डुबकी लगाते हैं और फिर अपने देवताओं और पितरों को श्रद्धांजलि स्वरूप अंजलि भर जल अर्पित करते हैं। नदी की धारा में दीपक एवं पुष्प प्रवाहित किए जाते हैं। संध्याकाल में विशाल दीप–दान तथा पुजारियों के द्वारा नदी की आरती उतारी जाती है, जिसे देखने के लिए श्रद्धालुओं की भीड़ उमड़ पड़ती है। धार्मिक रीतियाँ सहज होने के साथ–साथ आध्यात्मिक अनुभवों के परिप्रेक्ष्य में महत्त्वपूर्ण भी होती हैं। पूरे माह के लिए प्रवास करने वाले कल्पवासियों के लिए गंगा–स्नान दिन में एक से दो बार किया जाने वाला विधान होता है।

आम दिनों में नदी–स्नान पौ फटते ही आरम्भ हो जाता है। कच्चे घाटों को रेत की बोरी डाल कर मज़बूती दी जाती है, ताकि किसी का पाँव न फिसले। कुछ स्थानों पर बाँस के हत्थे व बाड़े भी लगाए जाते हैं ताकि धक्का–मुक्की में कोई तेज़ धारा में गिर कर बह न जाए। नाव पर सवार होकर बहुत से श्रद्धालु नदियों के वास्तविक संगमस्थल तक भी जाते हैं, जहाँ स्नान के लिए एक अस्थायी घाट बना होता है। शाही स्नान के दिनों को ज्योतिषीय आधार पर अति विशिष्ट माना जाता है। उन दिनों पवित्र जल की शक्ति और प्रभाव कई गुना बढ़ जाता है, इसलिए उन दिनों श्रद्धालुओं की संख्या बढ़ कर बीस लाख के आस–पास पहुँच जाती है।

पारम्परिक रूप से शाही स्नान के तीन दिन मकर सक्रान्ति, मौनी अमावस्या तथा वसन्त पंचमी निश्चित होते हैं। 2013 के मेले में ये पुण्य तिथियाँः 14 जनवरी, 10 फरवरी तथा 15 फरवरी को थीं। यद्यपि कुछ अन्य दिनों पर भी स्नान का आयोजन होता है, परन्तु उपरोक्त तीन दिनों पर शाही स्नान का सम्पन्न होना विशेष महत्त्व रखता है। अखाड़ों के मठाधीश कुम्भ मेले के वास्तविक अधिपति होते हैं। फूलों से सजे–धजे हाथी, ट्रैक्टर और खुले ट्रकों पर उनकी सवारी निकलती है और उनका शाही दल साथ चलता है। पीछे–पीछे अपने–अपने अखाड़ों

संगम में स्नानरत तीर्थयात्री

की पहचान के झण्डे लेकर, पवित्र स्नान के लिए उत्सुक, भभूत में लिपटे नग्न एवं अर्द्धनग्न साधु–संन्यासियों का समूह चलता है। इन मांगलिक दिनों पर स्नान के लिए प्राथमिकता इन अखाड़ों को ही दी जाती है। स्नान का ये क्रम पहले से ही निर्धारित होता है, फिर भी शाही स्नान के क्रम को लेकर विभिन्न अखाड़ों के साधुओं में विवाद की स्थिति उत्पन्न हो जाती है। हरिद्वार के कुम्भ मेले के विषय में जेम्स लॉकफ़ेल्ड लिखते हैं– "19 वीं शताब्दी के पूर्वार्द्ध से ही मेले के ब्रिटिश अधिकारी एवं तदुपरांत भारतीय अधिकारी स्नान के इस क्रम को निर्धारित करने का प्रयास करते रहे हैं। पहले जो अधिकार शक्ति के प्रयोग से अर्जित किया जाता था, आज उसे प्रथा या विशेषाधिकार समझा जाता है"।

अखाड़ा: संन्यासियों के शिविर

सन्तों के दर्शन एवं उनके आशीर्वाद की कामना भक्तों को बड़ी संख्या में मेले में आकर्षित करती है। शहर में रहने वाले श्रद्धालु दिलीप कुमार एवं इन्दिरा देवी का कहना है कि "यह साफ़ तौर पर देखा जा सकता है कि भारत का हृदय अभी भी सन्तों और आध्यात्मिक मूल्यों के लिए श्रद्धा से धड़कता है"। प्रत्येक बारह वर्षों में आयोजित कुम्भ मेले की विशिष्टता केवल उसकी विशालता ही नहीं, बल्कि संन्यासी संघों की बड़ी संख्या भी है। इन संघों को अखाड़ा कहते हैं। 2013 के कुम्भ मेले में तेरह शैव और वैष्णव अखाड़ों ने इस मेले में अपनी उपस्थिति दर्ज

अपने तम्बुओं में साधु।

करायी। मान्यता है कि आठवीं सदी के महान विचारक शंकराचार्य ने इन अखाड़ों को मेलों में भाग लेने के लिए प्रोत्साहित किया था। देश के चार बिन्दुओं पर उन्हीं की प्रेरणा से संन्यासियों के इन मठों की स्थापना हुई।

2013 के कुम्भ मेले के आँकड़ों के अनुसार अमरत्व की कामना से इन अखाड़ों के लगभग दो लाख संन्यासियों ने भाग लिया। यह कहा जा सकता है कि एक अर्थ में ये मृत्यु को प्राप्त कर चुके लोग हैं क्योंकि संन्यासी जीवन में दीक्षा प्राप्त कर लेना ही प्रतीकात्मक रूप में स्वयं की चिता पर लेट जाना है। कुम्भ मेले में दीक्षा की प्रक्रिया भी सम्पन्न होती है। शिविर में निरंतर प्रज्ज्वलित धूनी से निकली हुई भस्म को ये संन्यासी अपने तन पर धारण करते हैं जो भस्मीभूत हो चुके पूर्व जीवन के भस्म का प्रतीक होता है। कुम्भ मेले में आकर्षण का केन्द्र कुछ ऐसे योगी भी होते हैं जो दुःख व कष्ट के प्रति उदासीनता का प्रदर्शन करते हैं, जैसे एक हाथ को वर्षों से हवा में उठाए रखना, कीलों से बने बिस्तर पर लेटना, जलती आग के ऊपर लटकते झूले पर ध्यान–मुद्रा में बैठना आदि। किसी भी ऋतु में नंगे पाँव रह कर उन्होंने यह सिद्ध कर दिया है कि ठंडक या गर्मी उन्हें प्रभावित नहीं करती।

इस भौतिक समाज में जहाँ जीवन का दर्शन 'पाने और संजोने' तक ही सीमित है, भौतिक सुख–सुविधाओं के त्याग ने उन्हें सर्वशक्ति–सम्पन्न बना दिया है।

कुम्भ मेले में उमड़ने वाले श्रद्धालुओं की भीड़ मात्र स्नान को लेकर ही उत्सुक नहीं होती, बल्कि उनका ध्येय विशाल संख्या में आए इन पुण्य आत्माओं का आशीर्वाद प्राप्त करना भी होता है। शाही स्नान यात्रा के समय भीड़ में हर कोई अगली पंक्ति में आकर इन बाबाओं का ठीक से दर्शन करना चाहता है। कुछ उत्सुक श्रद्धालु समीप से दर्शन देखने के लिए अखाड़ों के परिसर में भी घुस जाते हैं।

स्नान की तिथि निकट आते ही मेला प्रशासन इन अखाड़ों को औपचारिक आमन्त्रण भेजता है। अखाड़ों एवं उनके महामंडलेश्वर की शोभायात्रा जब कुम्भ स्थल में प्रवेश करती है, तो इस घटना को 'प्रवेश' कहा जाता है। ये लगभग दो मास तक चलने वाले समारोह के आरम्भ का संकेत होता है। समारोह को सफल बनाने वाले कर्मचारियों का दल यहाँ पहले से ही उपस्थित रहता है। 2013 के कुम्भ में नदी तट के समीप स्थित 'सेक्टर 4' का क्षेत्र अखाड़ों के लिए निर्धारित किया गया था। प्रत्येक शिविर की एक निर्धारित परिधि होती है और केन्द्रीय वेदिका के समीप की भूमि की शुद्धि के लिए सभी अखाड़े भूमि–पूजन करते हैं। सभी अखाड़े अपने आराध्य के प्रतीक–स्वरूप ऊँचे झण्डे अपने शिवरों पर लगाते हैं। मुख्य सड़कों में से एक पर अखाड़ों का प्रवेश–द्वार बनाया जाता है। संख्या–बल और स्थावर सम्पत्ति के दृष्टिकोण से जूना अखाड़ा यहाँ का सबसे बड़ा अखाड़ा है। अन्य अखाड़ों की ही भाँति यह भी पूर्व में सामरिक संन्यासियों का एक संघ हुआ करता था जिसमें व्यापारी भी होते थे और समर कुशल संन्यासी भी। अवसर चाहे पवित्र स्नान का हो या श्रद्धालुओं से चढ़ावा पाने का, वरीयता के लिए संघर्ष करने से ये कभी नहीं चूकते। देखा जाए तो संन्यास का सम्बन्ध एक विशेष प्रकार की शक्ति से है जो त्याग और तप से ही प्राप्त होती है जिसका प्रदर्शन शाही स्नान यात्रा के समय स्पष्ट रूप से दिखता है। कुम्भ मेला एक ऐसा अवसर है, जिसमें एक निश्चित क्रम के अनुसार योगी और महात्मा एक ही स्थान पर एकत्र हो सकते हैं। ये शिष्य बनाते हैं और दीक्षा के इस समारोह में नए शिष्यों को किसी नवजात की भाँति नग्न और केशरहित होना पड़ता है। यह मेले के अभूतपूर्व दृश्यों में से एक होता है। मेले में होने वाली सभाओं में अखाड़े नीतियों पर चर्चा करते हैं और अधिकारियों का चयन करते हैं। इन अखाड़ों का जटिल और वर्गीकृत संगठन लोगों की इस भ्राँति को ध्वस्त कर देता है कि ये साधु घर–बार त्याग चुके एकाकी जीवन जीने वाले दूसरी दुनिया के लोग हैं।

गुरु और उनकी शिक्षायें:

आध्यात्मिक, राष्ट्रीय, सामाजिक एवं पर्यावरण से संबंधित

एक ओर मेले में प्राचीन भारतीय शहर के भीड़–भाड़ वाले इलाके की भांति अखाड़ों का क्षेत्र भी अत्यंत घना होता है, तो दूसरी ओर कुम्भ स्थल को आड़े–तिरछे काटती चौड़ी सड़कों पर गुरुओं, आचार्यों और उनके शिष्यों के लिए बने पवेलियन और हॉल से युक्त शिविर होते हैं।

विशाल कुम्भ नगरी में कुछ आचार्य तो ऐसे भी हैं जिनकी अचल सम्पदा अखाड़ा क्षेत्रों के अतिरिक्त अन्य विस्तृत भू–खण्डों पर भी होती है। उदाहरणार्थ, जूना अखाड़ा के आचार्य महामंडलेश्वर अवधेशानन्द गिरी जी महाराज का शिविर। कई एकड़ में विस्तृत इस शिविर में विशाल सभा–भवन, वैदिक कर्मकाण्डों के लिए पारम्परिक हवन–कुण्ड, सैकड़ों साधुओं और श्रद्धालुओं के भोजन की व्यवस्था के लिए विशाल रसोई एवं भोजन–कक्ष, निःशुल्क चिकित्सालय, आवश्यक वस्तुओं की दुकान एवं पुस्तकों की दुकान आदि का प्रबन्धन विश्व भर से आए स्वयंसेवक करते हैं। उनके निवास अस्थायी, परन्तु मजबूत बने होते हैं और उनमें बिजली व पानी की भी व्यवस्था होती है। प्रशासनिक कार्यालय एवं स्वयं अवधेशानन्द जी का निवास एक विशाल केन्द्रीय परिसर में होता है।

कुम्भ मेला स्थल के नजदीक ही स्थित राधा रमण प्रेम संस्थान का शिविर मेले को एक अलग रूप प्रदान करता है। शिविर के परिसर में लगे तम्बुओं में मासिक प्रवास के लिए कल्पवासी ठहरते हैं। रसोई, शौच और स्नानादि के लिए तम्बुओं की अलग से व्यवस्था होती है। भागवत् पुराण के वाचन के लिए एक विशाल तम्बू अलग से होता है। आचार्य श्रीवत्स गोस्वामी एवं उनकी पत्नी सन्ध्या भक्तिमय शास्त्रीय संगीत में गूँथ कर कृष्ण की कथा का वाचन करते हैं।

साथ–साथ लंगर खाते श्रद्धालु।

इस आयोजन में वृन्दावन से आये बंगाली कृष्ण–भक्तों के अतिरिक्त देश के अन्य भागों से आए दूसरे भक्त भी हिस्सा लेते हैं। मेले के शुरुआती सप्ताहों में अलग–अलग आस्थाओं से जुड़े लोगों के बीच एक संवाद की भी व्यवस्था की जाती है जिसमें यहूदी, बौद्ध, इस्लाम, ईसाई एवं सिख आदि अलग–अलग धर्मों में आस्था रखने वाले धर्म–गुरु अपनी अपनी मान्यतायें सामने रखते हैं।

हरित कुम्भ

2013 के कुम्भ मेले को अधिकारियों ने 'हरित कुम्भ' का नाम दिया और यहाँ प्लास्टिक की थैलियों के प्रयोग पर रोक लगा दी गई। इस बारे में जागरुकता के प्रसार के लिए विभिन्न ग़ैर सरकारी संगठनों एवं धर्मगुरुओं से अपील की गयी। ऋषिकेश के परमार्थ निकेतन आश्रम के विश्वख्यातिप्राप्त गुरु चिदानन्द जी ने पर्यावरण को साफ़–सुथरा रखने के लिए कई कार्यक्रमों की पहल की। सरकारी योजना 'गंगा एक्शन प्लान' को एक नया नाम दिया गया ''गंगा एक्शन परिवार''। उनके अनुसार जिस तरह हम अपनी माता के स्वास्थ्य की रक्षा के लिए परिवार की भाँति एकजुट होकर काम करते हैं, ठीक उसी तरह हम भारतीयों को माँ गंगा की स्वच्छता के लिए भी काम करना होगा। इस दौरान चिदानन्द जी ने सीवेज और कारखानों के कचरों से गंगा को होने वाले नुकसान पर चर्चा करने के लिए एक दो दिवसीय बैठक का आयोजन भी किया जिसमें संकटग्रस्त हिमालय क्षेत्र का चिंतन करने वाले उत्तराखण्ड के मुस्लिम मुख्यमंत्री, डा॰ अज़ीज कुरैशी के अलावा, गंगा किनारे बसे प्रमुख नगरों के मेयर्स भी शामिल हुए।

हरित कुम्भ के लिए किए जाने वाले प्रयाग मेले में साफ दिखते थे। लाल एप्रिन्स पहने और हाथ में नेट लिए उन सवैतनिक कर्मचारियों की व्यवस्था की गयी थी जो नदी से गंदगी और चढ़ावे के फूलों को छान कर निकालने का काम करते थे। वो श्रद्धालुओं को यह तो बताते ही थे कि क्या करें और क्या न करें, साथ ही उनसे यह अपील भी करते थे कि नदी को कुछ भी अर्पित करने से पहले वो यह सुनिश्चित कर लें कि उस अर्पण के साथ प्लास्टिक बैग्स न हों। संगम में सब कुछ शुद्ध करने की क्षमता है मगर ये प्लास्टिक बैग्स उसकी दिव्य क्षमता के लिए एक चुनौती हैं जो उसके जलीय जीवन को विनष्ट कर देते हैं।

प्रयाग: त्याग का अर्थ

प्रयाग का अर्थ है 'यज्ञ' यानी त्याग, जो वैदिक विधानों में सर्वश्रेष्ठ माना जाता है। सृष्टि की रचना स्वयं सृष्टिकर्ता के 'यज्ञ' से ही संभव हुई थी। दो नदियों के मध्य के त्रिकोणीय क्षेत्र को महान वेदिका माना गया है। प्राचीन काल में यज्ञ–आहुति या बलि देने जैसे कर्म राजाओं एवं धनी लोगों द्वारा किये जाने वाले अत्यंत ही विस्तृत एवं खर्चीले आयोजन हुआ करते थे। प्रयाग एवं दूसरे स्थलों पर यात्राओं एवं पवित्र जल में स्नान को महत्त्व देकर इस जटिल विधान को सरल एवं सबके लिए सुलभ बनाया गया। 2013 के कुम्भ में धूनी रमाए एक साधु ने इस तथ्य

को ऐसे स्पष्ट किया–''इन समस्त घटनाओं का सार 'प्रयाग' शब्द में ही निहित है। 'प्र' का अर्थ है प्रथम और 'याग' का अर्थ है 'यज्ञ' यानी त्याग या आहुति।

इसलिए प्रयाग किसी भी आहुति के लिए सबसे प्राथमिक और सर्वश्रेष्ठ स्थल और आहुति के लिए सर्वश्रेष्ठ समय है। ब्रह्माण्डीय ढांचे की ही भाँति एक लक्ष्य की प्राप्ति के लिए विभिन्न स्तरों पर भिन्न–भिन्न घटनायें घटती हैं, जैसे कि एक माता अपने शिशु के स्वास्थ्य को उत्तम बनाने के लिए अपने निजी हितों की बलि चढ़ाती है, ठीक उसी तरह यहाँ का साधु समाज अपने व्यक्तित्व, अपने हितों को होम कर सामूहिक हित की दिशा में कार्य करता है। हम समूह का ही एक अंग बनकर उसमें विलीन हो जाते हैं। यही त्याग है, यही प्रयाग है।

बलि और त्याग के अनेक रूप हैं। प्राचीन काल में यहाँ सम्पन्न होने वाले यज्ञों को प्रायोजित करने वाले राजा और संरक्षक समाज के लाभ के लिए अपने धन का त्याग करते थे। साधु–संन्यासी एक असांसारिक जीवन को चुनते हुए अपने परिवार एवं धन का त्याग करते थे। तीर्थयात्री एवं श्रद्धालुगण भी संगम में स्नान और संतों के दर्शन करने जैसे कठिन कर्मों के लिए अपने घर–परिवार की सुख–सुविधाओं का त्याग करते हैं।

व्यक्तिगत धन का त्याग

इस आयोजन की सफलता के लिए एक बिल्कुल अलग तरह का यज्ञ भी इस कुम्भ में सम्पन्न होता है जिसमें संरक्षकों एवं दानदाताओं द्वारा अपने निजी धन का परित्याग किया जाता है। इलाहाबाद प्रशासन ने सरकार से लगभग 300 मिलियन डॉलर्स की मांग की थी ताकि 2013 कुम्भ के बुनियादी संस्थागत ढाँचे और कर्मचारियों की व्यवस्था की जा सके। मगर रोडवेज सेतु और पावर स्टेशन्स के अतिरिक्त भी इस मेले में कुछ ऐसी चीज़ें होती हैं जिन पर बहुत अधिक खर्च होता है, जैसे इस अस्थायी नगर को बसाने के लिए विभिन्न अखाड़े, धार्मिक, सामाजिक एवं सांस्कृतिक संगठन एवं उनके माध्यम से चलाए जा रहे सैकड़ों शिविर आदि। नदी की कोमल रेत पर ऐसे अनेकों शिविर सैकड़ों एकड़ में फैले होते हैं जिनमें पचपन दिनों के लिए हज़ारों संन्यासी एवं श्रद्धालु निवास करते हैं। दिन में दो से तीन बार निःशुल्क भोजन की व्यवस्था होती है। धार्मिक एवं सांस्कृतिक कार्यक्रमों के लिए विशाल पण्डाल लगाए जाते हैं। जूना अखाड़ा जैसे पारम्परिक अखाड़ों में स्त्री–पुरुष संन्यासी धूनी को 24 घंटे निरन्तर प्रज्ज्वलित रखने के लिए सैकड़ों क्विंटल लकड़ियाँ जलाते हैं।

प्रयाग और अन्य स्थलों पर आयोजित दर्जनों कुम्भ में भाग ले चुके, जूना अखाड़ा के बाबा रामपुरी बताते हैं कि वर्तमान संरक्षकों ने प्राचीन काल के राजा–महाराजाओं की भूमिका अधिग्रहण कर ली है। मेले की तिथि निकट आते ही धनी संरक्षक, अखाड़ों एवं अन्य धार्मिक संगठनों के शिविर निर्माण के लिए धन उपलब्ध कराना शुरू कर देते हैं जिनमें अस्थायी निवास, मंदिर, सभा–भवन, प्रदर्शन–स्थल, रसोई, नाली, जल–निकास जैसी हर तरह की सुविधाओं की व्यवस्था होती है, इसके अतिरिक्त वे इनके दैनिक संचालन के लिए भी धन देते हैं।

जूना अखाड़ा के आचार्य अवधेशानन्द श्रद्धालुओं के साथ।

किसी अखाड़े या धर्म–गुरु से जुड़े धनी एवं मध्यम वर्गीय श्रद्धालु भी, केवल धन का दान ही नहीं देते, अपितु स्वयंसेवकों के रूप में श्रमदान भी करते हैं। कुछ लोग सामाजिक उत्तरदायित्व के नाते, तो कुछ धार्मिक कारणों से इस आयोजन को अपना समर्थन देते हैं। वैदिक काल से ही दान को यज्ञ का एक अभिन्न अंग माना गया है। 'यज्ञ' शब्द की उत्पत्ति संस्कृत के 'यज्' धातु से हुई है जिसका तीन अर्थों में प्रयोग होता है, पूजा, एकत्व एवं दान। वैदिककालीन राजाओं द्वारा अनेक यज्ञों का आयोजन होता था।

'दान' से तात्पर्य परोपकार के लिए की गयी एक भेंट है और 'गुप्त दान' को सर्वाधिक प्रभावी माना गया है।

निस्संदेह कुम्भ में दान, चाहे वो गुप्त हो या सार्वजनिक इसकी भूमिका महत्त्वपूर्ण होती है। अनेक कारणों से बहुत से दानकर्ता अपने धन का सार्वजनिक उपयोग करने में सहज नहीं हो पाते, इसलिए वो अपना लोकोपकारी सहयोग दूसरे अर्थों में प्रदान करते हैं जिससे मानवतावादी प्रवृत्तियों को बढ़ावा ही मिलता है। बहुत से धनी दाता स्थानीय समुदायों की आर्थिक एवं सामाजिक सहायता भी करते हैं, उनकी दृष्टि से पुण्य अर्जित करने का यह भी एक माध्यम है। अन्ततः यह कहा जा सकता है कि इस तरह मिलने वाले दान के कारण ही पचपन दिनों तक चलने वाला यह आयोजन पूर्ण हो पाता है जिसमें भिन्न–भिन्न धार्मिक परिवेश से जुड़े लाखों श्रद्धालु लाभान्वित होते रहते हैं। कुम्भ उनकी आस्थाओं को पोषित करता है, सामाजिक बंधन को पुनर्जीवित करता है तथा एक सौहार्द्रपूर्ण समाज के निर्माण को गति प्रदान करता है।

विशेष बात यह है कि इस समय होने वाला नक़दी लेन–देन स्थानीय अर्थव्यवस्था के लिए लाभकारी होता है। यह लेन–देन एक अस्थायी नगर के निर्माण से लेकर छोटे विक्रेताओं के प्रयासों को फलीभूत करता है। इस प्रकार निजी सम्पत्ति का दान, दान–दाताओं और समाज दोनों को लाभान्वित करता है।

व्यक्तिगत सुख का त्याग

इस मेले में आने वाले लाखों श्रद्धालु एवं कल्पवासी एक ऐसी शांति की खोज में आते हैं, जो समय के साथ भंग न हो सके किंतु उनका सामना धूल, धुआँ, शोर, ठंड और अफ़रा–तफ़री से होता है। कल–कल करती नदी और रेतीले किनारों पर जैसे ही सूर्य की पहली किरण पड़ती है, अपने जर्जर तम्बुओं, छप्परदार झोंपड़ों और आलीशान निवासों से, ठंड से काँपते वे विधिपूर्वक पूजन और अनगिनत साधुओं के सत्संग का पुण्य लाभ उठाने के लिए निकलते हैं। नदी–स्नान के लिए वो सभी भीड़ और कीचड़युक्त अस्थायी मार्गों पर चलते हुए ऊबड़–खाबड़ लोहे की चादरों पर से होते हुए संगम तक पहुँचते हैं। कपड़े वो बाहर ही बदलते हैं और इस विशाल लेकिन अस्थायी महानगर की सुविधा के लिए बने 35000 अस्थायी शौचालयों का प्रयोग करते हैं। श्रद्धालुगण इस मेले की पवित्रता के साथ–साथ रेत और भस्मयुक्त हवा में सांस लेने के लिए बाध्य होते हैं। ये विपरीत परिस्थितियाँ श्रद्धालुओं की अपेक्षा उन कल्पवासियों के लिए तो कई गुना अधिक हो जाती हैं जो यहाँ माघ में मासिक प्रवास के संकल्प के साथ कुम्भ आते हैं ताकि वो उपासना, सत्संग और ध्यान कर सकें। कुछ समय के लिए ही सही, लेकिन अपने परिवार, ऐन्द्रिक सुखों एवं भौतिक सुविधाओं का परित्याग कर, दिन में एक बार सादा निरामिष भोजन कर, ये कल्पवासी उन पतले तम्बुओं में निरासक्त और भक्तियुक्त जीवन जीते हैं। शिविर के दैनिक संचालन में भी ये अपना योगदान देते हैं।

आख़िर क्यूँ, लगभग 2•5 लाख कल्पवासी और लाखों अन्य तीर्थयात्री अपने सुखों को त्याग कठिन परिस्थितियों में जीने के लिए कुम्भ चले आते हैं? इस त्याग के बदले उन्हें मिलता क्या है?

एक ओर जहाँ कुछ लोग यहाँ मोक्ष की प्राप्ति या सफल एवं समृद्ध जीवन की लालसा में चले आते हैं वहीं कुछ लोग सामाजिक उद्देश्यों से भी आते हैं। स्वामी चिदानन्द के शिविर के एक स्वयंसेवक ने बताया कि "यहाँ मैं दूसरों के साथ रहने, उनके नज़रिये को समझने और उनके साथ तालमेल बनाना सीखने के लिए आता हूँ ताकि हम सब सामूहिक रूप से काम कर सकें। हम रोज़ नदी की सफ़ाई के लिए भी जाते हैं ताकि अपने पर्यावरण को स्वच्छ रख सकें।" साईं माँ माता जी के शिविर में, डेनवर, कोलोरैजो से आईं एक कल्पवासी लॉरा का कहना था, "विश्व के कोने–कोने से आए हम साठ लोग यहाँ रहकर अपने अहंभाव से मुक्त होने की कला सीख रहे हैं।" स्वामी अवधेशानन्द गिरि के शिविर की एक स्वयं–सेविका नलिनी ने कहा, "हम यह सीख रहे हैं कि एक ही समय में सम्बद्ध और असम्बद्ध कैसे हुआ जा सकता है। शिविर–निर्माण के क्रम में हम हफ़्तों गुज़ारते हैं, उसके बाद लगभग दो महीनों तक हम

उसका संचालन करते हैं और फिर एक दिन रातों–रात हम उसे विखंडित कर यहाँ से चले जाते हैं ..... पूरी तरह से असम्बद्ध होकर। यहाँ हम सीखते हैं कि इस नश्वर संसार में धैर्य के साथ कैसे रहा जा सकता है।''

व्यक्तिगत बंधनों का त्याग

एक तरफ़ जहाँ इस मेले में कल्पवासी और विभिन्न तीर्थयात्री कुछ ही समय के लिए अपने व्यक्तिगत सुखों का परित्याग करते हैं वहीं दूसरी तरफ़ लाखों संन्यासी जीवन भर के लिए न सिर्फ़ अपने सुख, अपितु अपनी सम्पत्ति, पारिवारिक मोह–माया एवं साम्प्रदायिक सम्पर्कों का भी परित्याग करते हैं।

हिमालय की ऊँचाइयों से लेकर दक्षिणी समुद्र के तटों तक, भीड़ भरे मैदानों से लेकर निर्जन घने वनों तक, सैकड़ों वर्षों से हज़ारों साधुओं ने इस लोक और उस लोक के रहस्य को समझने के लिए इस देश की ख़ाक छानी है। ईसा पूर्व चौथी शताब्दी में अपनी अल्पकालीन घुसपैठ के समय सिकन्दर महान का मन उन दस नागा साधुओं से अत्यंत प्रभावित हुआ था जो भोजन और वस्त्र को वैचारिक शुद्धि के लिए घातक मानते थे। सिद्धि–प्राप्ति हिन्दू संन्यासियों का ध्येय होता है, वो एक निर्विध्न शांति के आकांक्षी होते हैं, उन्हें एक ऐसे स्वर्गीय सुख की लालसा होती है जिसे 'मोक्ष' कहा जाता है। अनेक साधु कुम्भ के अवसर पर ही अखाड़ों में दीक्षित होते हैं।

स्वामी चिदानन्द, स्वामी अवधेशानन्द अन्य विशिष्ट धार्मिक संतों के साथ।

विभिन्न अखाड़ों की विचारधारा, प्रथायें और वेश–भूषा विविधता लिए होती है। वर्ग के दृष्टिकोण से इन्हें साधु, संन्यासी, त्यागी, योगी, बाबा कुछ भी कहा जा सकता है, बस एक ही बात में ये सब समरूप होते हैं, व्यक्तिगत बंधनों का परित्याग।

मानसिक एवं शारीरिक आधार पर भगवद्गीता में कर्मयोग, ज्ञानयोग, भक्तियोग और ध्यानयोग चार योगों का उल्लेख मिलता है। मार्ग चाहे जो भी हो, अधिकतर योगियों का अन्तिम लक्ष्य 'दिव्य से एकाकार होना' होता है। हिमालय में विचरण करते साधुओं पर अध्ययन करने वाली साण्ड्रा हॉस्नर का कहना है "विडंबना यह है कि दिव्य से एकाकार तब तक संभव नहीं है जब तक कि भौतिकवादी यथार्थ से स्वयं को असम्बद्ध न किया जाए, साथ ही उसके समस्त भौतिक एवं सामाजिक विशिष्टीकरण से भी"। संन्यासियों का जीवन, चाहे वो भौतिक हो, सामाजिक हो या मनोवैज्ञानिक, सामान्यतः त्याग के प्रतीकों के माध्यम से ही प्रतिबिम्बित होता है। पारम्परिक अखाड़ों के अनेकों संन्यासी सदा धूनी रमाए रखते हैं। पवित्र अग्निकुंड की निरंतर प्रज्ज्वलित अग्नि लक्ष्य प्राप्ति के लिए किए जाने वाले त्याग की निरंतरता का प्रतीक है। संन्यासियों से बातचीत के आधार पर हॉस्नर बताती हैं कि धूनी ब्रह्माण्ड के पाँच मूल तत्वों पृथ्वी, अग्नि, जल, आकाश और वायु का प्रतीक है। वो मिट्टी जिससे कुण्ड का निर्माण होता है, वो पृथ्वी का प्रतीक है। कुण्ड के समीप एक छोटे पात्र में रखा जाने वाला जल भी प्रकृति के मूल तत्वों में से एक होता है, उच्चारित मंत्र वायु का प्रतीक है, अग्नि तो निरंतर जलती ही रहती है और आकाश का प्रतिनिधित्व करता है वह स्थान जहाँ ये सारी क्रियाएँ सम्पादित होती हैं। धूनी की भस्म भी इस बात की प्रतीक होती है कि स्थूल शरीर और सूक्ष्म चेतना, दोनों को ही एक दिन जल कर भस्म हो जाना है। इस प्रकार कुम्भ में प्रज्ज्वलित यह हज़ारों धूनियाँ संन्यासियों के लघु व विराट जीवन का प्रतिनिधित्व करती हैं। धूनी की भस्म इस सृष्टि की नश्वरता का भी प्रतीक है। साधकों एवं अन्य जातकों को भी यह भस्म या विभूति इस बात का स्मरण कराती है कि जीवन का यह रूप कितना क्षणिक एवं अस्थायी है। धूनी की निरंतर प्रज्ज्वलित अग्नि साधकों को त्याग की निरंतरता बनाए रखने के लिए प्रेरित करती है। न सिर्फ़ बाह्य जीवन के सामाजिक सरोकारों एवं भौतिक सुख से, बल्कि आन्तरिक विचारों से भी अपनी चेतना को मुक्त रखना आवश्यक है। दिव्य से एकाकार होना सांसारिकता से अलग होकर ही संभव है।

कुम्भ मेले में संन्यासी करते क्या हैं? कर्मकाण्ड से युक्त स्नान एवं श्रद्धालुओं को आशीर्वचन के अतिरिक्त ये संन्यासी रोज अपनी आध्यात्मिक साधना को गति देते हैं। श्री श्री रविशंकर इसे इस प्रकार समझाते हैं–

> "हिन्दू परम्परा में उपासना की विविध प्रणालियाँ विद्यमान हैं। कुछ लोग धूनी रमाते हैं, कुछ सत्संग करते हैं, कुछ वैराग्य में लगे रहते हैं, कुछ श्रद्धालुओं को आशीर्वाद देते हैं और कुछ तो कुछ भी नहीं करते, सिर्फ़ यहाँ उपस्थित होते हैं। इस मेले में साधु भी भिन्न प्रकार के होते हैं। यह किसी आध्यात्मिक प्रदर्शनी की भाँति है। कुछ घटनाएँ तो तर्क से परे होती हैं, आप नहीं समझ सकते कि वो

> जो कर रहे है क्यूँ कर रहे हैं। यही है उपासना की स्वतंत्रता। प्रत्येक जीव अपने आध्यात्मिक मार्ग के अन्वेषण के लिए स्वतंत्र है। अन्वेषक के लिए कोई भी मार्ग सही या ग़लत नहीं होता, वह तो मात्र अपने जीवन के साथ प्रयोग करता है, सत्य के साथ प्रयोग करता है। यही है हिन्दुत्व की सुंदरता, यही है उसकी उदारता। यह कभी किसी व्यक्ति या पुस्तक विशेष में आस्था रखने की बात नहीं कहता, यह व्यक्ति को चिंतन की स्वतंत्रता देता है। विविधताओं से तालमेल ही हिन्दुत्व की आधारभूत विशेषता है।

कुम्भ के मेले में विभिन्न संन्यासी, विद्वान, अभ्यासी, स्वयंसेवक एवं श्रद्धालुओं को एक स्थान पर एकत्रित होने का अवसर मिलता है। संवाद, चर्चाओं, चिंतन, ध्यान आदि के माध्यम से ये लोग अपने व्यक्तित्व को निखारने का प्रयास करते हैं ताकि समाज को लाभ पहुँचा सकें। उन समस्त स्थानों पर जाना सबके लिए कठिन है जहाँ से ये बुद्धिजीवी आते हैं किंतु इस एक स्थान पर तो सभी इकट्ठा हो ही सकते हैं, ताकि एक–दूसरे के साथ अपने विचारों एवं अनुभवों का आदान प्रदान कर सकें।

मतभेदों का परित्याग:"हिन्दू भारत का एकत्र होना"

त्याग का अर्थ किसी अधिक मूल्यवान वस्तु की प्राप्ति के लिए किसी उतनी ही मूल्यवान वस्तु को त्यागना है। इस दृष्टिकोण से देखा जाए तो असहमतियों का त्याग, एक ऐसे महत्त्वपूर्ण एवं आवश्यक मूल्य को जन्म देता है जिससे मनुष्यों के बीच सामंजस्य को बढ़ावा मिले। सामाजिक समता एवं शांति के लिए बहुत से जातक अपनी असहमतियों का त्याग नहीं कर पाते। विषम विचारधाराओं के साथ चलने के क्रम में भी हम अपने पूर्वाग्रहों के कारण विविधता को सम्मान नहीं दे पाते। बहुत बार हमें अपनी असहमति के कमज़ोर पक्ष का ज्ञान होता है, फिर भी हम आपसी दूरियाँ बढ़ाने वाले अपने पूर्वाग्रहों को त्याग नहीं पाते। अतः इन्हें त्यागने का एक चैतन्य प्रयास आवश्यक है। समाज के बेहतर कल्याण के लिए, व्यक्तिगत अवधारणाओं, मान्यताओं एवं असहमतियों को, अस्थायी रूप से ही सही, त्याग देना ही उचित है।

कुम्भ मेले के इन साधुओं में असहमतियों पर उलझने की मानवीय प्रवृत्ति भी होती है। साधुओं के विभिन्न अखाड़े अक्सर शाही स्नान में प्राथमिकता के मुद्दे पर आपस में उलझ जाते हैं। कभी–कभी तो ऐसा भी होता है कि एक निश्चित क्रम, निश्चित स्थान और निश्चित समय के मुद्दों पर इन अखाड़ों की तरफ़ से शाही स्नान के बहिष्कार की धमकी तक भी दे दी जाती है। कामा मैक्लीन उस विवाद का उल्लेख करना नहीं भूलते जो 1998 में हरिद्वार कुम्भ के समय जूना अखाड़ा और मेला प्रशासन के मध्य उठ खड़ा हुआ था। यद्यपि तीन ही वर्षों के पश्चात् इलाहाबाद के 2001 महाकुम्भ मेले में शाही स्नान के क्रम और समय को लेकर मेला प्रशासन और अखाड़ों के मध्य एक अभूतपूर्व समझौता भी देखने को मिला। जे. एस. मिश्रा एक बहुत बड़ी

धर्म–शास्त्रीय एवं वैचारिक मतभेदों में विलय को रेखांकित करने वाले बाबा रामपुरी।

उपलब्धि के रूप में इस घटना का उल्लेख करते हुए लिखते हैं कि "नई सदी के इस महाकुम्भ के प्रबन्धन में पारस्परिक सद्भावना, समझदारी और सम्बद्ध पक्षों का एक–दूसरे की भावनाओं को सम्मान देना एक अत्यंत महत्त्वपूर्ण मील का पत्थर है।"

किसी एक स्तर पर होने वाले समझौते का अर्थ यह कदापि नहीं होता कि उसका प्रभाव अन्य स्तरों पर भी वैसा ही होगा। अखाड़ों के अन्दर, दो अखाड़ों के मध्य और कभी–कभी तो अखाड़ों और मेला प्रशासन के मध्य भी छोटे–मोटे विवादों को नहीं रोका जा सकता, विशेषतः स्थल आवंटन को लेकर। परन्तु साथ ही यह कहा जा सकता है कि इन विवादों का समता के उस भाव पर कोई प्रभाव नहीं पड़ता जो धार्मिक, सामाजिक और साम्प्रदायिक तालमेल को एक आधार प्रदान करता है।

श्रद्धालुओं के मन में आमतौर पर एक धारणा है कि तीन नदियों के संगम में इतनी शक्ति होती है कि मात्र मांगलिक दिनों पर स्नान कर लेने से मोक्ष की प्राप्ति हो जाती है। इसी प्रकार अनेक प्रवचनों में भी इस अवधारणा को बल प्रदान किया जाता है कि जीव विशुद्ध रूप से आत्मा है, एक ऐसी आन्तरिक श्वास जो सभी अनुभवों में व्याप्त है। यह एक ऐसी समानता है जो योगी एवं सामान्य जातकों को एक सूत्र में बाँधे रखती है, अतः विभिन्न असहमतियों के साथ भी सहजीवन संभव है।

जूना अखाड़ा के बाबा रामपुरी, धर्म–शास्त्रीय एवं वैचारिक मतभेदों में विलय को रेखांकित करने वाले कई उदाहरण प्रस्तुत करते हैं। बावन गोत्रों में बँटा हुआ चालीस हज़ार साधकों वाला जूना अखाड़ा कई बड़े अखाड़ों में से एक है। मूल रूप से इसकी स्थापना आदि शंकराचार्य द्वारा की गयी थी जो इसके प्रथम गुरु माने जाते हैं। यह शैव मान्यता पर आधारित है, फिर भी इन बावन गोत्रों के द्वारा आराध्य के रूप में गुरु दत्तात्रेय को चुना गया जो विष्णु के अवतार माने जाते हैं। इसी वजह से ही जूना अखाड़ा के संन्यासी एक–दूसरे का अभिवादन 'ओम नमो नारायणं' से करते हुए विष्णु के एक नाम का आह्वान करते हैं, जबकि यहाँ उपासना भगवान शिव की होती है। पारम्परिक रूप से जूना अखाड़ा में जूना आराध्यों एवं गुरुओं के अतिरिक्त मुस्लिम एवं बौद्ध गुरुओं को भी गोत्र–प्रमुख बनाया जाता रहा है। बाबा रामपुरी बताते हैं कि जूना अखाड़ा के बावन गोत्रों में से एक की स्थापना पद्मसम्भव ने की थी जिन्हें 'गुरु रिंपोचे' या 'अमूल्य गुरु' भी कहते हैं। पद्मसंभव, बुद्ध अमिताभ के अवतार माने जाते हैं और वज्रयान बौद्ध मान्यता को तिब्बत तक ले जाने में इनका बहुत बड़ा योगदान रहा है। जूना अखाड़े के इस वज्रयान मान्यता वाले बौद्ध गोत्र के कारण ही दलाई लामा भी प्रायः इस शिविर में आते हैं। इसके अतिरिक्त स्वयं बाबा रामपुरी जिस गोत्र से सम्बद्ध हैं उसे 'मुल्तानी मरही' कहते हैं, क्योंकि इसकी स्थापना एक हिंदू सूफ़ी संत मुल्तानी बाबा ने की थी। हिन्दू भक्त इन्हें केशवपुरी बाबा कहते हैं और मुस्लिम भक्त इन्हें पीर शाह शम्ज़–ए–तबरीज़ के नाम से जानते हैं जो रूमी के गुरु भी हुआ करते थे। पाकिस्तानी शहर मुल्तान के बाहर इनकी मज़ार होने की वजह से इन्हें मुल्तानी बाबा कहते हैं। इनके शिष्यों में हिन्दू और मुसलमान दोनों थे। इन्होंने हिन्दू और सूफ़ी दोनों ही विषयों पर लिखा था। उनकी हिदायत थी कि जब वह शरीर का त्याग करें तो उन्हें समाधि की स्थिति में बैठे हुए संन्यासियों की परम्पराओं के अनुरुप किसी भूमिगत गुफा में दफ़नाया जाए तथा उस स्थल के निकट ही एक कब्र भी बनायी जाए, भले ही उसे रिक्त ही क्यूँ न छोड़ दिया जाए। जूना अखाड़ा के अतिरिक्त तीन उदासीन अखाड़े भी हैं जो गुरु नानक के अनुयायी हैं तथा गुरुग्रन्थ साहिब से अपनी प्रेरणा पाते हैं। ये उदासीन संन्यासी भी कुम्भ के पारम्परिक अखाड़ों के अभिन्न अंग हैं।

कुम्भ के विभिन्न संस्करणों ने विविध परम्पराओं के सह–अस्तित्व को प्रोत्साहन दिया है। इन विभिन्न परम्पराओं ने एक–दूसरे को समझने, संवाद करने तथा एक–दूसरे के साथ तालमेल बैठाने के लिए अपनी–अपनी वैचारिक, धार्मिक, सांस्कृतिक एवं सामाजिक विषमताओं का परित्याग किया है।

भिन्न–भिन्न मान्यताओं के धर्मगुरु अपने विविध दृष्टिकोणों, उद्देश्यों एवं पूर्वाग्रहों के साथ कुम्भ के इस बहुसांस्कृतिक, बहु–आस्था वाले आयोजन का हिस्सा बनते हैं। एक निश्चित स्थान पर वो मात्र निवास ही नहीं करते, एक–दूसरे के अस्तित्व को स्वीकार भी करते हैं और अपने प्रवचनों के माध्यम से एकत्व के संदेश का प्रसार भी करते हैं।

विभिन्न धर्मगुरुओं ने एक तथ्य विशेष पर अधिक बल दिया है कि कुम्भ में उपस्थिति से अपने अहंभाव पर विजय पाने की कला सीखनी चाहिए। अहं अर्थात् 'मैं' के भाव के कारण ही

समस्त आक्रामकता, असहिष्णुता, भय, ईर्ष्या, तनाव और विशाद आदि नकारात्मक भावनाओं का जन्म होता है। कुम्भ मेला अहंकार से मुक्ति का क्या मार्ग बताता है?

स्वामी ब्रह्मविहारीदास बताते हैं,

> ''कुम्भ एक ऐसा भावविह्वल कर देने वाला अनुभव है कि जातक को इसके समक्ष अपनी लघुता का आभास होने लगता है। धर्मगुरुओं को भी आभास हो जाता है मात्र वो ही नहीं हैं जिनके असंख्य अनुयायी हैं, उनके जैसे भी सैकड़ों हैं। यह बात वो कहें या न कहें, मन ही मन स्वीकार जरूर करते हैं। गंगा और यमुना की विराटता के सम्मुख, समय की रेत की गतिशीलता में, ब्रह्माण्डीय शक्ति के सामने सभी एक ही धरातल पर हैं। अन्य लोगों के अच्छे कार्य को भी वे स्वीकार करते हैं। अतः विनम्रता का भाव आध्यात्मिक गुरु और शिष्य दोनों में उत्पन्न होता है। कहा जा सकता है कि इस कुम्भ मेले में लोगों का इस भाँति एकत्र होना नतमस्तक कर देने वाली विराट ईश्वरीय ऊर्जा के समक्ष उन्हें विनम्र बनाता है और एक सुदृढ़ तालमेल को जन्म देता है। 'अहं' असामंजस्य पैदा करता है, विनम्रता सामंजस्य को जन्म देती है। लोग यहाँ से विनम्रता, आस्था और आशाओं के साथ वापस लौटते हैं।

निष्कर्ष

कुम्भ मेला पवित्र नदियों एवं मांगलिक समय का एक ऐसा संगम है जिसमें अपार जनसमूह की भागीदारी होती है। लाखों श्रद्धालु संन्यासीगण, स्वयंसेवक एवं साधक नदी–तट के रेतीले विस्तार पर बसाए गए तम्बुओं के नगर में एक साथ निवास करते हैं। असंख्य भारतीय परम्पराओं को मानने वाले श्रद्धालुगण जिनकी सोच कभी कभी एक–दूसरे से विपरीत भी होती है, पवित्र नदियों में स्नान करने का पुण्य अर्जित करने के एक ही उद्देश्य की पूर्ति के लिए साथ आकर खड़े होते हैं। उपस्थित धर्मगुरुओं एवं आध्यात्मिक साधकों के सान्निध्य का लाभ भी उनकी आकांक्षा होती है। एकता को बढ़ावा देने वाला, इतने विशाल स्तर पर होने वाला ऐसा कोई आयोजन सम्पूर्ण विश्व में कहीं अन्यत्र देखने को नहीं मिलता। इस आयोजन में शास्त्रीय दृष्टिकोण से भिन्न परम्पराओं के साधक और सामान्यजन एक साथ समय व्यतीत करते हैं। व्यावहारिक रूप में यह मेला एक ऐसे भू–खण्डीय एवं मनोवैज्ञानिक वातावरण का निर्माण करके भारतीय सभ्यता के अनेकत्व के सिद्धान्त को प्रश्रय देता है, जिसमें विविध परम्परायें इस भाव के साथ निवास करती हैं कि ''मार्ग चाहे जो भी अपनाया जाए, स्वयं को परम सत्ता में विलीन करना ही होगा।''

1. जियोर्जियो बॉनाजॉली, "प्रयागा एन्ड इट्स कुम्भ मेला," पुराण वाल्युम XIX, नम्बर 1 (जनवरी 1977) पी.पी. 113–15.
2. डी.पी. दूबे, प्रयागाः द साईट ऑफ कुम्भ मेला (नई दिल्लीः आर्यन बुक इंटरनेशनल, 2001) पी. 133.
3. आईबिड., पी. 124.
4. आईबिड., पी. 123.
5. आईबिड., पी. 124.
6. कामा मैक्लिन ए पिलग्रिमेज एण्ड पॉवरः द कुम्भ मेला इन इलाहाबाद, 1765–1954 (ऑक्सफोर्डः ऑक्सफोर्ड युनिवर्सिटी प्रैस, 2008) पी. 104.
7. दूबे 2001 (देखें नोट 2), पी. 121.
8. जेम्स लोचफोल्ड "द कन्स्ट्रक्शन ऑफ कुम्भ मेला" साउथ एशियन पॉपुलर कल्चर, वोल्यूम 2, नम्बर 2 (अक्तूबर, 2004), पी. 104.
9. दिलीप कुमार रॉय एण्ड इंदिरा देवी, कुम्भः इन्डियाज एजलैस फैस्टिवल (मुम्बईः भारतीय विद्या भवन, 2009) पी. XVI
10. सोन्दरा एल. हॉस्नर, वॉन्डरिंग विथ साधुजः एसैटिक्स इन द हिन्दू हिमालया (ब्लूमिंगटोनः इण्डियाना यूनिवर्सिटी प्रैस, 2007), पी. 36.
11. आईबिड., पी. 121.
12. श्री श्री रविशंकर जी, द आर्ट ऑफ लिविंग, http://srisriravishankar.org, http:www.artofliving.org/ इन्टरव्यूः 2–10–2013.
13. "सैक्रिस्फाईइस." ऑक्सफोर्ड डिक्शनरिज़, http:oxforddictionaries.com/definition/English/sacrifice?q=sacrifice.
14. मैक्लिन 2008 (देखें नोट 6), पी. 5
15. जे. एस. मिश्रा, महाकुम्भ, द ग्रेटेस्ट शो ऑन अर्थ (इलाहाबादः हर–आनन्द पब्लिकेशन्स, 2004), पी. 90.
16. साधु ब्रह्मविहारीदास, बीएपीएस स्वामीनारायण संस्था, इन्टरव्यू ऑन जनवरी 26, 2013, http://www.baps.org.

शहरीकरण

एक क्षणिक महानगर

राहुल मेहरोत्रा व फिलीप वेरा

कुम्भ मेला: एक अस्थायी महानगर

प्रत्येक बारह वर्षों में आयोजित होने वाला कुम्भ मेला, धार्मिक सम्मेलन का ऐसा अनूठा उदाहरण है जो एक अल्पकालिक बस्ती को जन्म देता है।

पचपन दिनों के लिये यहाँ लगभग पाँच मिलियन लोग एकत्र होते हैं और इनके अतिरिक्त दस से बीस मिलियन लोग प्रमुख स्नान दिवसों के अवसर पर मात्र संगम स्नान के लिए यहाँ चौबीस घण्टों के लिए उमड़ पड़ते हैं। रुई, प्लास्टिक, प्लाईवुड और अन्य सामग्रियों के प्रयोग से अनगिनत इकाइयों का निर्माण किया जाता है तथा सड़कों के जाल, विद्युत और कचरा प्रबन्धन के माध्यम से इन सब का सुनियोजित प्रबन्धन किया जाता है जो अन्ततः संसार के सबसे बड़े, लेकिन अस्थायी महानगर को जन्म देता है।

कुम्भ मेले की विशेषता केवल इसका क्षणिक सांस्कृतिक पर्यावास होना नहीं है, बल्कि इसकी स्थापना भी है जो कि निरंतर रूप बदलते भू–खण्ड पर की जाती है। इस पर उस अनिश्चित मानसून का भी प्रभाव पड़ता है जो सम्पूर्ण भारतीय प्रायद्वीप पर से गुज़रते हुए इस पवित्र भू–खण्ड के प्रत्येक भाग को छूता है। नदियों के साथ भारत की धार्मिक बस्तियों के सम्बन्ध को यदि ध्यान से देखा जाए तो पता चलता है कि वर्षा–जल के कारण होने वाले विस्थापनों का इन पवित्र भू–खण्डों पर कैसा प्रभाव पड़ता है। क्षेत्र के प्रायः सभी पवित्र भू–खण्डों का नदियों के प्रवाह से गहरा नाता है।

उत्तर प्रदेश का अध्ययन करने से यह स्पष्ट होता है कि कुम्भ के जन्म में गंगा और यमुना नदियों का कितना बड़ा योगदान है। जिन नगरों से होकर ये नदियाँ बहती हैं, उन नगरों का ये प्रमुख भौगोलिक लक्षण बन जाती हैं। यही नदियाँ परिवहन का भी एक प्रमुख माध्यम बन जाती हैं, साथ ही सड़कों एवं अन्य आधारभूत संरचनाओं के निर्माण को भी एक दिशा देती हैं। ये दोनों ही पावन नदियाँ बाढ़ के इस मैदान को समानुरूप बनाती हैं जिस पर कुम्भ मेले का अस्थायी नगर बसता है। निरंतर मार्ग बदलती इन नदियों के जल की मात्रा पर अनिश्चित मानसून के प्रभाव से इस नगर की सीमा अत्यधिक लचीली हो जाती है।

विशेषकर गंगा के तट से लगा रिक्त स्थान, मानसून में नदी की सतह का विस्तार बढ़ने के कारण आकार बदलता रहता है। मई से लेकर अक्तूबर के अन्तिम सप्ताह तक यह समूचा मैदान जलमग्न रहता है और इस अस्थायी महानगर के निर्माण के लिए इस बीच मात्र आठ महीनों से भी कम का समय मिलता है। डिज़ाइन और योजना की दृष्टि से इतना कम समय कुम्भ नगरी के निर्माण और प्रबन्धन के लिए अत्यंत चुनौतीपूर्ण हो जाता है। नगर बसाने की इतनी तेज़ और अभूतपूर्व प्रक्रिया के प्रबंधन के विषय में सोच पाना भी कठिन है, क्योंकि कुछ ही सप्ताहों में एक नगर का निर्माण एक ऐसे क्षेत्र में करना अत्यंत चुनौतीपूर्ण होता है जिसका विस्तार बॉस्टन के नॉर्थ एण्ड और रॉक्सबरी के मध्य के इलाके या सेन्ट्रल पार्क के अन्तिम उत्तरी छोर एवं न्यूयॉर्क सिटी के दक्षिणी छोर पर स्थित मैनहट्टन के मध्य के क्षेत्र से अधिक नहीं है। प्रमुख स्नान दिवसों पर उमड़ने वाले श्रद्धालुओं की भीड़ का नियंत्रण भी एक व्यावहारिक चुनौती है। परिनियोजन के क्रम में समय का प्रबन्धन और स्नान दिवसों पर मौसम, विशेषकर मानसून के अनुरूप व्यवस्थाओं की भी आवश्यकता होती है। संभार–तंत्र सम्बन्धी इन समस्त दुविधाओं से इस अस्थायी महानगर के निर्माण के क्रम में दो–चार होना पड़ता है। किसी भी स्थायी रूप से बसने वाले नगर का निर्माण स्थायी तत्त्वों के सिलसिलेवार इकट्ठा होने से सरलता से हो जाता है जो उस स्थान को एक निश्चित आकार देते चले जाते हैं, परन्तु इसके विपरीत कुम्भ का जन्म क्षण–क्षण परिवर्तनशील नगर–निर्माण तथा उतनी ही अनिश्चित वातावरण की परिस्थितियों के तालमेल से ही संभव हो पाता है। इस संरचना के नियोजन, निर्माण, असेम्बली परिचालन एवं विघटन तथा विखण्डन पाँच चरण में होते हैं।

इन चरणों का सीधा सम्बन्ध जुगाडु प्रक्रिया और क्षेत्र में मानसून की उपस्थिति से मिलने वाले समय से होता है। इस पुस्तक के रेखा एवं मानचित्र यह साफ़ बताते हैं कि किस प्रकार नगर में होने वाले संस्थापन आकार लेते हैं और किस प्रकार लोगों के प्रवाह का मानसून की गतिविधियों के साथ सामंजस्य बैठता है। लोगों का विशाल प्रवाह और मार्ग बदलती नदियाँ कुम्भस्थल को एक ऐसी अनिश्चितता प्रदान करते हैं जो निर्माण सम्बन्धी मूलभूत प्रक्रियाओं के लिए भी चुनौती बन जाता है।

मानसून के जाते ही गंगा का जल–स्तर घटने के साथ ही कुम्भ के इस अस्थायी महानगर को खड़ा कर दिया जाता है। एक बार कार्य सम्पन्न हो जाने पर यह दुनिया के विशालतम जनसमूह को देता है, एक ऐसा महानगर जिसमें सड़कें होती हैं, सेतु होते हैं, आश्रय होते हैं, अस्पताल, बाज़ार, पुलिस स्टेशन एवं सार्वजनिक केन्द्र आदि जैसी विभिन्न प्रकार की सामाजिक, कल्याणकारी संरचनायें होती हैं, जो किसी भी अन्य स्थायी नगर की सुविधाओं की भाँति कार्य करते हैं। विभिन्न वर्गों के लोग अपनी शहरी विविधताओं तथा प्रजातांत्रिक मूल्यों के साथ सड़कों के जाल से बने उस ढाँचे के अन्दर रहते हैं जो संरचना, इकाई और ज्यामितीय दृष्टिकोण से पूरी तरह भिन्नता लिए होते हैं। यहाँ कपड़े, प्लास्टिक, प्लाईवुड और अन्य सामग्रियों से बनी अलग–अलग इकाइयों की बाढ़ सी लग जाती है और एक ग्रिड के माध्यम से इन सबका प्रबन्धन कुशलतापूर्वक किया जाता है।

इलाहाबाद, 2013: कुम्भ मेले की एक गली का दृश्य।

अगले भाग में हम कुछ ऐसे मूलभूत प्रश्नों के उत्तर ढूँढ़ेंगे जो प्रशासन, अधिकार क्षेत्र तथा एक तटस्थ डिज़ाइनिंग एलिमेण्ट के रूप में ग्रिड की क्षमता एवं आधारभूत संरचना के विविध स्तरों से जुड़े हैं।

प्रशासन

नदी तट के क्षेत्र जो सामान्यतः मौसमी फसलों से भरी कृषि–भूमि का आभास कराते हैं, मेले के दौरान दूर तक विस्तृत एक अस्थायी नगर में बदल जाते हैं। किसी सामान्य नगर की ही तरह कुम्भ नगर के अपने राजनीतिक समीकरण तथा प्रशासकीय गतिविधियाँ होती हैं, जो राष्ट्रीय तथा क्षेत्रीय स्तरों पर काम करती हैं। ये अल्पकालिक सरकार गंगा–यमुना संगम के पास एक ग्रामीण भू–खण्ड को शीघ्र ही एक दुनिया की सर्वाधिक आबादी वाले नगर में बदल डालती हैं।

गंगा नदी के जल स्तर के उतरते ही तटीय क्षेत्र तीन प्रमुख स्थानों से घिर जाता है। इसके एक तरफ़ इलाहाबाद शहर, दूसरी तरफ़ लघु उद्योगों से जुड़ा झूँसी गाँव और इनके मध्य ग्रामीण भूमि का एक अविकसित सा टुकड़ा होता है। क्षेत्रीय तौर पर इन तीनों विन्यासों में एक अच्छा तालमेल होता है। कुम्भ के दौरान इन क्षेत्रों में रेलवे स्टेशन, सड़क एवं सेतु और परिवहन से जुड़ी अन्य संरचनाएें भी देखने को मिलती हैं, जिससे कि लोगों और वस्तुओं

के आवागमन का प्रबन्धन अधिक सुविधाजनक बनाया जा सके। इस सामंजस्य को क्रियान्वित करने के लिए एक विशेष नियामक निकाय का गठन किया जाता है। साथ ही एक मेला अधिकारी की नियुक्ति की जाती है जिसका अधिकार क्षेत्र मेले के दौरान और उसके कुछ समय बाद तक भी बना रहता है और वह स्थल के प्रशासन कार्य के लिए उत्तरदायी होता है। लॉजिस्टिकल एवं प्रबन्धन सम्बन्धी कार्यों के अतिरिक्त इस अधिकारी का कार्य यहाँ मौजूद धार्मिक संस्थाओं के साथ तालमेल, विभिन्न दलों एवं संघों के साथ सामंजस्य तथा भूमि आवंटन के कार्य को भी देखना है। गंगा के जल–स्तर घटने के साथ ही, प्रशासन की भूमिका स्थानिक एवं राजनीतिक रूप से जटिल इस भू–खण्ड को एक ऐसे सहज ग्रिड में बदल देने की होती है जो सम्पूर्ण स्थल को चौदह आत्मनिर्भर सेक्टरों में बाँट सके, क्योंकि इन्हीं सेक्टर्स में कुम्भ के ग्रिड और संरचनाओं को खड़ा करना होता है।

मैट्रिक्स

कुम्भ में परिनियोजन का कार्य बहुत बड़े स्तर पर किया जाता है। कुम्भ मेले का सम्पूर्ण क्षेत्र जिसे 'नगरी' कहा जाता है, नदियों सहित 23•5 वर्ग किलोमीटर में फैला होता है। जल–स्तर घटने पर यद्यपि पन्द्रह वर्ग किलोमीटर का अतिरिक्त स्थान भी मिल जाता है जिस पर तम्बुओं से बना एक शहर बसा दिया जाता है। आधिकारिक सूत्रों के अनुसार 2013 के कुम्भ में लगभग सौ मिलियन लोगों के आने की सम्भावना थी।

सामान्य से तीस गुना अधिक लोगों के लिए किसी अन्य अस्थायी व्यवस्था की कल्पना भी नहीं की जा सकती। न्यूयार्क और दिल्ली जैसे महानगरों जितनी जनसंख्या के लिए भी अस्थायी रूप से बसाए गए ऐसे किसी नगर का उदाहरण नहीं मिलता। 'निवास के लचीलेपन से युक्त एक अस्थायी नगर', यह परिकल्पना ही अपने आप में अनूठी है।

मार्च के पूर्वार्द्ध में जब लोग मेले से जाने लगते हैं, तो यह बस्ती भी धीरे–धीरे विघटित होने लगती है। इसके कुछ टुकड़ों को मेले के अगले संस्करण के लिए अलग कर लिया जाता है, जबकि कुछ टुकड़े जो पीछे छूट चुकी कृषिभूमि या नदी की धारा में आत्मसात होने के लिए छोड़ दिए जाते हैं। अधिकतर टुकड़े स्थानीय निर्माण कार्य एवं भावी मेला संस्करणों में प्रयोग के ही काम आते हैं।

इन मैट्रिक्स के बारीकी से अवलोकन करने से कुम्भ मेले के वास्तविक स्वरूप को समझा जा सकता है। एरियल, गूगल, ईमेल के माध्यम से यह पता चलता है कि किस भाँति इलाहाबाद के स्थापित संस्थागत ढाँचों में विभिन्न नए तत्त्व भी जुड़ जाते हैं। मौजूदा सेतुओं के अतिरिक्त बाढ़ से प्रभावित होने वाली ज़मीन को जोड़ने के लिए अठारह अतिरिक्त पॉन्टून सेतुओं की व्यवस्था की जाती है। 150 किलोमीटर लम्बी नयी सड़कों की मदद से नगर के अंदर ग्रिड को एक आकार दिया जाता है। वाहनों के लिए नगर के घेरे के समीप ही नब्बे पार्किंग्स की व्यवस्था की जाती है। आवागमन के लिए पाँच अस्थायी बस स्टैण्डों और सात रेलवे स्टेशनों की व्यवस्था

की जाती है। प्रमुख स्नान दिवसों के अवसर पर तो लोगों के लिए 3500 अतिरिक्त बसों की भी व्यवस्था होती है। 20–20 के अलग–अलग पॉकेट्स में 30 पुलिस थानों और तीस अग्निशमन केन्द्रों की व्यवस्था की जाती है, जो अलग–अलग सुरक्षा अधिकारियों की देख–रेख में होते हैं। सम्पूर्ण क्षेत्र में 85 क्लोज़ सर्किट कैमरे तथा 50 निगरानी टॉवर्स की व्यवस्था होती है। संक्षेप में, यह कहा जा सकता है कि आधारभूत संरचनाओं के एक बेहतरीन तंत्र के माध्यम से इस अस्थायी बस्ती को बसाया जाता है।

ग्रिड (तंत्र-जाल)

नदी–क्षेत्रों को शामिल करते हुए इस बाढ़ क्षेत्र में आने वाले मैदान के विभाजन की प्रक्रिया हमें मूल नियोजन तत्त्व के रूप में ग्रिड की भूमिका से परिचित कराती है। अभिलेखीय दस्तावेज़ बताते हैं कि संस्थागत तैनातियों एवं प्रबन्धन से जुड़े मुद्दों के लिए ग्रिड का प्रयोग औपनिवेशिक सरकार द्वारा उन्नीसवीं सदी के मध्य से ही किया जाता रहा है। इस ग्रिड की ड़िजाइनिंग और प्रबन्धन राज्य के द्वारा किया जाता है जो इसका प्रयोग किसी शिल्पकृति की भाँति करता है। सामान्य नगरों में भी ग्रिड का प्रयोग नियोजन एवं प्रबन्धन की जटिलता से बचने के लिए किया

इलाहाबाद, 2013, कुम्भ मेले में लगे तम्बू।

इलाहाबाद, 2013 के दौरान रात्रि में कुम्भ मेले का एक दृश्य

जाता रहा है। किसी भी विकासशील नगर में जहाँ परिस्थितियाँ परिवर्तनशील होती हैं, ग्रिड ही एकमात्र ऐसी संरचना है जो स्थिर बनी रहती है।

कुम्भ की स्थिति तो और भी अलग है। यहाँ मात्र निर्माण से जुड़ी संरचनाओं में ही उतार–चढ़ाव नहीं होता, बल्कि नगर के स्वरुप की ही भाँति वह भू–खण्ड भी रूप और आकार बदलता रहता है जिस पर इस नगरी को बसाया जाता है। इसीलिए, कुम्भ के अलग–अलग संस्करणों में स्थलीय परिस्थितियों के अनुरूप भी ग्रिड को ढालना पड़ता है। जल–स्तर के घटने के बाद स्थलाकृति का अन्तिम रूप कैसा होगा, इस बिन्दु को ध्यान में रखते हुए निर्माण–कार्य में एक लचीला रुख़ अपनाने की भी आवश्यकता होती है। इस पूरे आयोजन में मौजूदा स्थायी संरचनाओं के साथ नयी योजना का तालमेल बिठाना ही सबसे बड़ी चुनौती है। अतः शहर का अन्तिम रूप जल–स्तर के घटने पर उपलब्ध होने वाली भूमि से सम्बन्धित, मौसम सम्बन्धी या फिर प्रमुख स्नान दिवसों पर उमड़ने वाले लोगों की संख्या से सम्बन्धित जैसी अनेक अनिश्चितताओं के समाधान के फलस्वरूप सामने आता है।

सड़कों की स्थिति निश्चित होने से पहले, आरम्भिक स्तर पर पूरी नगरी को खण्डों या सेक्टर्स में विभाजित कर दिया जाता है। 2013 के कुम्भ में ऐसे चौदह सेक्टर्स थे। प्रत्येक सेक्टर में शिविर लगाए जाते हैं और जल–व्यवस्था जैसी मूलभूत सुविधाओं के लिए ग्रिड की एक सोची–समझी रणनीति को जन्म दिया जाता है। इस प्रकार के विभाजन से प्रशासकीय ढाँचों

को खड़ा करना आसान हो जाता है। प्रत्येक सेक्टर के सेक्टर मैजिस्ट्रेट्स समस्त लेन–देन, प्रारूप–प्रक्रियायें, तैनाती के सुचारू प्रबंधन को सुनिश्चित करते हैं, साथ ही यह भी सुनिश्चित करते हैं कि सम्बधित सेक्टर्स अधिक सीमा तक स्वतंत्र एवं आत्मनिर्भर तरीके से कार्य कर सकें। हालाँकि इसके सफल संचालन के लिए ये सेक्टर्स अलग–अलग उत्तरदायित्वों का भी निर्वहन करते हैं। सेक्टर 4, संगम के निकट अवस्थित होने के कारण सामाजिक एवं सांस्कृतिक रूप से अधिक सक्रिय एवं प्रासंगिक होता है। सेक्टर 11 कुम्भ की परिधि के निकट होने के कारण परिवहन व्यवस्था से अधिक सम्बद्ध होता है। सम्पूर्ण ग्रिड में वितरण हेतु लायी जाने वाली आवश्यक वस्तुएँ सबसे पहले यहीं उतारी जाती हैं।

सामान्यतः अन्य नगरों के ग्रिड्स में एक नीरस समरूपता देखी जाती है जिसमें उस नगर की मौलिकता एवं विशिष्टता कहीं खो जाती है। कुम्भ नगरी के सन्दर्भ में मूल विचार यह होता है कि यहाँ रहने वाले विभिन्न धार्मिक समुदायों को किसी भी पूर्व–कल्पित अनावश्यक नियंत्रण से बचाए रखते हुए उन्हें एक ऐसा उन्मुक्त वातावरण दिया जा सके जिसमें वह अपने संस्थागत अधिकारों का प्रयोग करते हुए, अपने नियमों एवं विशिष्टताओं के साथ रह सके। यहाँ कुछ संस्थायें अचल न होकर चल प्रकृति की भी होती हैं, कुछ आवश्यकतानुसार स्वयं को ढाल लेने वाली प्रकृति की होती हैं, तो कुछ इतनी व्यवस्थित होती हैं कि उनमें परिवर्तन संभव ही नहीं होता। कुम्भ की आरम्भिक योजना रणनीति कुछ ऐसी होती है कि ग्रिड की तटस्थता मेले की प्रजातांत्रिक अभिव्यक्ति को और बल दे सके। किसी शरणार्थी शिविर या प्राकृतिक आपदा शिविरों के विपरीत कुम्भ मेला स्थल अपनी अस्थायी प्रकृति के बावजूद अपनी विशिष्टताओं से समझौता नहीं करता। उदाहरण के लिए, पचपन दिवसीय इस आयोजन में सौन्दर्य–बोध को ध्यान में रखते हुए पुष्प वाटिकाओं की व्यवस्था की जाती है, यह जानते हुए भी कि एक दिन यह सब कुछ जलमग्न हो जाएगा।

ग्रिड केवल आवास सम्बन्धी नियोजन ही नहीं, बल्कि आधारभूत संरचनाओं के अलग- अलग घटकों जैसे पानी, बिजली, जल–निकास और सेतु आदि की स्थापना में भी मदद करता है। ये सिर्फ परतों में लगे हुए तत्त्व नहीं हैं, बल्कि एक–दूसरे को जोड़ने वाली कड़ियाँ भी हैं। कुम्भ में निर्माण की प्रक्रियायें इतनी सरल होती हैं कि उनसे बनने वाली संरचनायें जटिल नहीं हो पातीं। उदाहरण के लिए, सड़क निर्माण में स्टील की वैसी पट्टियों का प्रयोग किया जाता है जिन्हें बिना किसी भारी–भरकम मशीनरी की मदद के, स्थानीय लोगों द्वारा ही एक स्थान से दूसरे स्थान पर ले जाया जा सके। संरचनाओं के विविध हिस्सों को जोड़ने के लिए धातु के सामान्य क्लैम्प्स की मदद ली जाती है। इससे इन्हें जोड़ना और हटाना आसान हो जाता है। जब ये उत्सव समाप्त हो जाता है तो धातु के इन टुकड़ों को स्थानीय निर्माण के लिए पुनः काम में लाया जाता है। संरचनाओं के एक–एक हिस्से को अलग–अलग करने का यह लाभ होता है कि प्रयुक्त सामान का पुनर्चक्रण सरलता से हो जाता है। जिस सामान का पुनः प्रयोग नहीं हो सकता, वो आमतौर पर स्वयं ही नष्ट हो जाने वाली वस्तुएँ होती हैं, जैसे कि बाँस के टुकड़े, वगैरह। इस तरह एक बार पुनः यह लौकिक नगर एक कृषिभूमि में बदल जाता है।

संस्थापन की प्रक्रिया

रात के समय कुम्भ नगरी की अस्थायी संरचनायें इलाहाबाद नगर के स्थायित्व के साथ घुल–मिल सी जाती हैं। ऐसे में मन में कुछ प्रश्न अनायास ही उठ खड़े होते हैं:

(1) आकार एवं जटिलता के नज़रिये से इतने बड़े नगर की योजना कैसे बनायी गयी होगी?
(2) इस नगर का निर्माण कैसे हुआ होगा?

इस नगर निर्माण का सर्वाधिक रोमांचक आयाम यह है कि अलग–अलग समय में छोटी–बड़ी संरचनाओं के अस्तित्व में आने से बसने वाले स्थायी एवं अचल नगरों के विपरीत यहाँ सब कुछ एक निश्चित समय में एक ही प्रयास में नियोजित एवं निर्मित होता है।

संस्थापन का कार्य तेज़ी से पूरा किया जाता है। 14 जनवरी, 2013 मकर संक्राति से 10 मार्च, 2013 महाशिवरात्रि तक चलने वाले कुम्भ मेले में संसाधनों के नियोजन का कार्य महीनों पहले आरम्भ हो चुका था। मानसून के समय कुम्भ–स्थल की परिधि के बाहर बने हुए कार्यालयों में बैठकें आरम्भ हो चुकीं थीं। खाली पड़ी बाढ़ संभावित ज़मीन पर निर्माण सामग्रियों की आपूर्ति भी शुरू हो चुकी थी। अक्तूबर, 2012 में जल–स्तर नीचे आ जाने पर भूमि–समतलीकरण का कार्य भी आरम्भ कर दिया गया ताकि सड़क और ग्रिड बिछाने का कार्य किया जा सके। सबसे

इलाहाबाद, 2013 में कुम्भ मेला की एक सड़क का दृश्य

पहले सेक्टर वन बनकर तैयार हुआ जो बाढ़ संभावित क्षेत्र से बाहर बनाया गया था। इसी सेक्टर में विभिन्न प्रशासकीय एवं सरकारी कार्यालय बनाए गए।

जल–स्तर के पूरी तरह से उतर जाने के पश्चात् मुख्य स्थल पर निर्माण–सामग्रियों को पहुँचाया गया तथा पॉन्टून सेतुओं का निर्माण आरम्भ हुआ। नवम्बर, 2012 के शुरुआती दिनों तक ढाँचे को एक आकार मिल चुका था। बिजली के खंभे, मार्ग बदलती नदियों को नियंत्रित करने हेतु रेत की बोरियाँ और विभिन्न सेक्टरों की घेराबन्दी के लिए अस्थायी दीवारों का निर्माण प्रशासकीय योजना के अनुरूप किया जा चुका था।

नवम्बर के आखिरी दिनों में सड़कें बिछायी जाने लगी थीं और नगरी की घेराबन्दी भी लगभग होने वाली थी। दिसम्बर आते–आते वास्तविक निर्माण कार्य आरम्भ हुआ और बाँस से बने ढाँचों पर विभिन्न प्रकार के कपड़े लपेट उन्हें एक नया रूप दिया जाने लगा। जनवरी, 2013 तक पूरी नगरी बनकर तैयार हो चुकी थी।

संरचनाओं के विघटन का कार्य मार्च, 2013 में आरम्भ हुआ। कुछ अवशेष बेच दिये गये और कुछ गोदामों में सुरक्षित रख दिये गये क्योंकि कुछ ही समय पश्चात् इस नगरी के बचे–खुचे चिन्ह भी बाढ़ के पानी में डूब जाने वाले थे और तब तक डूबे रहने वाले थे जब तक अक्तूबर में नदी का जल–स्तर एक बार पुनः नीचे नहीं आ जाता और आस–पास की भूमि को कृषिकार्य हेतु उर्वर नहीं बना देता। या फिर ऐसे ही बारह गंगा–चक्रों के उपरान्त 2024 का महाकुम्भ दस्तक नहीं देने लगता।

नगर की विशालता और उसकी संरचनात्मक–विघटनात्मक प्रक्रियाओं को मिलने वाले कम समय के कारण नगर–निर्माण का कार्य एक जटिल अनुभव बन जाता है।

लगातार बदलते हुए हालातों में समन्वय बना रहे, इस आधार पर ही निर्णय लिए जाने आवश्यक होते हैं। कुम्भ नगरी का रेखा–चित्रण, नियोजन एवं कार्यान्वयन एक ऐसी टीम के माध्यम से किया जाता है जो इनसे जुड़ी भिन्न–भिन्न गतिविधियों को एक समग्र एवं केन्द्रीकृत परियोजना के रूप में देखती है। इसी कारण यह टीम समयबद्ध तरीके से कार्यों का निष्पादन, व्यक्तियों और वस्तुओं का प्रबन्धन, जोखिमों एवं संसाधनों पर दृष्टि एवं विभिन्न लोक–निजी एजेन्सियों के माध्यम से होने वाले आर्थिक क्रियाकलापों का निरीक्षण आदि जैसी विभिन्न जटिलताओं को सहजता से सम्बोधित कर पाती है। योजनाबद्ध तरीके से इस नगरी के विभिन्न आयामों के बीच एक सामंजस्य स्थापित किया जाता है। संरचनाओं की ऊँचाई की सीमा, पॉन्टून सेतुओं, सड़कों, बिजली की लाईनों और स्वास्थ्य सम्बन्धी सेवाओं की स्थिति तथा रूप बदलती नदी के उतार–चढ़ावों के अनुरूप इन सभी तत्त्वों का निर्धारण नियोजन का मूल आधार होता है। साथ ही, इस बात पर भी बल दिया जाता है कि विभिन्न धार्मिक समूहों एवं श्रद्धालुओं की आवश्यकताओं की पूर्ति प्रशासनिक एवं सरकारी दृष्टिकोण से कैसे संभव हो सके।

इस अस्थायी नगर को बसाने में कुम्भ मेला प्रशासन ने एक प्रभावशाली दक्षता हासिल कर ली है। अलग–अलग अवतारों में एक निश्चित अन्तराल पर आयोजित होने वाले इस मेले ने इन्हें इतना सक्षम बना दिया है कि वो किसी भी चुनौती को, कैसी भी परिस्थिति में, जिसमें किसी

स्थायी नगर की स्थायी व्यवस्थायें भी दम तोड़ दें, उसे पूरी कुशलता से प्रबन्धित कर सकते हैं। विभिन्न योजनाकारों द्वारा बनायी गयी एक बहुस्तरीय योजना पर कार्य किया जाता है। कुछ योजनायें सरकारी धन से सम्पन्न होती हैं, जबकि कुछ सरकारी–ग़ैर–सरकारी भागीदारी या रियायती दरों पर निजी संस्थाओं पर आश्रित होती हैं। ढाँचागत सुविधाओं को प्रदान करना पूर्ण रूप से मेला–प्रशासन का उत्तरदायित्व होता है। विद्युत–आपूर्ति, आवागमन, कचरा प्रबन्धन तथा स्वास्थ्य एवं सुरक्षा जैसे विषय पूर्ण रूप से मेला–प्रशासन के अधीन होते हैं, जबकि आश्रय के लिए तम्बुओं–शिविरों की व्यवस्था की ज़िम्मेदारी निजी क्षेत्रों को सौंप दी जाती है।

भिन्न–भिन्न स्तरों पर इन ढाँचागत सुविधाओं की व्यवस्था के साथ ही कुम्भ नगरी का निर्माण कार्य आरम्भ हो जाता है। जे. डी. मिश्रा का कहना है कि 2001 के कुम्भ की तैयारी का सूत्रपात इकत्तीस माह पूर्व 1998 में ही हो गया था। 2013 के कुम्भ की तैयारी में भी लगभग इतना ही समय लगा था।

स्थल पर किए गए साक्षात्कारों के अनुसार कुम्भ नगरी को पूरी तरह से हटाने की प्रक्रिया में भी दो माह का समय लगा। विखण्डन के पश्चात् प्रयुक्त सामान में से कुछ भावी उपयोग के लिए उत्तर प्रदेश के गोदामों में रख लिए जाते हैं। प्रत्येक कुम्भ मेला आगामी आयोजनों के लिए कुछ नए सबक छोड़ जाता है। किसी भी प्रकार के अतिरेक से बचते हुए संस्थागत ढाँचों की संख्या, आकार एवं प्रबन्धन की रणनीति बनायी जाती है। इसके बेहतरीन उदाहरण हैं नदी के दोनों किनारों को जोड़ने वाले वो सत्रह पॉन्टून सेतु जो लोगों की भीड़ को नियंत्रित रख ग्रिड की सफलता में अपना योगदान देते हैं। नदी के बाढ़ संभावित क्षेत्र की तारों से घेराबन्दी की जाती है, कपड़ों एवं परतदार गत्तों से निर्मित पतली चादरों से बनी दीवारों से नगरी को एक निश्चित आकार दिया जाता है। ज़िलाधिकारी अपने दल की मदद से इस नगर को एक निश्चित आकार मिलने के बाद यह तय करता है कि यहाँ बनने वाले सेक्टर्स एवं शिविरों की रूपरेखा क्या होगी। नदी का जल उतरने के बाद ही उपलब्ध स्थल की स्थिति स्पष्ट हो पाती है और उसके बाद ही आवासीय संरचनाओं को खड़ा करने की प्रक्रिया शुरू होती है।

20 सितम्बर, 2012 से ही, कुम्भ, 2013, के लिए सामान की ढुलाई शुरू हो गयी। 30 सितम्बर, 2012 को काम शुरू होने का आदेश हुआ। बाँस के फट्टों और टिन के दो टुकड़ों से कुम्भ के दौरान विभिन्न सामाजिक समूहों और उनकी गतिविधियों से जुड़े स्थलों को विभाजित करने वाली दीवारें पाँच मिनट में उठायी जा सकती हैं।

उप–इकाइयाँ

विभिन्न उत्तरदायित्वों का निर्धारण इस रणनीति के तहत किया जाता है जिससे कुम्भ की ढाँचागत संरचनाओं के प्रति एक लचीला रुख़ अपनाया जा सके। ली कार्बूज़ीयर की चंडीगढ़ योजना के अनुरूप कुम्भ स्थल को उप–इकाइयों में बाँटा जाता है, जिन्हें सेक्टर्स कहते हैं और एक ग्रिड इस विभाजन का आधार बनती है। आकार से जुड़ी जटिलताओं से पार पाने के

लिए नगर के शिविरों को प्रशासकीय एवं कार्यक्षमता के दृष्टिकोण से आत्मनिर्भर बनाया जाता है। इस प्रयास से एक ऐसे नेटवर्क का जन्म होता है जो संकट की घड़ी में नगर की व्यवस्था को ठप्प होने से रोकता है। कुम्भ के प्रत्येक संस्करण में स्थायित्व केवल मूलभूत नियमों में ही देखने को मिलता है, क्योंकि बाकी अन्य उपाय पर्यावरणीय कारकों से बदलती भौगौलिक स्थिति, श्रद्धालुओं की अनिश्चित संख्या, बदलते आर्थिक समीकरणों के आधार पर परिवर्तित होते रहते हैं। स्थल प्रबन्धन एवं नियोजन में नए विचारों को भी जगह दी जाती है। सेक्टरों में विभाजित करने का विचार चंडीगढ़ योजना के पश्चात् ही अस्तित्व में आया। इससे पहले नियोजन एवं अनुमण्डलीकरण पारम्परिक तरीके से किए जाते थे।

मेले की पूरी जगह सेक्टरों में एवं सेक्टर्स शिविरों में विभाजित होते हैं। ये शिविर अन्ततः छोटे–छोटे क्रियाशील विभागों में बँटे होते हैं। 2001 के कुम्भ में सेक्टरों की संख्या ग्यारह थी जो कि 2013 में बढ़कर चौदह हो गयी। अधिकतर संरचनायें बाँस और टिन की बनी होती हैं। अस्पताल जैसी अधिक अचल संरचनायें प्लाईवुड से बनायी जाती हैं। गंगा, यमुना के जिन रेतीले किनारों पर शिविर स्थापित किए जाने होते हैं, उनके समतलीकरण का कार्य सरकारी निवेश से होता है। एक विशेष छूट के अन्तर्गत अखाड़ों का निर्माण कार्य सरकारी ठेकेदारों के द्वारा किया जाता है।

कुछ पारम्परिक धार्मिक अखाड़े और दूसरे वर्ग निजी ठेकेदारों की सेवायें भी लेते हैं। इनमें पर्यटन एजेन्सियाँ प्रमुख हैं। मेला–स्थापत्य से जुड़े सारे कार्य बाहरी एजेन्सियों के माध्यम से कराए जाते हैं। संन्यासियों को मिलने वाली विशेष छूट एवं उपसंविदीय शुल्कों का निर्धारण मेला अधिकारी करता है। उदाहरण के लिए एक तम्बू के लिए निर्धारित भू–खण्ड के लिए हज़ार रुपये (20 USD) का शुल्क निश्चित है। घेरेबन्दी एवं शिविरों की निर्माण सामग्रियों की जाँच कर उनकी कमियों को दूर करने के प्रयास एक साल पहले ही कर लिए जाते हैं। बाद में इन सागग्रियों का उपयोग देश भर में आयोजित होने वाले दूसरे मेलों में भी किया जाता है।

सड़कें

मेले के सेतु और सड़कों के निर्गाण कार्य का दायित्व लोक निर्माण विभाग, उत्तर प्रदेश सरकार का है। इस विभाग के अन्तर्गत निर्माण एवं प्रबन्धन दोनों आते हैं। समस्त कार्यों का सचालन दल के प्रधान अभियंता की निगरानी में होता है। ज़मीनी स्तर पर मुख्य अभियंता, सहायक अभियंता, अधीक्षण अभियंता, एक प्रशिक्षार्थी, अन्य कर्मचारी एवं कामगार दल में शामिल होते हैं। मोतीलाल नेहरू राष्ट्रीय तकनीकी संस्थान (MNIT) सड़क निर्माण का पर्यवेक्षण करती है। समय–समय पर सड़कों का निरीक्षण भी किया जाता है। 2013 के कुम्भ के बाद ही लखनऊ, श्रृंगारपुर और बनारस से इलाहाबाद को आने वाली सड़कों को चौड़ा किया गया।

बीस से पच्चीस किलोमीटर की परिधि में इस कार्य को पूरा किया गया। यह एक महत्त्वपूर्ण सह–क्रिया मेले और इलाहाबाद प्रशासन के मध्य सम्पन्न हो सकी। सड़कों को बेहतर बनाने की दिशा में केन्द्र और राज्य सरकार प्रत्येक कुम्भ संस्करण में अपना योगदान देती हैं।

कार्य के आधार पर सड़कों के नेटवर्क को समझा जा सकता है। इलाहाबाद की सड़कों से आकर जुड़ने वाली सड़कें दो तरह की होती हैं, एक स्थानीय होती है और दूसरी इलाहाबाद को वाराणसी से जोड़ने वाली सड़कें, जैसे कि सिविल लाईन की सड़कें, जो इसके सेक्टर्स को दो भागों में बाँटती हैं। कुम्भ मेले की कुछ सड़कें पक्की भी होती हैं। ये बाद वाले इलाके से बाहर समतल की गयी भूमि पर बिटुमन से बनी होती हैं। अस्थायी सड़कें रेत बिछाकर बनायी जाती हैं। नगरों के केन्द्र से होकर गुज़रने वाली सड़कें ऐतिहासिक होती हैं। यद्यपि इनके चिन्ह धूमिल पड़ चुके हैं, फिर भी इलाहाबाद वासियों के स्मृति–पटल पर इनकी छवि अब तक अंकित हैं, उन्हें गट्टा कहा जाता है। मुख्य सड़क भू–तल से चौबीस इंच ऊपर ठीक बीच में बनायी जाती हैं जो किनारों पर ढलान लिए होती हैं। पहले सड़कों को बनाने का काम हाथों से होता था, जबकि कुम्भ 2013 में इस काम के लिए ट्रैक्टरों की मदद ली गयी थी। धातु की चौकोर पट्टियों को सिलसिलेवार तरीके से बिछाया जाता है ताकि गाड़ियों के पहिए भूमि में न धँसें। इससे यातायात सुगम हो जाता है। पट्टियों की चौड़ाई 1–1 मीटर और मोटाई 6 मिलीमीटर की होती है। करीब 116 कि. मी. तक ऐसी पट्टियाँ बिछायी जाती हैं।

सेतु

इस अस्थायी नगर में निर्बाध आवागमन हेतु विभिन्न सेक्टरों को अलग–अलग तरीके से जोड़ा जाता है। ढाँचागत संरचनाओं में तैरते हुए सेतुओं का अलग ही महत्त्व है। गंगा के किनारों को जोड़ने के अतिरिक्त विभिन्न शिविरों को सुगम्य बनाना इन सेतुओं का मकसद होता है। कुम्भ, 2013 में इन सेतुओं की संख्या सत्रह थी, इनमें से 15 गंगा के आर–पार और दो यमुना के ऊपर बने थे। इस्पात के बने ये सेतु तैरते रहने के लिए ही बनाये जाते हैं। कुम्भ, 2013 के लिए 2,692 नए और 1,510 इस्पात के पुराने टैंकों का प्रयोग किया गया था। ये पुराने टैंक हरिद्वार, नासिक और उज्जैन के कुम्भ मेलों में भी प्रयुक्त हुए थे। प्रत्येक टैंक की लम्बाई 32 फ़ीट, चौड़ाई आठ फ़ीट और वज़न 5.459 टन होता है। इस्पात की पतली चादर से बने इन टैंकों के अन्दर हवा भरी होती है। इनके ऊपर निगरानी के लिए दो कैमरे भी लगे होते हैं, जो साठ से सत्तर सेंटीमीटर चौड़े होते हैं और वाटरप्रूफ़ींग सिस्टम की कार्यक्षमता एवं गुणवत्ता की जाँच के लिए अत्यंत आवश्यक होते हैं। नदी में उतारने के बाद टैंकों की जाँच होती है ताकि किसी भी जोखिम से बचा जा सके। टैंकों के द्वारा विस्थापित जल की मात्रा और सेतुओं के भार के आधार पर सेतुओं की कार्य एवं प्रतिरोधक क्षमता का आकलन किया जाता है। लिवरयुक्त ट्रकों की मदद से टैंकों को नदी में उतारा जाता है। दो प्रकार के तार पॉन्टूनों को जोड़ते हैं। पानी की सतह से इस्पात के तार और पानी के नीचे से नारियल की रस्सी पॉन्टूनों के सहारों को जोड़े रखती है। बाँस की तिपाई जैसी संरचना पर रेत के बोरों को रखा जाता है जो लंगर की तरह काम करते हैं जिनका निचला सिरा नदी तल में गहरे धँसा होता है। दोनों ही तरफ़ से पॉन्टून अलग–अलग लंगरों से बँधे होते हैं। टैंकों के मध्य पाँच मीटर की दूरी होती है। पानी

इलाहाबाद, 2013 में कुम्भ मेले में लगे तम्बू

में उतारे जाने के बाद इन पॉन्टूनों को बीम के माध्यम से जोड़ा जाता है। कुम्भ मेला जब अपने चरम पर होता है तब दो कनिष्ठ अभियंता, एक सहायक अभियंता तथा तीस से पैंतीस अन्य लोगों की एक टीम प्रत्येक सेतु की निगरानी एवं मरम्मत के लिए नियुक्त की जाती है। पंजीकृत ठेकेदारों की एक सूची बनती तो है, लेकिन काम कुम्भ मेलों में काम करने वाले अनुभवी ठेकेदारों को ही मिलता है। ये एक अच्छी बात है कि आकार एवं आयाम की दृष्टि से कुम्भ मेलों में होने वाले विस्तार के कारण नए लोग भी इस आयोजन का हिस्सा बनना चाहते हैं। बड़े ठेकेदार नए ठेकेदारों के साथ उप–संविदा कर लेते हैं। टैंकों पर रोतु चढ़ाने से पहले यहाँ काम करने वाले अधिकतर लोग इलाहाबाद से होते हैं, मगर असेम्बली का काम शुरू होते ही इसमें उत्तर प्रदेश के अन्य क्षेत्रों से लोगों को बुलाया जाने लगता है जिसमें कुशल–अकुशल, दोनों ही तरह के लोग होते हैं। मानदेय दैनिक एवं अनुभव के आधार पर तय होता है।

विद्युत-आपूर्ति

नगर–निर्माण में विद्युत–आपूर्ति की भूमिका विशेष होती है। 2001 के कुम्भ में 1,35,000 बिजली के कनेक्शनों की आवश्यकता पड़ी थी। नवम्बर के अन्त तक अखाड़ों से विद्युत उपभोग की मांग सामने रखने के साथ ही 15 सितम्बर से 15 दिसम्बर के बीच सबकी टेस्टिंग भी कर ली गयी

थी। मेला प्रबंधन द्वारा बिछाए गए ग्रिड के आधार पर ही बिजली के तार बिछाए जाते हैं। इस प्रकार के आयोजनों में अधिकतर बिजली सरकारों द्वारा वित्त पोषित होती है जिसमें 30% केन्द्र तथा 70% आर्थिक सहायता राज्य सरकार देती है। 2013 के कुम्भ में राज्य सरकार ने वित्तीय सहायता का उत्तरदायित्व केन्द्र सरकार के ऊर्जा आयोग के ऊपर डाल दिया था। स्थानीय लोग प्रति कनेक्शन भुगतान एक तय राशि के आधार पर करते हैं, न कि ऊर्जा के उपयोग के आधार पर। पहले यह राशि चालीस रुपये (0.8USD) प्रति कनेक्शन की दर से होती थी जिसे 2013 के कुम्भ में बढ़ाकर 150 रु (3USD) प्रति कनेक्शन कर दिया गया था। ऐसा इस लिए हुआ क्यूँकि विद्युत आपूर्ति के लिए एक नयी और अधिक खर्चीली तकनीक को अपनाया गया था। विद्युत आपूर्ति का काम दो तरह के संविदाधारी देखते हैं – एक, जो सामान से जुड़े होते हैं और दूसरे, जो इन यन्त्रों के अधिष्ठापन (Installing) का कार्य देखते हैं। 2013 के कुम्भ में इस तरह के बारह संविदाधारी एक ही समय पर कार्य कर रहे थे। एक ही संविदा में कार्यान्वयन एवं प्रबन्धन दोनों को रखा गया ताकि मेले के दौरान सामने आने वाली किसी भी समस्या का समाधान किया जा सके।

नगर के सक्रिय होते ही, शिविरों में रहने वालों के लिए विद्युत आपूर्ति सुनिश्चित करना जरूरी होता है। दो प्रकार के संस्थागत ढाँचे इस काम को सम्भव बनाते हैं। एक तो बाहरी घेरे के समीप स्थापित वे संयंत्र होते हैं जो पूरे नगर को बिजली की आपूर्ति करते हैं। इस अस्थायी नगर में यही एक संरचना स्थायी होती है। दूसरे कुछ अस्थायी प्रतिष्ठापन इस नगर की अन्य आवश्यकताओं को ध्यान में रखते हुए लगाए जाते हैं। इस पूरे तंत्र को अलग–अलग शिविरों में सब–स्टेशन्स बनाकर एक क्रम में जोड़ा जाता है। कुम्भ मेले के सक्रिय हो जाने के बाद दिन के समय विद्युत आपूर्ति बंद कर दी जाती है ताकि किसी भी प्रकार की दुर्घटना की संभावना न रहे। साथ ही इससे बिजली की फ़िज़ूलख़र्ची को भी रोका जाता है और उसका प्रयोग प्रकाश एवं ध्वनि सम्बन्धी आवश्यकताओं तक ही सीमित रखा जाता है। मानसून की समाप्ति पर 20 अक्तूबर, 2012 से तार बिछाने का कार्य आरम्भ हुआ। सामान की ढुलाई इससे पहले ही जनवरी, 2012 से आरम्भ हो चुकी थी। ऐसा आवश्यक वस्तुओं की सूची तैयार होने के बाद किया गया।

तम्बू

बुनियादी तैयारियों के पूरा होने के बाद सारा ध्यान कुम्भ तीर्थयात्रियों के आवास की व्यवस्था पर केन्द्रित हो जाता है। तम्बू हो या फ़र्नीचर, सभी तरह के जरूरी सामान की व्यवस्था लालू जी एण्ड सन्स की कम्पनी ही करती है। इस कम्पनी की अनेकों अनुषंगी कम्पनियाँ हैं जो एक स्वस्थ प्रतिस्पर्द्धा के साथ कार्य करती हैं। शिविरों से जुड़ी आवश्यकताओं पर गहन विचार–विमर्श होता है, रसोई, शौचालय क्षेत्र (लग्ज़री बाथरूम एवं एकल शौचालय), विभिन्न प्रकार के तम्बू, टिन, संसदीय कक्ष इत्यादि के लिए अलग–अलग विभाग बनाये जाते हैं। इन सबकी बाँस की बल्लियों से घेराबन्दी होती है तथा पाईप और टैंकों की मदद से बिजली के खंभों को आधार

प्रदान किया जाता है। इस प्रकार के खम्भे बहत्तर से एक सौ बीस फ़ीट तक ऊँचे हो सकते हैं। आकार एवं प्रकार की दृष्टि से तम्बू दरबारू (VIP) 45′×30′2′;2, स्विस कॉटेज 30′×30′;3, स्टाफ़ टेन्ट 24′×25′;4, तथा चोलदारी 18′×18′ अलग–अलग आकार के होते हैं।

सामाजिक स्तर में भिन्नता के आधार पर भी लोगों की आवश्यकताओं का ध्यान रखा जाता है, जैसे प्रेसिडेन्शियल बेडशीट्स या सामान्य चादरें, गद्देदार या लकड़ी की कुर्सियाँ आदि।

सामाजिक संरचनायें

तम्बुओं के अतिरिक्त कुम्भ मेले में कुछ ऐसी संरचनाओं का भी निर्माण किया जाता है जो व्यावहारिकता के हिसाब से स्थायी नगरों की संरचना के ही समान होती हैं। यहाँ स्वास्थ्य सम्बन्धी तंत्र अस्थायी अस्पतालों एवं निदान केन्द्रों से युक्त होता है। लगभग 22 प्रशासकीय चिकित्सालय विभिन्न स्वास्थ्य कार्यक्रम चलाते हैं। अस्पताल एवं स्वास्थ्य कार्यक्रमों के अंतर के प्रति प्रशासन एक सचेत दृष्टिकोण रखता है।

अस्पताल सामान्य रोगों के लिए बने होते हैं। जटिल स्वास्थ्य सम्बन्धी प्रक्रियाओं के लिए अलग स्वास्थ्य कार्यक्रम होते हैं। इन कार्यक्रमों के अन्तर्गत न सिर्फ़ श्रद्धालुओं की स्वास्थ्य सम्बन्धी समस्याओं का निदान किया जाता है, बल्कि लोगों के लिए टीकाकरण एवं जागरूकता अभियान भी चलाये जाते हैं। एक ही स्थान पर इतने सारे लोगों के एकत्र होने को राज्य सरकार खास कार्यक्रमों के संचालन के लिए एक अवसर के रूप में देखती है।

स्थान की दृष्टि से स्वास्थ्य सम्बन्धी सेवाओं को दो भागों में बाँटा जा सकता है–स्थायी संरचना के रूप में GT अस्पताल एवं कुम्भ की दृष्टि से बने अल्पकालिक अस्पताल।

जटिल समस्याओं के लिए एम्बुलेंसों की भी व्यवस्था की जाती है ताकि आवश्यकतानुसार रोगियों को इलाहाबाद के मुख्य अस्पताल में ले जाया जा सके। स्वास्थ्य से जुड़ी संस्थाओं के तीन अंग होते हैं। एक, लोक स्वास्थ्य से सम्बन्धित होता है जो स्वच्छता एवं संक्रमण से जुड़े ख़तरों पर नज़र रखता है। दूसरा, मुख्य चिकित्सा पर नज़र रखता है जहाँ चिकित्सक रोगियों को देखते हैं और तीसरा, महामारी जैसी किसी स्थिति से निपटने के लिए VTDC अर्थात् महामारी अन्तस्थ रोग नियंत्रण हेतु (Vector Terminal Disease Control) बनाया जाता है।

सुरक्षा व्यवस्थायें

सुरक्षा एवं नियंत्रण से जुड़ी संरचनायें भी कम रोचक नहीं होतीं। 2013 के कुम्भ के विभिन्न सेक्टर्स में तीस पुलिस चौकियाँ स्थापित की गयीं थीं। पुलिस बल की तैनाती 15 अक्तूबर, 2012, 15 नवम्बर, 2012 और 15 दिसम्बर, 2012 को तीन चरणों में की गयी। इस पुलिस बल का एक काम कुम्भ स्नान का प्रम्बन्धन करना भी है। श्रद्धालुओं की बड़ी संख्या को देखते हुए, स्नान की निगरानी के लिए तैनात पुलिस, एक डुबकी के बाद ही श्रद्धालुओं को बाहर निकाल देती है

और ये स्नान भी श्रद्धालु दिन में मात्र एक बार कर सकते हैं। कुम्भ नगरी की सात किलोमीटर की परिधि में पुलिस सुरक्षात्मक यातायात का नियंत्रण भी करती है। इसके बाद श्रद्धालुओं को अपनी मंजिल तक पैदल ही जाना होता है।

स्वच्छता

बड़े स्तर पर स्वच्छता सुनिश्चित करने के लिए पैंतीस से पैंतालीस हज़ार मूत्रालयों/शौचालयों आदि की व्यवस्था की जाती है। पक्के चबूतरों पर बाँस के कक्ष बना कर और उन्हें टिन की चादरों से ढंक कर शौचालय बनाए जाते हैं। इन शौचालयों में फ़्लश तथा पानी की समुचित व्यवस्था होती है। इनकी नालियाँ ईंटों की बनी होती हैं। नालियों के ज्यादा समय तक काम न कर पाने की वजह से सारा मल कुण्डों में जमा होता रहता है मगर जहाँ नालियाँ काम करती हैं, उन्हें बाँस की खपच्चियों से ढंक कर, उन पर सूखी घास डाल दी जाती है जिससे गैस बाहर न निकल सके। बाँस की जाली और घास के बीच मिट्टी की एक परत भी होती है। अतिरिक्त बहाव से बचने के छोटी–छोटी खाइयाँ भी बनायी जाती हैं। यहाँ की मिट्टी बालुई होने की वजह से उन खाइयों के ऊपर टीन के डब्बे पलट कर रख दिए जाते हैं जो सेप्टिक टैंक का काम करते हैं।

यहाँ आने वाले अधिकतर लोग ग्रामीण परिवेश के होते हैं जिन्हें ऐसे शौचालयों की आदत नहीं होती। खुले में शौच करने वालों की आबादी ज्यादा होती है। खुले में पड़े मल को इकट्ठा कर उन्हें गड्ढ़ों में डाल जला दिया जाता है। सफ़ाई कर्मचारी उस मल को जलाने से पूर्व उसमें से ऐसी वस्तुओं को निकाल अलग कर लेते हैं जिनका पुनर्चक्रण किया जा सके। 35,000 शौचालयों की व्यवस्था होती है और हर शौचालय 388 लोगों के 65 लीटर मल का भार वहन करने की क्षमता रखता है। इस तथ्य से यह तो समझा जा सकता है कि इन सुविधाओं का लाभ सबको प्राप्त नहीं कराया जा सकता है। यदि मान लिया जाए कि इनका प्रयोग दिन में सोलह घंटे भी किया जाए तो इसका अर्थ यह हुआ कि प्रत्येक व्यक्ति को ढ़ाई मिनट से अधिक इसके प्रयोग का अवसर नहीं मिलेगा। अतः खुले में शौच करने की समस्या का सामना करना ही पड़ेगा जिसकी वजह से स्वास्थ्य के लिए एक और चुनौती से बचा नहीं जा सकेगा। इन बातों को ध्यान में रखते हुए ही सफ़ाई कर्मचारियों के बाईस दलों की तैनाती की जाती है जो रात के समय इन इलाक़ों से मल इकट्ठा करने का काम करते हैं। इसके बाद ये लोग कुम्भ नगरी के बाहरी इलाक़े में गड्ढा खोद इस मलबे को उसमें डाल देते हैं। फिर इस मलबे में एक एण्टी–बैक्टीरियल रसायन डाला जाता है। इतना स्पष्ट नहीं है कि इस मलबे को जलाया जाता है या ऐसे ही मिट्टी में दबा दिया जाता है, यद्यपि अधिक सम्भावना इसके जलाए जाने की ही है, क्योंकि भारत में कचरे का पारम्परिक निस्तारण ऐसे ही किया जाता है। इन सफ़ाई कर्मचारियों के प्रत्येक ग्यारह लोगों के दल पर एक प्रमुख होता है। 2013 कुम्भ में ऐसे नौ हजार सफ़ाई कर्मचारी कार्यरत थे।

उपरोक्त तैनातियों की प्रक्रिया भी अत्यंत रोचक है। स्थायी नगरों के परम्परागत ढाँचों के विपरीत, कुम्भ में वस्तु एवं कार्यकलाप, उपभोग एवं कचरा प्रबन्धन जैसी गतिविधियाँ कई दूसरे कम जटिल ढाँचों के इर्द–गिर्द घूमती हैं। इससे एक अत्यंत ही सशक्त एवं प्रभावी तंत्र का निर्माण होता है। न्यूनतम तकनीक के प्रयोग से प्रत्येक घटक को एक आकार दिया जा सकता है। कुम्भ में आप जैविक एवं अवशोषित हो जाने वाली सामग्रियों से निर्मित सरल संरचनाओं से लेकर सेतु जैसी अत्यंत जटिल संरचनायें भी देख सकते हैं।

निष्कर्ष

इतने कम समय में अस्थायी तत्त्वों से बनने वाली कुम्भ नगरी आश्चर्यचकित करती है। इस नगर के अन्य विषय जैसे सांस्कृतिक संस्मरण, भूगोल, बुनियादी संरचनायें, स्वच्छता, लोक–स्वास्थ्य, प्रशासन एवं पारिस्थितिकी आदि भी आश्चर्यजनक विविधता लिए होते हैं। कुम्भ नगरी का नियोजन एवं डिज़ाईन, प्रवाह प्रबन्धन, नगरीकरण की चरम प्रक्रियाओं को चलाने वाले तत्त्व और ढाँचागत संरचनाओं के सन्दर्भ में बहुत कुछ सिखा सकता है। कुम्भ मेला अस्थायी नागरीय परिस्थितियाँ, सांस्कृतिक पहचान तथा अनुकूलन का भी एक आदर्श उदाहरण हैं। इन मापदण्डों से अस्थायी नगरीकरण की चुनौतियों का सामना करने के साथ–साथ एक लचीले परन्तु सशक्त तंत्र की स्थापना में भी मदद मिलती है। कुम्भ पूरी स्पष्टता से इस बात को रेखांकित करता है कि सरल उपकरणों की मदद से पूरी सक्रियता के साथ काम करने वाले शक्तिशाली तंत्र को जन्म दिया जा सकता है।

एक वास्तुविद, नियोजनकर्ता एवं डिज़ाइनर होने के नाते हमारी रुचि नगरीकरण के अस्थायी तत्त्वों से युक्त एक ऐसे नगर में है जो अन्य स्थायी नगरों के साथ एक सार्थक वार्ता को जन्म दे सकता है। कुम्भ की विवेचना एवं उसका सारगर्भित अध्ययन कुछ प्रश्नों पर विचार करने को प्रेरित करता है। क्या एक लचीला रवैया अपनाते हुए परिवर्तन, प्रवाह और किफ़ायत को नगर–निर्माण में स्थान दिया जा सकता है? किस प्रकार एक ऐसे समायोजित नगर की परिकल्पना की जा सकती है जिसमें पूर्वानुमान और अस्थायी तत्त्वों को भी स्थान मिल सके? इस मेले के नियोजन को पूरी तरह से समझने के लिए एक ऐसे नगर के निर्माण की शब्दावली गढ़ने की आवश्यकता है जो समय के गर्भ में गहरी जड़ जमायी मान्यताओं से दूर हटने का प्रयास करता दिखता है। इसकी गत्यात्मकता, स्थान की पवितत्रता, लौकिक विजातीयता और मेले में दिखने वाले शक्ति समीकरण को समझना होगा। निर्माण के साथ विखण्डन की प्रक्रिया को समझने की भी आवश्यकता है। एक ऐसे नगर की परिकल्पना जो विकास से अधिक लय को महत्त्व देता है। ऐसी स्थिति में चरम परिस्थितियों के प्रबन्धन की क्षमता पाना जरूरी हो जाता है। नगर एक ऐसा विषय है जिसमें समायोजन की क्षमता को विकसित करना, पूर्वानुमान की दोषरहित रणनीति से अधिक महत्त्वपूर्ण हो जाता है।

भविष्य के नगरों के विषय में वास्तुविद एण्ड्रीया ब्रैन्ज़ी का सुझाव है कि कठोर निर्णयों और निश्चित समाधानों की अपेक्षा वैकल्पिक चीजों को को बढ़ावा देना चाहिए। ऐसी पद्धतियों को

अपनाया जाना चाहिए जो आवश्यकतानुसार समायोजित एवं पुनरायोजित की जा सकें। ब्रैन्ज़ी पुनर्चक्रित हो सकने वाली सामग्रियों के प्रयोग की सलाह देते हैं। समकालिक उपायों को एक प्रभावशाली विकल्प के रूप में मान्यता दी जानी चाहिए जो नगर–निर्माण की पूर्व–स्थापित प्रक्रियाओं की पुनर्विवेचना का मार्ग प्रशस्त कर सके। समस्याओं का हल पुराने उपायों की अपेक्षां उन नए उपायों, जिन्हें प्रतिपादित किया जा सके, आवश्यकता के अनुकूल बनाए जा सकें और प्रयोग में लाए जा सकें, को प्रश्रय देना चाहिए।

वर्तमान नगरीकरण की प्रक्रिया पहले से स्थापित स्थायित्व की उस धारणा को चुनौती देने लगी है जिसे नगर–निर्माण का एक मूल तत्त्व माना जाता रहा है। अनिश्चित भू–खण्ड पर अल्पकालीन नगर, नगरों के स्थिर एवं स्थायी स्वरुप को चुनौती हैं। यह बहस ज़ोर पकड़ने लगी है कि बदलती हुई परिस्थितियों में स्थायी एवं अस्थायी नगरों के बीच अंतर कम होने से क्या लाभ हो सकता है। सत्य तो यह है कि किसी भी पर्यावासीय तंत्र में अस्थायित्व ही सर्वाधिक स्थायी तत्त्व है। पीटर बिशप और लेज़्ली विलियम्स कहते भी हैं कि जब स्थायी नगरों की संरचनायें और जीवन से जुड़ी गतिविधियाँ ही स्थायी नहीं रह पातीं, तब हम स्थायित्व पर इतना बल क्यों देते हैं? जॉर्जियो आगमबेन जैसे लेखक तो यहाँ तक कह देते हैं कि शिविरों की संरचना को उसके विविध उपयोगों के सन्दर्भ में देखा जाना चाहिए। यह बात मात्र नगरों के स्थानीय आयाम के संदर्भ में समझना आवश्यक नहीं है, बल्कि इस संदर्भ में भी, कि वर्तमान में पश्चिम का मूलभूत जैव–राजनैतिक प्रतिमान ही शिविरों को केन्द्र में रखने लगा है, न कि नगरों को। इसी परिप्रेक्ष्य में नगरों के मूलभूत तत्वों में एक स्थायित्व को चुनौती देते हुए लौकिक भू–खण्डों को एक नयी दृष्टि से समझने के प्रयास आरम्भ हो चुके हैं।

इलाहाबाद, 2013 में कुम्भ मेले का एक दृश्य

इलाहाबाद, 2013, कुम्भ मेला।

स्थायी एवं स्पष्ट रुप से अस्थायी तत्त्वों के संयोजन को समझने की आवश्यकता है। नगरों के परिप्रेक्ष्य में पर्यावरणविदों एवं पारिस्थितिकी विशेषज्ञों की रुचि बढ़ी है और नगरीकरण में भू–खण्डों की भूमिका से उत्पन्न चिंताओं से इतना तो स्पष्ट हो गया है कि नगर–निर्माण और योजना को पहले की स्थापित सीमाओं से परे जाकर समझना होगा। रिचर्ड सेनेट के ''ओपेन सिटी'' से इतना तो इतना तो स्पष्ट है कि नगर मात्र स्थिर इकाइयों का एकत्रीकरण नहीं हैं। कुछ अन्य बातों के अतिरिक्त ये मुख्यतः सामाजिकता एवं सांसारिकता से उत्पन्न परिणाम एक अद्भुत प्रक्रिया को जन्म देता है जो विभिन्न स्तरों पर रूपान्तरित होती रहती है। विश्व भर में हो रहे समकालीन नगरीकरण से स्पष्ट है कि अब स्थिरता एवं स्थायित्व के साथ–साथ सक्रिय प्रवाह को भी महत्त्व दिया जाने लगा है। इस नयी परिस्थिति को अपनाने के लिए हमें स्थान के साथ–साथ उस कालखण्ड विशेष की समस्याओं एवं आवश्यकताओं को भी समझना होगा। इसके साथ ही जटिल परिस्थितियों के सूक्ष्म अध्ययन एवं विश्लेषण की भी ज़रूरत है।

यहाँ स्थायी एवं अस्थायी का विभेद द्वियुग्मक नहीं है, बल्कि तात्पर्य उन विषयों से है जो या तो अस्तित्व में रहेंगे या विलुप्त हो जायेंगे। स्थायित्व को ही एक विस्तृत रूप देना है जिसमें अधिक स्थिरता और निरंतरता हो। अस्थायित्व तो एक ऐसी निरंतर गतिशील प्रक्रिया है जो आन्तरिक रूपान्तरण, पुनर्नवीकरण एवं पुनराविष्कार के तत्वों को अपने में समाहित किए होती है। ये उपागम परिस्थितियों को समझने का एक बड़ा लौकिक मापक्रम देता है जो विकास की

द्रुत शक्तियों से लेकर संकुचन, निर्जनीकरण एवं पुनरावशोषण की प्रवृत्तियों तक विस्तृत होता है। अध्ययन को विस्तृत बनाने एवं अस्थायी नगरों को समझने के क्रम में सबसे बड़ी चुनौती उन द्वीपसमूहों को व्यवस्थित करना है जहाँ विजातीय नगरीकरण के मामले लगातार बढ़ते जा रहे हैं। किसी उद्देश्य विशेष के प्रति समर्पित अस्थायी नगरों पर ध्यान केन्द्रित करना एक लाभप्रद संगठनात्मक रणनीति हो सकती है। अधिक स्थायी नगर निरंतरता बनाए रखने वाले अनेक सहायक तत्वों से लैस होते हैं। इन्हें केन्द्र में रखकर ही जटिलतायें और आयाम परिभाषित होते हैं। साथ ही बस्ती का जीवन–चक्र, उसकी लौकिक बनावट और भौतिक तथा सांस्कृतिक रूप से अस्तित्व में आने वाले स्थान भी पारिभाषित होते हैं। इन नगरों को विभिन्न पद्धतियों के समानुरूप वर्गीकृत किया जा सकता है। ये सारे ही मामले एक रूप में समानता लिए होते हैं और ये समानता 'अस्थायी' होती है जो इन्हें एक–दूसरे से जोड़े रखती है। प्रत्येक वर्ग में संस्थापन की प्रक्रिया में लगने वाले समय, संरचनीय आकार विज्ञान की ज्यामिति एवं अन्य अनेकों गुणों को ले कर समरूपता दिखायी देती है। अस्थायी नगरीकरण के क्रम में कुम्भ मेला हमें अस्थायित्व की संभावनाओं का पूर्वानुमान कर, सार्थक नागरीय रीतियों को सहेज कर तथा भौतिकवादी जीवन के व्यावहारिक पहलू पर चिंतन कर यह सीखने का अवसर देता है कि नगर–निर्माण में हम अस्थायित्व के दृष्टिकोण को कैसे स्थान दे सकते हैं। विघटन एवं विखण्डन भी इसके अनिवार्य तत्त्व हैं। यह शोध बस्तियों के निर्माण में मात्र स्थूल घनत्व के अतिरिक्त प्रबल नगरीकरण की सम्भावना को जन्म देने का एक प्रयास भी है। यह सही अर्थों में बाहरी विचारों को आत्मसात् करने को तैयार एक नगर को स्वीकार करने का दूसरे स्थानों पर आमंत्रण भी है।

1. यह पर्व उन चार नगरों में मनाया जाता है, भारतीय ग्रंथों के अनुसार जहाँ अमृत की बूँदें टपकी थीं। ज्योतिषिय गणनाओं के अनुसार प्रत्येक तीन वर्षों पर, पवित्र स्नान हेतु लाखों श्रद्धालु इन स्थानों पर आते हैं। ये नगर हैं, नासिक, उज्जैन, हरिद्वार और इलाहाबाद और ये चारों ही नगर उन पवित्र नदियों के तट पर स्थित हैं, जिनमें कि मान्यता के अनुसार आध्यात्मिक लाभ पहुँचाने की शक्ति हैं। प्रत्येक बारह वर्षों पर, तीर्थराज जिसे कि इलाहाबाद कहते हैं, उसमें लगने वाले कुम्भ की अपनी विशिष्टता है, पवित्रता एवं जनसमूह की विशालता दोनों ही आधार पर यह अन्य तीनों स्थानों से अधिक महत्व का है। इस मेले की उत्पत्ति के विषय में जानने के लिए पढ़ें, डायना एक्क और कल्पेश भट्ट का लेख।
2. जिस क्षेत्र में यह अस्थायी नगर बसता है, उसे *नगरी* कहते हैं।
3. यहाँ आने वाले श्रद्धालुओं की संख्या से जुड़े मात्रिक भी अत्यंत रोचक हैं। आधिकारिक गणना का सत्यापन करना एक मुश्किल कार्य है। हॉवर्ड के रैडक्लिफ़ इन्सटीट्यूट फॉर एडवांस्ड स्टडीज़ के तत्वावधान में एक कार्यशाला आयोजित की गई जिसमें नियोजन एवं प्रबन्धन से जुड़े विभिन्न पदाधिकारियों ने भाग लिया। सत्र के दौरान, इलाहाबाद के कमिश्नर, देवेश चतुर्वेदी ने बताया कि किस तरह विभिन्न छायाचित्रों एवं बीडियो कैमरों की मदद से श्रद्धालुओं के जनसमूह की संख्या का आकलन करने का प्रयास किया गया। चतुर्वेदी जी एवं इलाहाबाद पुलिस के इन्सपेक्टर जनरल से बातचीत के बाद हमें यह महसूस हुआ कि उनके आकलन के आधार पर आगन्तुकों की संख्या 40 से 60 मिलियन के आस–पास होगी, जबकि आधिकारिक आँकड़ों में यह संख्या 120 मिलियन के आस–पास बतायी गयी थी। स्थिति चाहे जो भी हो, इतनी बड़ी संख्या में लोगों के ठहरने की व्यवस्था करने के लिए, एक उच्च कोटि के संरचनात्मक ढाँचे की जरूरत होती है। खासकर प्रमुख दिवसों के अवसर पर, जैसे कि, मेले का उद्घाटन समारोह जिसमें इस बार लगभग आठ मिलियन लोगों ने भाग लिया था।
4. पीटर बिशप एवं लेज़्ली विलियम्य, एक अस्थायी नगर (न्यूयॉर्क रुटलेज, 2010) पी. 10.
5. जॉर्जियो अगमबेन, ''कैम्प नॉम के अनुसार'' Homo Sacer: Sovereingn Power and Bare Life, trans. Daniel Heller-Roazen (Stanford: Stanford University Press, 1998) P. 176
6. Ibid., P. 181.

महानगर की स्थापना: एक लघु चित्रांकन

जेम्स व्हिटन, ऑस्कर माल्स्पीना व विनीत दिवादकर

यह निष्कर्ष कुम्भ मेले के नगरीय पक्ष पर ध्यान केन्द्रित करता है। विश्व के सबसे बड़े जनसमूह के रूप में यह नगर कुछ विशेष लक्षणों के साथ दिखाई देता है, जिनमें से कुछ को अन्य अस्थायी बस्तियों में भी लागू किया जा सकता है। इस अध्ययन का मुख्य केन्द्र इस भू–खण्ड की अस्थिर प्रकृति है जिसे ग्रिड स्थिरता प्रदान करती है। यह ग्रिड कुम्भ की विशाल तथा उसकी तम्बू एवं शौचालय जैसी निम्न स्तरीय संरचनाओं को एक साथ जोड़े रखता है। ''प्रशासन'' नाम का ये शीर्षक अध्याय ग्रिड को सेक्टर्स, अखाड़ों एवं संस्थाओं के संदर्भ में एक प्रशासनिक उपाय के रूप में देखता है। ''संस्थापन'' शीर्षक अध्याय जल, स्वच्छता, प्रवाह, नदी स्थिरीकरण, भोजन आदि, ग्रिड की संचार सम्बन्धी भूमिका का अध्ययन करता है। ''उद्देश्य'' शीर्षक अध्याय, सांस्कृतिक, धार्मिक एवं सामाजिक गतिविधियों के सम्पादन के सन्दर्भ में ग्रिड की भूमिका का अध्ययन करता है। किसी बस्ती को बसाते समय यदि स्थलाकृति एवं लौकिक सन्दर्भ अस्थिर हो तथा सक्रिय मानसून भी प्रभावित कर सकने वाला एक कारक हो, तब नियोजन एवं डिज़ाइन सम्बन्धी रणनीति का लचीला होना आवश्यक होता है। मार्ग परिवर्तित करने वाली नदियों के साथ संयोजन बिठाते हुए योजना को कार्यरूप देने में एक लचीले ग्रिड की महत्त्वपूर्ण भूमिका होती है। यह नगर की संरचनाओं के बीच वितरण प्रणाली की निर्बाधता को सुनिश्चित करने में भी सहायक होता है। इस अध्याय में दिखाए गए ग्राफ़िक्स से जगह के स्वरुप परिवर्तन में मानसून एवं नगरनियोजन में ग्रिड की भूमिका को आसानी से समझा जा सकता है। उपयोग के लिए उपलब्ध भू–खण्ड पर बिछाए गए इस ग्रिड को एक ऐसे उपाय के रूप में भी देखा जा सकता है जो विभिन्न संरचनाओं एवं उपक्रमों के मध्य संयोजक की भूमिका भी निभाता है। आगामी अध्याय में 2013 कुम्भ के सेक्टर्स, नगर ग्रिड एवं उनके प्रकार का विश्लेषण किया गया है। एक वैचारिक उपकरण के रूप में यह ग्रिड, चंडीगढ़ नगर योजना के अनुरूप ही, यहाँ निवास करने वाले साधुओं एवं तीर्थयात्रियों को एक समुचित व्यवस्था प्रदान करता है। यह संरचनात्मक तंत्र बिजली, पानी, स्वच्छता, आवागमन के मार्ग, स्नान तथा प्रमुख स्नान–दिवसों के अवसर पर लोगों के क़तार की व्यवस्था आदि की रूपरेखा प्रस्तुत करता है। प्रभावी अभियांत्रिकी के प्रयोग द्वारा ग्रिड की सहायता से साधुओं तथा तीर्थयात्रियों को भूमि भी

आवंटित की जाती है। ग्रिड के प्रशासकीय, वैचारिक एवं स्थूल रूप को समझने के बाद विभिन्न शिविरों के प्रकार को समझने की आवश्यकता होती है। जूना अखाड़ा सेक्टर को विस्तृत रूप से समझने का प्रयास किया गया है।

गंगा–यमुना नदियों के संगम पर एक ऐसा कछार जन्म लेता है जो मार्ग बदलती नदियों के कारण सदैव अपना रूप बदलता रहता है। मई से अक्तूबर के उत्तरार्ध तक मानसून के समय नदी का पाट इतना चौड़ा हो जाता है कि सारे किनारे जलमग्न हो जाते हैं। जल–स्तर घटने के बाद उभरी बड़ी सी रेतीली सतह पर कुम्भ नगर बसाया जाता है। इस महानगर का निर्माण एवं विखण्डन, दोनों ही क्षेत्र के पर्यावरणीय चक्र पर निर्भर करते हैं। इस निष्कर्ष में दर्शाए गए मानचित्रों एवं रेखाचित्रों से इस सम्पूर्ण महानगर का अस्तित्व स्पष्ट हो जाता है। एक नगरीय आयोजन के रूप में कुम्भ नगरी की अलौकिक छवि, इसके समस्त निर्माण, संस्थापन तथा धीरे–धीरे पूर्ववत होने की स्थिति का आकलन करने में अत्यंत सहायक होती है। इन मानचित्रों से इलाहाबाद और उसके आस–पास की स्थायी संरचनाओं तथा न्यूनतम तकनीक की सहायता से बड़े स्तर पर बनी कुम्भ की अस्थायी संरचनाओं के बीच के सम्बन्ध को साफ़ तौर पर समझा जा सकता है।

ग्रिड का प्रयोग उन्नीसवीं सदी के मध्य में औपनिवेशिक सरकार के समय में आरम्भ हुआ। कुम्भ के सन्दर्भ में इसकी परिकल्पना आन्तरिक संरचनाओं एवं संस्थाओं की रूपरेखा तय करने वाले एक तंत्र के रूप में हुई थी। नगर की अन्तिम रूप रेखा, भौगोलिक तथा जनसंख्या सम्बन्धी अनिश्चिताओं, विशेष कर प्रमुख स्नान दिवसों पर भीड़ का हल ढूँढ़ने के परिणामस्वरूप सामने आती है। जैसे–जैसे सूचनायें इकट्ठी होती जाती हैं, ग्रिड की ज्यामिति के आधार पर नगर नियोजन आकार लेता जाता है। नदी का जल–स्तर नीचे आने के साथ ही ग्रिड की ज्यामिति भी अपने आस–पास के साथ सामंजस्य बैठा लेती है। भौतिक तथा राजनीतिक रूप से जटिल इस भूखण्ड को एक सरल ग्रिड से जोड़ने तथा विभिन्न संरचनाओं के अनुरूप चौदह आत्मनिर्भर सेक्टर्स बनाने का भी यह उत्तरदायित्व प्रशासन का होता है। प्राथमिकता यह होती है कि इनमें से प्रत्येक सेक्टर अधिक से अधिक आत्मनिर्भर बन सकें। प्रशासन के स्थानिक ढाँचे ये सेक्टर्स वैसे तो स्वतंत्र रूप से काम करने के लिए बने होते हैं मगर इस नगर को सम्पूर्ण रूप से सक्रिय बनाए रखने के लिए इन्हें एक निश्चित भूमिका भी निभानी पड़ती है। सेक्टरों के उप–विभाजन को भी मानचित्रों के माध्यम से भली–भाँति समझा जा सकता है। इन सेक्टरों में ज्यामितीय तथा आकार प्रकार की भिन्नता होती है। अन्य अल्पकालिक बस्तियों के विपरीत कुम्भ का मूल विचार तम्बुओं की एकरसता से भिन्न खुले शिविरों को प्रोत्साहन देना है। बिना किसी पूर्वाग्रह या पूर्वनियोजित आन्तरिक विधान के, ये शिविर धार्मिक सम्प्रदायों के हवाले कर दिए जाते हैं। इससे विभिन्न सम्प्रदायों को पूर्ण स्वतंत्रता एवं रचनात्मकत। के साथ स्वयं को अभिव्यक्त करने का अवसर प्राप्त होता है। यह अभिव्यक्ति इस आयोजन को बहुरंगी आभा प्रदान करती है। अस्थायी अस्पताल, बाज़ार, पुलिस तंत्र और अन्य सामाजिक संरचनायें किसी भी स्थायी नगर की संस्थाओं की ही भाँति कार्य करते हैं।

धार्मिक अनुष्ठानों के साथ ही नदी के रेतीले कछार पर ग्रिड की स्थापना की जाती है। बहु–स्तरीय ढाँचे जल, विद्युत, सीवेज, सड़क और सेतुओं के रूप में, यह ग्रिड कल्पनाओं से बाहर निकल मूर्त रूप लेने लगता है। चण्डीगढ़ तथा मैनहट्टन जैसे स्थायी नगरों की भाँति, प्रशासनिक एवं ढ़ाँचागत स्तरों पर, यहाँ निवास, वाणिज्य एवं सांस्कृतिक गतिविधियों को फलने–फूलने का अवसर मिलता है। सहायक संरचनाओं के रूप में निर्मित अठारह पॉन्टून सेतु पहले से बने सेतुओं के सहायक होते हैं। पारम्परिक नगरों में जहाँ सेतुओं की एक निश्चित भूमिका होती है, कुम्भ के ये तैरते सेतु नदी के दोनों तरफ़ अवस्थित ग्रिड को जोड़े रखकर यहाँ होने वाली गतिविधियाँ निर्बाध रूप से चलती हैं। यहाँ एक तरफ़ सेतु, सड़कें, रेलवे लाईन, ट्रेन स्टेशन्स, पॉवर लाईन जैसी भारी संरचनायें हैं, वहीं दूसरी तरफ़ कुम्भ की लचीली संरचनायें भी हैं जो लोगों के साथ तालमेल कर जल एवं ऊर्जा के प्रवाह को निरंतरता देती रहती हैं। उदाहरण के लिए, सड़कें इस्पात की पट्टिकाओं से बनायी जाती हैं जिन्हें बिना किसी भारी उपकरण की मदद के, स्थानीय लोगों द्वारा स्थानान्तरित किया जा सकता है या फिर भूमि को स्थिरता प्रदान करने के लिए घास–फूस के प्रयोग से ही काम चला लिया जाता है। विभिन्न टुकड़ों को आपस में इस तरह जोड़ा जाता है कि देखते ही देखते लकड़ी, इस्पात, प्लास्टिक, प्लाईवुड आदि से बनी एक बड़ी संरचना आकार ले लेती है। बाद में भी प्रयोग करने योग्य वस्तुओं को संग्रहित कर लिया जाता है और कुछ का प्रयोग क्षेत्रीय निर्माण–कार्य में किया जाता है। कुछ सामग्रियाँ अन्य मेलों या राज्य के अन्य क्षेत्रों में चलने वाले राहत–शिविरों में प्रयोग की जाती हैं। कुछ वस्तुओं को पुनर्चक्रित (रिसाईकिल) करने के लिए अलग रख लिया जाता है। बाँस एवं घास–फूस जैसे जैविक पदार्थों को कृषिभूमि में अवशोषित होने या नदी की लहरों के साथ बहने के लिए छोड़ दिया जाता है।

महामण्डलेश्वर श्री विष्णुदेवानन्द जी महाराज
उत्तर प्रदेश जल निगम
पीनेका पानी

कुम्भ मेला:
14 जनवरी से 22 मार्च

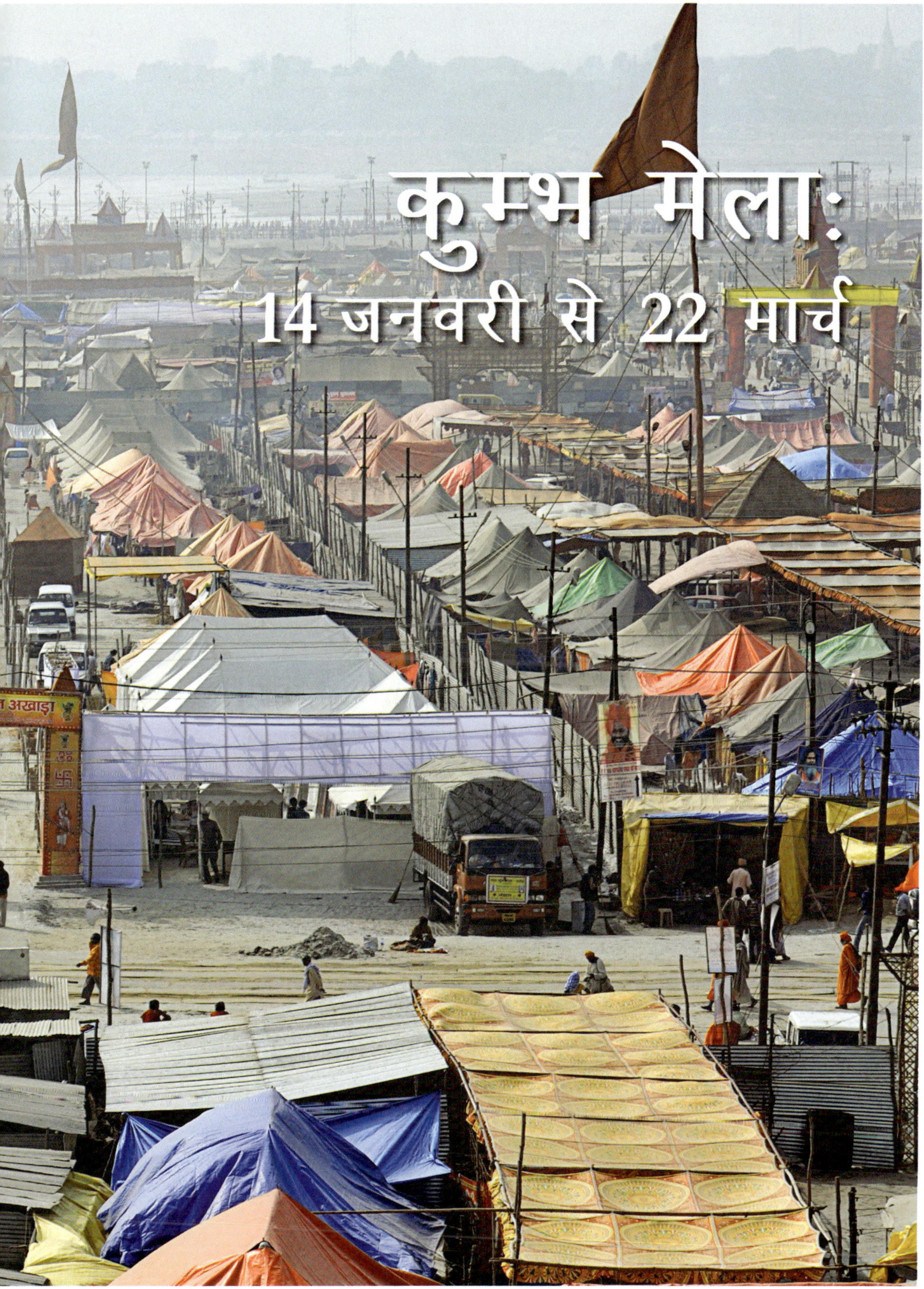

कुम्भ मेले के दौरान चित्रलेख

दिनेश मेहता

इन चित्रलेखों की केन्द्रीय विषयवस्तु मकर संक्रान्ति से लेकर महाशिवरात्रि तक आयोजित होने वाले कुम्भ मेले की अवधि होती है। दिनेश मेहता की काईट-एरियल तथा ऑन द ग्राउण्ड फ़ोटोग्राफ़ी यहाँ के नगरीय जीवन का अत्यंत सूक्ष्म विवरण प्रस्तुत करती है। इसमें व्यक्तिगत तम्बुओं तथा उनके बीच स्थित सार्वजनिक जगहों का भी विवरण होता है। हवाई चित्रों के माध्यम से इस क्षेत्र के सार-तत्त्व को समझा जा सकता है, जबकि द्विआयामी मानचित्र तथा रेखाचित्र इस समूचे आयोजन को एक त्रि-आयामी ढंग से समझने का अवसर देते हैं। ऑन द ग्राउण्ड फ़ोटोग्राफ़ी से ज़मीनी स्तर पर गतिविधियों को समझने का भी अवसर मिलता है। नगर और ग्रिड के प्रारूप को विशाल स्तर पर उजागर करके यह तस्वीरें हमें कुम्भ के सामाजिक एवं सांस्कृतिक आयाम को समझने में मदद करती हैं।

कुम्भ मेला में स्वास्थ्य एवं सुरक्षा

सत्चित बलसारी, सहयोगी जेनिफर लीनिंग

कम लागत एवं कम समय में तैयार हुए इस प्रकार के विशाल भीड़ वाले आयोजन में लोक-स्वास्थ्य से सम्बन्धित आँकड़ों के संग्रहण के लिए मोबाईल डिजिटल सर्विलॉन्स उपकरण का उपयोग किया जा सकता है।

परिचय

कुम्भ मेले में सम्पूर्ण भारत से लाखों श्रद्धालुओं का आगमन होता है। दो माह से कुछ कम समय के लिए ये सभी एक साथ उत्सव मनाते हैं, खाते–पीते हैं, उपासना करते हैं और संगम–स्नान में भाग लेते हैं। प्रत्येक आयु एवं वर्ग के हिन्दू लम्बी यात्रायें करके पावन नदियों में स्नान कर मोक्ष–प्राप्ति के उद्देश्य से यहाँ आते हैं। मेले की सम्पूर्ण अवधि में स्नान के विशिष्ट दिनों पर श्रद्धालुओं की भारी भीड़ उमड़ती है, मौनी अमावस्या का स्नान सर्वाधिक महत्त्व का होता है। इस दिन तीस लाख से भी अधिक लोग यहाँ स्नान करते हैं।

इन्सपेक्टर जनरल, अशोक शर्मा के अनुसार, ''कुम्भ मेले का अलिखित विधान यह सुनिश्चित करता है कि प्रत्येक व्यक्ति संगम तक सुरक्षित पहुँचे और अच्छा समय व्यतीत करे।'' एक निश्चित समय में इतनी भारी संख्या में लोगों का एकत्रित होना लोक–स्वास्थ्य के लिए भारी चुनौती होता है। इस प्रकार के आयोजनों में भगदड़, महामारी, दुर्घटनाओं और आतंकी हमलों की सम्भावना से भी इन्कार नहीं किया जा सकता। इन घटनाओं के पूर्ण नियंत्रण का उत्तरदायित्व मेला प्रशासन का होता है। मेले के तीर्थयात्रियों के स्वास्थ्य एवं सुरक्षा के लिए बड़ी संख्या में अधिकारियों एवं संसाधनों को लगाया जाता है।

महीनों की गहन एवं सूक्ष्म तैयारियों के परिणामस्वरुप उपलब्ध सेवाओं की शृंखला आश्चर्यचकित करती है। पेयजल–व्यवस्था, अस्थायी शौचालय, खाद्यान्न निरीक्षण, वायुजनित रोगों की रोकथाम, जीवनरक्षण, यातायात नियंत्रण एवं अतिरिक्त यातायात सुविधायें तीर्थयात्रियों को रोग एवं दुर्घटनाओं से सुरक्षित रखने में सक्रिय भूमिका निभाते हैं।

इस अध्याय में कुम्भ मेले में लोक–स्वास्थ्य नियोजन और प्रतिक्रिया पर एक दृष्टि डाली गयी है। इसके दो उद्देश्य स्पष्ट हैं, पहला, योजना एवं कार्यान्वयन के स्तर पर स्थानीय प्रशासन द्वारा

भगदड़ या महामारी जैसी स्थिति में उठाए जाने वाले कदमों को रेखांकित करता है। दूसरा, 2013 के कुम्भ मेले के भावी संस्करणों या अन्य मेलों में लागू करने हेतु अनुभवों को संकलित करता है। विश्व के सबसे विशाल जनसमूह के लिए लोक–स्वास्थ्य सुविधाओं की समुचित व्यवस्था की दिशा में यह राज्य की सीमाओं तथा सामर्थ्य की विवेचना करता है।

कुम्भ मेले में लोक-स्वास्थ्य की प्राथमिकतायें

अल्पकालिक कुम्भ मेला प्रशासन श्रद्धालुओं की सुरक्षा के प्रति पूर्ण रूप से समर्पित होता है। किसी भी दुर्घटना के छोटे से छोटे कारणों पर भी प्रशासन की पैनी नज़र होती है। महीनों पहले से तैयारियाँ आरम्भ हो जाती हैं जिनमें पूर्वानुभवों, संस्थागत संस्मरणों एवं परम्पराओं को भी शामिल किया जाता है। पिछली एक सदी से महामारी एवं भगदड़ जैसी घटनायें कुम्भ मेले को आक्रान्त करती रही हैं।

19वीं सदी में हैजा जैसी महामारी का आरम्भ सर्वप्रथम कुम्भ से ही हुआ था। 1817 के कुम्भ के बाद यह महामारी पहले तो तटीय नगर कलकत्ता और 1818 में मुम्बई तक पहुँची और फिर वहाँ से ये चीन और भूमध्य सागर तक पहुँच गई। उपमहाद्वीपीय संक्रमण में तीर्थयात्रियों के अतिरिक्त ब्रिटिश थल एवं जल सेना, विभिन्न व्यापारियों एवं वार्षिक हज यात्रियों की गतिविधियों का भी योगदान था। 1824 में उत्तरी अमेरिका की कठिन सर्दियों में इस महामारी का अन्त हुआ।

1954 में सरकार द्वारा आयोजित, स्वतंत्र भारत के प्रथम कुम्भ मेले में एक बिगड़ैल हाथी ने स्नान क्षेत्र के निकट बड़ी भीड़ पर आक्रमण कर दिया, जिसके फलस्वरूप भगदड़ से 500 लोगों की मृत्यु हो गयी। इस घटना के बाद मेला प्रशासन, राज्य तथा केन्द्र सरकारें पूर्णतया सतर्क रहती हैं कि ऐसी घटनाओं की पुनरावृत्ति ना हो। कुम्भ मेले के उच्च मानदण्डों के अनुसार योजना एवं कार्यान्वयन में दुर्घटना की सम्भावना को ले कर पूरी सावधानी बरती जाती है।

कुम्भ मेला प्रशासन

इस आयोजन का आर्थिक उत्तरदायित्व केन्द्र तथा राज्य सरकारों का होता है। कुम्भ नगरी को उत्तर प्रदेश के एक अस्थायी जिले की मान्यता प्राप्त है और किसी भी अन्य सामान्य जिले की भाँति इसके लिए भी एक पूर्ण प्रशासन तंत्र की व्यवस्था की जाती है। यह चौदह प्रशासनिक इकाइयों में बँटा होता है और इसके मुख्य संयोजक के रूप में मेला अधिकारी की नियुक्ति एक साल पहले ही कर दी जाती है। यह जिलाधिकारी के समकक्ष होता है। इलाहाबाद के म्युनिसिपल कमिश्नर के साथ मिलकर मेले की योजना एवं कार्यान्वयन के प्रति यह पूर्ण रूप से उत्तरदायी होता है।

2013 कुम्भ मेले में केन्द्र तथा राज्य सरकारों द्वारा पूरी वित्तीय सहायता प्राप्त, मेला अधिकारी की एक अनुभवी टीम कार्यरत थी जिसमें उत्तर प्रदेश के विभिन्न क्षेत्रों से चुने हुए

इलाहाबाद में 1953–54 के कुम्भ मेले का एक अभिलेखीय चित्र

अधिकारीगण थे। इन सबने मिलकर 200 मिलियन डॉलर के बजट और लगभग एक लाख कर्मचारियों का प्रबन्धन किया।

चूँकि देश के चार नगरों में, प्रत्येक बारह वर्षों पर कुम्भ का आयोजन होता है, इसलिए अधिकारियों या व्यवस्थाओं की पुनरावृत्ति की सम्भावना कम ही होती है। इसके लिए न कोई लिखित नियमावली होती है, न कोई कार्य योजना और न ही कोई आचार संहिता। नई टीम के पास आधाररूप में मात्र सरकारी अभिलेखों में अंकित सूचनायें तथा कुछ कर्मचारियों के अनुभव होते हैं जो संयोगवश पिछले आयोजनों का हिस्सा रह चुके होते हैं।

मेला नियोजन में राष्ट्रीय, राजकीय एवं नगरीय स्तर पर सरकारी एजेन्सियों, निजी क्षेत्र के लोगों, सैकड़ों धार्मिक संगठन एवं हजारों आम आदमियों की भागीदारी होती है। ये सभी लोग इस आयोजन को सफल बनाने में अपना योगदान देते हैं। विभिन्न अंशों में स्वायत्तता एवं बाध्यताओं का निर्धारण किया जाता है और अपेक्षा की जाती है कि उत्तरदायित्वों का निर्वहन पूरी निष्ठा से हो। 2013 के इस उद्यम में 160 किलोमीटर लम्बी सड़कों, सत्रह सेतु, चौदह अस्पताल, 35,000 शौचालयों का निर्माण हुआ एवं अनगिनत योजना–बैठकों की मदद से शासन के प्रत्येक स्तर पर निरंतर निगरानी को कार्यान्वित किया गया।

स्वास्थ्य एवं स्वच्छता

कुम्भ मेले में संक्रमण की सम्भावना भी बनी ही रहती है। सामूहिक स्नान रीतियाँ, खुले शौच पर मँडराती मक्खियों से खाद्यान्नों का दूषण, हाथों की स्वच्छता के प्रति अनभिज्ञता, दूषित जल

एवं वायुजनित रोग तीर्थयात्रियों के लिए स्वास्थ्य का खतरा बनाए रखते हैं। कुम्भ मेला प्रशासन अपने पूरे सामर्थ्य से इन ख़तरों से निबटने का प्रयास करता है। अपनी जल वितरण प्रणाली, स्वच्छता व्यवस्था एवं द्वि–स्तरीय स्वास्थ्य सम्बन्धी सेवाओं पर इस अस्थायी मेला नगर को गर्व है। पेयजल, स्वास्थ्य एवं स्वच्छता से जुड़ी सेवायें पूर्ण रूप से सरकार द्वारा प्रबन्धित होती हैं। निजी क्षेत्रों की भागीदारी इसमें सीमित ही होती है।

स्वच्छ जल एवं स्वास्थ्य विज्ञान

2013 के कुम्भ में गंगा के किनारे खोदे गए चालीस से अधिक ट्यूबवेल्स द्वारा पाईप एवं नलों के माध्यम से पेयजल की आपूर्ति की गई। विभिन्न स्थानों पर एक्वागार्ड एवं टाटा जैसी निजी कम्पनियों ने भी शुद्ध पेयजल उपलब्ध करवाया। मेला परिसर में 35,000 से अधिक शौचालयों की व्यवस्था की गयी। इनमें कपड़ों के पर्दे वाले सरल शौचालयों से लेकर स्टेट ऑफ़ दी आर्ट बायो–डायजेस्टर इकाइयों तक की व्यवस्था थी। इसके बावजूद बहुत से लोगों ने खुले में भी शौच किया जिसकी सफाई के लिए मेला प्रशासन को 'रात्रिकालीन सफाई कर्मचारियों' की एक बड़ी फ़ौज खड़ी करनी पड़ी जो सफ़ाई के बाद उस जगह पर चूने का भी छिड़काव करती थी। नल से बहे हुए जल को सड़कों के किनारे खुदे गड्ढों में एकत्रित एवं शोधित कर टैंकरों की मदद से सड़क की धूल बिठाने के लिए छिड़काव के रूप में उपयोग में लाया जाता था।

1895 में ही लोगों ने यह समझ लिया था कि रूके हुए या धीमी गति से बहते मानव मल युक्त जल से हैजा जैसी महामारी के फैलने का ख़तरा बढ़ जाता है। जल की धारा को 2,500 क्यूबिक फीट प्रति सेकेण्ड की दर से प्रवाहित किया जाता है ये गति जीवाणुओं एवं विशाणुओं को बहा ले जाने की क्षमता तो रखती है, परन्तु स्नान करने वालों को इस धारा से कोई ख़तरा नहीं होता। इस प्रयोग के द्वारा जल में कॉलीफ़ार्म नामक बैक्टीरिया की उपस्थिति अपेक्षित स्तर से कम पायी गयी। प्रदूषण फैलाने वाले कारख़ानों को कचरा नदी में डालने से रोकने के नियमों का सख़्ती से पालन करने को बाध्य किया गया।

जल और स्वच्छता सम्बन्धी पर्याप्त व्यवस्थाओं के बाद भी दूषित खाद्यान्न से उत्पन्न रोगों की सम्भावना बनी रही। सामूहिक रुप से लोग अत्यंत पास बैठकर हाथों से भोजन ग्रहण करते थे, किंतु हाथों की स्वच्छता के प्रति लापरवाह होते थे।

स्वास्थ्य सेवायें

कुम्भ मेले के लिए एक व्यापक स्वास्थ्य सेवा तंत्र विकसित किया गया। इस तंत्र में प्रत्येक सेक्टर में तेरह फ़ील्ड अस्पताल थे। चिकित्सकीय उपकरणों से लैस एवं उन्नत तरीकों से रोगों के निदान की क्षमता वाले एक बड़े केन्द्रीकृत रेफ़रल अस्पताल की भी व्यवस्था थी।

प्रत्येक सेक्टर में बीस बिस्तरों वाले अस्पताल में एक मुख्य चिकित्सक, एक नर्स, एक फ़ार्मासिस्ट और एक बाह्य रोगी क्लीनिक की भी व्यवस्था थी। ये चिकित्सालय चौबीस घण्टे खुले

होते थे और सामान्यतः व्यस्त रहा करते थे। मांगलिक दिवसों के अवसर पर अप्रत्याशित रूप से भीड़ के बढ़ जाने के कारण लोग चिकित्सालयों में बड़ी संख्या में पहुँचते थे। किसी भी सामान्य ग्रामीण या नगरीय चिकित्सालय में जिस भाँति रोगियों को परेशानियों का सामना करना पड़ता है, ठीक वैसी ही स्थिति यहाँ भी थी। चिकित्सा कर्मचारियों की संख्या पर्याप्त न होने के कारण रोगियों को समुचित चिकित्सकीय परामर्श नहीं मिल पाता था। रोग की पृष्ठभूमि जाने बिना उन्हें तात्कालिक परेशानियों के ही आधार पर दवाएँ दे दी जाती थीं। नाड़ी दर, रक्तचाप, तापमान या किसी अन्य सार्थक जाँच के लिए समय नहीं मिल पाता था। एक रोगी को सरकार की तरफ़ से तीन दिनों तक निःशुल्क उपचार की व्यवस्था होती थी। कुछ तीर्थयात्री घरों के आस–पास किसी एलोपैथी चिकित्सक की व्यवस्था न होने से यहाँ की चिकित्सा का अवसर नहीं गँवाना चाहते थे। इस बीच रोगियों की भीड़ से थक चुके चिकित्सालय के अपर्याप्त कर्मचारी, रोगियों की अपेक्षाओं, संसाधनों की कमी तथा अपनी चिकित्सकीय कुशलता के बीच संतुलन बनाए रखने के लिए संघर्ष करते रहते हैं। रोग के लक्षणों का एक रिकॉर्ड बनाया जाता है और दवा सम्बन्धी परामर्श एक सफ़ेद नोटबुक पर लिख कर चिकित्सालयों को उपलब्ध कराया जाता है। चिकित्सालय में चिकित्सा के लिए आए रोगियों की संख्या का मिलान करके आँकड़े केन्द्रीय अस्पताल में प्रेषित किए जाते हैं। हमारे दल ने इनोवेटिव सर्विलाँस सिस्टम (innovative surveillance system) के द्वारा मरीज़ों से होने वाली बातचीत और परामर्श से सम्बन्धित जानकारी उसका महत्त्वपूर्ण अंग होता है। इस टीम के विषय में चर्चा दूसरे अध्याय में करेंगे।

जिन रोगियों को उच्च स्तरीय इलाज की आवश्यकता होती है, उन्हें केन्द्रीय अस्पताल में यदि जरूरत है तो एम्बुलेंस द्वारा भेज दिया जाता है। केन्द्रीय अस्पतालों में हृदय विज्ञान, ओटोलैरिंगोलोजी, गायनेकॉलजी और पीडियाट्रिक्स विभाग, एक्स–रे तथा रक्त जाँच की सुविधा, सौ बिस्तरों वाले अस्पताल और दो बिस्तरों वाला सघन चिकित्सा विभाग यानी (ICU) की सुविधा होती है। जिन रोगियों को सर्जरी, और हृदय सम्बन्धी गहन चिकित्सा की आवश्यकता होती है, उन्हें एम्बुलेंस द्वारा इलाहाबाद के किसी उच्च श्रेणी के अस्पताल में भेज दिया जाता है।

कुम्भ मेले के अधिकारियों द्वारा 143 एम्बुलेंसों की व्यवस्था की गयी जिन्हें उत्तर प्रदेश के विभिन्न क्षेत्रों के सरकारी संस्थानों से मंगाया गया था। प्रत्येक एम्बुलेंस में एक चालक होता है और ये चालक ही भगदड़ या जलने की घटनाओं में प्रयोग आने वाले फ़ील्ड रिस्पाँस सप्लाई और किट का प्रबन्धन करते हैं। यह अलग बात है कि इन एम्बुलेंसों में प्रशिक्षित स्वास्थ्य कर्मचारी नहीं होते तथा प्रमुख स्नान दिवसों पर भारी भीड़ के कारण गन्तव्य तक पहुँचने में इन्हें काफ़ी विलम्ब भी होता है।

महामारियों का पूर्वानुमान

ऐसी भीड़ में महामारियों के फैलने की सम्भावना बनी ही रहती है। भीड़ का घनत्व बढ़ते ही लोगों का आपस में शारीरिक सम्पर्क भी बढ़ जाता है जिससे बड़ी संख्या में लोग संक्रमण के प्रति अतिसंवेदनशील हो जाते हैं। मेले के घनत्व की वजह से सामान्य सर्दी या फ़्लू जैसे

संक्रमण का ख़तरा भी बढ़ जाता है। मक्खियों की समस्या पर तो समय–समय पर डी. डी. टी. (DDT) पाउडर के छिड़काव से नियन्त्रण पा लिया जाता है। इस क्षेत्र में मलेरिया का ख़तरा वैसे तो हमेशा बना होता है, लेकिन कुम्भ के दौरान पड़ने वाली सर्दी के कारण यह नियंत्रित रहता है। पूर्ववर्ती मेलों में महामारियों से लड़ने के लिए बने कॉलेरा वार्ड ही दरअसल आज के बीस बिस्तरों वाले क्लिनिक हैं, जो प्रत्येक सेक्टर अस्पताल के साथ जुड़े होते हैं। ये बहुत कम प्रयोग में आते हैं।

इन समस्त प्रयासों के बाद भी, तीर्थयात्रियों की संख्या, जनसंख्या के घनत्व और तीर्थयात्रियों के साथ भारत के विभिन्न भागों से यहाँ पहुँची बीमारियों की वजह से संक्रमण एवं महामारी का ख़तरा बना ही रहता है। कुम्भ के आरम्भिक दौर में ऐसे रोगों की रोकथाम के लिए कोई तंत्र नहीं हुआ करता था।

कुम्भ मेले में रोग निगरानी तंत्र: एक परिचय

किसी निश्चित जनसंख्या में अपेक्षित दर से ऊँचे स्तर पर फैलने वाले रोग को महामारी कहा जाता है। उदाहरण के लिए एक ऐसे देश में जहाँ पोलियो का पूर्ण उन्मूलन हो चुका हो, वहाँ ऐसा एक भी मामला सामने आने पर उसे महामारी की संज्ञा दी जाएगी, जबकि फ़्लू के मामले में पीड़ितों की संख्या एक निश्चित सीमा से अधिक होने पर ही उसे महामारी की श्रेणी में रखा जा सकता है। कुम्भ मेले में महामारियों की पहचान के लिए चिकित्सालयों में सामान्य स्तर से अधिक या कम आने वाले नए मामलों पर दृष्टि रखी जाती है। नोटबुक में अंकित डायरिया, उल्टी, बुख़ार, ददोरे आदि की शिकायतों के आधार पर नए मामलों की निगरानी की जाती है। इसकी चर्चा 'स्वास्थ्य सुविधायें' वाले भाग में की जा चुकी है। सूचनाओं को एकत्र करने का नोटबुक वाला तरीका यद्यपि एक पुरानी सोच है, फिर भी रोग के लक्षण पहचानने के लिए निगरानी तंत्र को आरम्भिक जानकारी देने के लिए यह पर्याप्त होता है। इसके लिए आँकड़ों का सही समय पर प्राप्त होना एवं विश्लेषण आवश्यक होता है। अधिक दूरी और लोगों की भारी भीड़ के कारण तेरह चिकित्सालयों के आँकड़ों को इकट्ठा करना एक कठिन कार्य है।

कुम्भ मेले के हॉर्वर्ड लोक स्वास्थ्य दल ने रियल टाइम डेटा के एकत्रीकरण से जुड़ी इस चुनौती से निपटने के लिए, भारत के सर्वोच्च आपदा प्रतिक्रिया संस्था, ''राष्ट्रीय आपदा प्रबन्धन प्राधिकरण'' के साथ मिलकर तथा इलाहाबाद और मुम्बई के बीस से अधिक स्वास्थ्यकर्मियों और लोक स्वास्थ्य विद्यार्थियों की मदद से एक इनोवेटिव डिजिज़ सर्विलाँस टूल (innovative disease surveillance tool) अभिनव रोग निगरानी तंत्र को विकसित किया। अपनी–अपनी विशेषज्ञता में स्नातक कर रहे ये विद्यार्थी मोतीलाल नेहरू मेडिकल कॉलेज, सैम हिग्गिनबॉटम इन्स्टीट्यूट ऑफ़ एग्रीकल्चर, टेक्नॉलोजी एण्ड साइंस तथा रोट्रैक्ट (रॉटरी) क्लब ऑफ कडोशस (caduceus) से जुड़े थे।

इन विद्यार्थियों को अलग–अलग दलों में बाँटकर स्थानीय स्तर पर आई पैड्स (i-pads) उपलब्ध कराए गए और उन पाँच स्थलों पर उनकी नियुक्ति की गयी जहाँ निगरानी कार्यक्रम

सैक्टर अस्पताल में चिकित्सा सबंधी परामर्श।

चलाए जा रहे थे। कॉमर्शियल डेटा कलेक्शन ऐप और स्वदेशी आकलन कार्यक्रम ई. एम. काउन्टर "E M Counter" की मदद से इन विद्यार्थियों को नोटबुक के आँकड़ों को आई पैड्स में स्थानान्तरित करना था। ई. एम. काउन्टर कार्यक्रम की मदद से इन विद्यार्थियों को महामारी से सम्बन्धित रोगी की आयु, लिंग, मुख्य शिकायत, प्रस्तावित औषधि आदि आवश्यक आँकड़ों को जुटाने का अवसर मिला। रोग निगरानी तंत्र की सफलता के लिए ये आँकड़े पर्याप्त थे।

दिन की समाप्ति पर ये दल इन आँकड़ों को साझा करने के लिए एक निश्चित स्थान पर मिलते थे। कुछ ही मिनटों में दस I-pads में संकलित आँकड़ों को हॉट स्पॉट की मदद से एक दूरस्थ सर्वर पर अपलोड कर दिया जाता था। आँकड़ों की अपलोडिंग के साथ ही ई. एम. काउन्टर अपना कार्य आरम्भ कर देता था और रोगियों की संख्या, रोग की बारम्बारता और उसकी आनुपातिक स्थिति, प्रस्तावित दवाओं की प्रकृति, रोगियों की आयु एवं लिंग से सम्बन्धित समस्त सूचनाओं का एक ग्राफ़ तैयार कर देता था। प्रतिदिन आँकड़ों की अपलोडिंग द्वारा मेला प्रशासन को घटती–बढ़ती जनसंख्या के अनुपात में रोगों के दैनिक उतार–चढ़ाव को समझने का अवसर मिलता है। अपेक्षित स्तर से थोड़ी भी अलग रीडिंग को सम्भावित महामारी के संकेत के रूप में लिया जा सकता है। टीम द्वारा तीन सप्ताह तक 50,000 से अधिक रोगियों की निगरानी की गयी, इस अवधि में स्नान दिवस वाले सर्वाधिक व्यस्त दिन भी शामिल थे। निगरानी तंत्र को सक्रिय रखने के साथ साथ यह परियोजना, संसाधनों के

संगम में पवित्र स्नान करते श्रद्धालु

आवंटन, सेवाओं के उपयोग, चिकित्सकीय कार्यप्रणाली एवं सूची से सम्बन्धित सूचनाओं के संकलन का भी कार्य करती है।

ई. एम. काउन्टर ने संगम के नज़दीक के सेक्टर अस्पतालों की स्थिति को भी समझने का प्रयास किया। स्थायी नगरों की स्थिर जनसंख्या में, अपेक्षा से अधिक रोगियों की संख्या सम्भावित महामारी का संकेत हो सकती है, मगर कुम्भ जैसे आयोजनों में रोगियों की संख्या में अचानक वृद्धि इस बात का भी सूचक हो सकती है कि लोगों की संख्या में अप्रत्याशित वृद्धि हुई है। इससे महामारी का सटीक अनुमान लगाना कठिन हो जाता है। इसलिए इस टीम ने सापेक्षिक अनुपात के आधार पर ऐसे मामलों की निगरानी आरम्भ की। टीम का अनुमान यह था कि इस प्रक्रिया से जनसंख्या सर्वेक्षण एवं नमूनों के संकलन, दोनों ही स्तरों पर विभिन्न रोगों की स्थिति को समझा जा सकता है। अन्य रोगों के मुकाबले किसी एक रोग की बारम्बारता को महामारी का सूचक माना जा सकता है। अनुमान की पुष्टि के लिए, ई. एम. काउन्टर ने चार सेक्टर अस्पतालों तथा केन्द्रीय अस्पताल के रोगियों की निगरानी का लक्ष्य बनाया। मेले के स्नान दिवस वाले व्यस्ततम दिनों सहित लगभग तीन सप्ताह तक यह निगरानी बनायी रखी गयी।

स्वास्थ्य सेवायें: कुम्भ मेले के संदर्भ में आपूर्ति एवं मांग

मेले के दौरान कुम्भ मेला अधिकारियों ने समस्त ऐलोपैथिक अस्पतालों में 2,80,755 रोगियों की उपस्थिति दर्ज की। इन आँकड़ों को डिज़िटल सर्वेलांस सिस्टम के माध्यम से संकलित

किया गया, जिसके अनुसार अध्ययन की अवधि में रोगियों की संख्या 49,131 थी। इलाज के लिए आए हुए रोगियों की औसत आयु 46 वर्ष थी। केन्द्रीय अस्पताल के मरीज़ों में आधी संख्या महिलाओं की थी, जबकि सेक्टर अस्पतालों में एक चौथाई महिलायें ही रोगियों के रूप में आयीं। समान संरचना और संसाधनों के बावजूद सर्वाधिक व्यस्त अस्पताल में सर्वाधिक कम व्यस्त अस्पताल की तुलना में 1200ः अधिक रोगियों की उपस्थिति दर्ज की गयी। अधिकतर रोगी हड्डी और मांसपेशियों के दर्द, बुख़ार, कफ़, कॉरीज़ा और डायरिया जैसी शिकायतों के साथ यहाँ आए। ऐसे जनसमूह में अलग–अलग अनुपात में सामान्य रोगों की उपस्थिति आश्चर्यजनक रुप से समान होती है। 2012 के लंदन ओलिम्पिक्स में भी ऐसा ही देखा गया था। सौ में से एक ही रोगी अस्पताल में भर्ती के लायक होता था, अधिकतर डायरिया, पेट दर्द, बुख़ार और साँस की परेशानियों के इलाज के लिए वहाँ पहुँचते थे। सेक्टर अस्पताल में आने वाले दस में से नौ रोगियों को दवाइयाँ लिखी गयीं। सबसे अधिक एण्टीबायोटिक, दर्द की दवाएँ, एण्टीएलर्जी तथा विटामिन की गोलियाँ लिखी गयीं। लगभग आधे रोगियों को बुख़ार के लिए एण्टीबायोटिक दवाएँ दी गयीं, जबकि 80% से अधिक बुख़ार पीड़ितों को पैरासिटामोल दिया गया। दस में से छः कफ़ पीड़ितों को भी एण्टीबायोटिक दिया गया।

लोक स्वास्थ्य सन्दर्भ में अवसरों का उपयोग ना कर पाना

कुम्भ मेलों में स्वास्थ्य सुविधाओं की व्यवस्था के लिए एक विशाल ढाँचे, जनसंसाधन तथा औषधियों की आवश्यकता होती है। यद्यपि अन्य समान परिस्थितियों की तुलना में यहाँ के रोगियों की स्वास्थ्य समस्यायें भिन्न नहीं होती, फिर भी व्यापक, लाक्षणिक तथा प्लेसबो आधारित उपायों से इलाज करना कठिन होता है। आयोजन के बजट का एक बड़ा भाग स्वास्थ्य एवं चिकित्सा पर खर्च होने के बाद भी औसत से बेहतर चिकित्सा देना सम्भव नहीं हो पाता और न ही संसाधनों का पूरा उपयोग हो पाता है। यहाँ की स्वास्थ्य सम्बन्धी संरचना की विशालता को देखते हुए उनका अधिक बेहतर उपयोग किया जा सकता था। उदाहरण के लिए, यहाँ पाँच में से एक रोगी कफ़ पीड़ित होता है और लगभग इतनी ही संख्या बुख़ार के रोगियों की भी होती है। ऐसी स्थिति में यहाँ छाती में होने वाली टी. बी. की जाँच की व्यवस्था उपलब्ध नहीं थी। यह बीमारी इस क्षेत्र के लोगों के लिए सदा से एक बड़ी चुनौती बनी रही है। ग्रामीण भारत में उच्च रक्तचाप एवं तम्बाकू सेवन की समस्या बढ़ती जा रही है। यहाँ के चिकित्सालयों में आने वाले रोगियों की उच्च रक्तचाप की जाँच की जा सकती है तथा उन्हें तम्बाकू सेवन के दुष्परिणामों से भी आगाह किया जा सकता है। आँकड़ों को यदि सत्य माना जाए, तो भारत की आबादी का 6% हिस्सा तो यहाँ आता ही है। यदि उपलब्ध संसाधनों का समुचित उपयोग, इतनी बडी संख्या में यहाँ आने वाले तीर्थयात्रियों की स्वास्थ्य संबंधी आवश्यकताओं की पूर्ति से भविष्य में काफ़ी लोग लाभान्वित हो सकते हैं।

कुम्भ मेला में भगदड़: तैयारियाँ तथा प्रतिक्रियायें

कुम्भ मेले में भगदड़ों पर नियंत्रण पाना आज भी एक बड़ी चुनौती है। महीनों तक, प्रशासन इसके उपायों पर चर्चा करता है। चर्चा के निष्कर्ष के ही आधार पर बस्तियों की रूपरेखा तैयार की जाती है, यातायात नियंत्रण की योजनायें बनाई जाती हैं, नदी–प्रवाह के नियंत्रण का कार्य होता है तथा सेना और पुलिस बल की तैनाती इसी आधार पर होती है। यद्यपि 2013 के कुम्भ में भी भगदड़ रोकने के उपायों पर संसाधनों का एक बड़ा भाग खर्च करने के बावजूद, मौनी अमावस्या पर श्रद्धालुओं की एक भारी भीड़ के कारण इलाहाबाद रेलवे स्टेशन पर मची भगदड़ में छत्तीस लोगों की जान नहीं बचाई जा सकी। इससे दोगुनी संख्या में लोग घायल हुए।

इतने विशाल जनसमूह के आवागमन से उत्पन्न भगदड़ की स्थिति के कुछ प्रमुख कारण सामने आये हैं।

ये हैं, द्वि–मार्गीय सड़क, संकरे बॉटलनेक से ही बढ़ने वाला या एक ही दिशा में रूक–रूक कर बढ़ने वाला प्रवाह, भीड़ के घनत्व के बढ़ने वाले हालात में 'रूको और जाओ' वाला प्रवाह तथा धक्का–मुक्की के कारण उत्पन्न विक्षोभ आदि। वर्षों के अनुभवों के बाद मेला पुलिस ने भीड़ नियंत्रण के इन सिद्धान्तों को समझना आरम्भ कर दिया है।

भगदड़ से बचाव की रूपरेखा, कुम्भ के ब्लूप्रिंट में ही निहित होती है। कुम्भ मेले का उद्देश्य ही तीर्थयात्रियों के सुरक्षित संगम–स्नान की व्यवस्था करना है।

मेला प्रशासन के विभिन्न घटक जैसे पुलिस, इन्जीनियर्स, राज्य नौकरशाह और निजी ठेकेदार आदि के अनुभवों का उपयोग करके, भगदड़ से सम्बन्धित अपनी रणनीति में सुधार करते रहते हैं। बीतते वर्षों के साथ–साथ कुम्भ की सूची और मानदण्ड, दोनों में विस्तार हो रहा है। 2013 में 160 कि. मी. से अधिक सड़कें बनीं जिनमें से कुछ तो 60 फ़ीट से अधिक चौड़ी थीं। सत्रह पॉन्टून सेतुओं की मदद से नदी के दोनो तटों को जोड़कर लोगों के आवागमन के लिए रास्ता बनाया गया। सड़क और सेतुओं के चौकोर पैटर्न से भीड़ का प्रवाह एक से दूसरे किनारों तक सुगमतापूर्वक होता रहा और बॉटलनेक के रूप में कोई समस्या नहीं देखी गयी। व्यस्त स्नान दिवसों पर, पैदल यात्रियों को दृढ़ता से नियंत्रण में रखा गया। एक ही दिशा में भीड़ के प्रवाह को प्रोत्साहित कर तथा घुमावदार रास्तों पर भीड़ को निर्देशित कर संकेन्द्रण की समस्या से बचा गया।

तटीय क्षेत्रों में हज़ारों रेत की बोरियों तथा पुआल की मदद से भूमि को लोगों के चलने के लायक बनाया गया। तट से कुछ दूरी पर जल में लगे ऊँचे खम्भे स्नान की सुरक्षित सीमा को इंगित करते हैं। स्नान करने वालों पर निगरानी तथा आवश्यकतानुसार उनकी सहायता के लिए जीवनरक्षक नौकाओं की तैनाती की जाती है। राज्य के द्वारा सुरक्षित स्नान के लिए नदी के प्रवाह की विपरीत दिशा में बाँध बनाकर संगम की ओर आने वाली धारा की गति को कम किया जाता है। नदी की धारा में इतना प्रवाह अवश्य होता है कि जल अवरुद्ध होकर रूक न सके। मुख्य स्नान दिवसों के आस–पास इलाहाबाद में रेल और बस परिवहन बहुत बढ़ जाता है। भारतीय रेल तीर्थयात्रियों की सुविधा के लिए 200 विशेष रेलगाड़ियां चलाती हैं।

मेला स्थल तक जाने की सुविधा के लिए बने पॉन्टून सेतु पर लगा जाम

संकुलता की स्थिति से बचाव के लिए इलाहाबाद आने वाली हजारों बसें शहर से बाहर अलग–अलग दूरी पर खड़ी की जाती हैं। एक निश्चित दूरी के बाद तीर्थयात्रियों को पैदल ही कुम्भ नगरी तक जाना होता है।

भगदड़

पवित्र स्नान दिवसों के कारण 10 फरवरी, 2013 को कुम्भ नगरी के पश्चिम में स्थित रेलवे स्टेशन पर हज़ारों तीर्थयात्री एकत्रित थे। किसी कारणवश भारतीय रेल द्वारा की गयी अतिरिक्त रेलगाड़ियों की व्यवस्था की पूरी क्षमता से उपयोग नहीं हो सका था।

शाम तक बुरी तरह से थके हुए तीर्थयात्रियों की भारी भीड़ पहले से ही खचाखच भरे रेलवे स्टेशन पर आ पहुँची। एक तो स्टेशन में प्रवेश को लेकर किसी प्रकार का निषेध नहीं था, दूसरे ट्रेन की अधिकतर सीटें अनारक्षित थीं। डिब्बों में क्षमता से दो–तीन गुणा अधिक भीड़ थी।

शाम, साढ़े छः बजे ऊपरी पारपथ पर लोगों की भारी भीड़ एक नम्बर प्लेटफ़ार्म पर राजधानी एक्सप्रेस के यात्री अपनी गाड़ी की प्रतीक्षा कर रहे थे। छह नम्बर प्लेटफ़ार्म पर 'कुम्भ मेला विशेष' रेलगाड़ी के यात्री खड़े थे। किसी अज्ञात कारण से अंतिम क्षणों में ट्रैक परिवर्तन की घोषणा कर दी गयी। फलस्वरूप ट्रेन में चढ़ने को बेचैन लोगों में नए उद्घोषित प्लेटफ़ार्म पर जाने की होड़ मच गयी। इन दोनों प्लेटफ़ार्म को जोड़ने वाला एक संकरा ऊपरी पार–पथ

था जिस पर पहले से ही तिल रखने भर भी जगह नहीं थी, टूट गया, जिसके परिणामस्वरूप मची भगदड़ में छत्तीस लोगों की जान चली गयी।

भगदड़ की प्रतिक्रिया

शोर के कारण अन्य प्लेटफ़ार्मों पर उपस्थित यात्रियों को भगदड़ का पता नहीं चला। भीड़ के कारण घायलों को बाहर निकालना भी असंभव था। अपेक्षाकृत कम घायल यात्रियों को किसी तरह स्टेशन के एक सिरे पर स्थित चिकित्सालय तक पहुँचाया गया। गंभीर रूप से घायलों को किसी प्रकार की प्राथमिकता नहीं दी जा सकी। रेलवे चिकित्सालय में आकस्मिक परिस्थितियों का सामना करने की कोई व्यवस्था नहीं थी और घायलों को निकट के रेलवे अस्पताल तक पहुँचने के लिए काफ़ी समय लगा। इसके बाद ही उन्हें तीसरे और अंतिम गन्तव्य टर्शीयरी अस्पताल तक पहुँचाया जा सका। उनतालीस घायलों में से अधिकतर स्वरुप रानी नेहरू अस्पताल पहुँचाए गए, किंतु इस प्रक्रिया को पूर्ण होने तथा अन्तिम घायल को अस्पताल पहुँचने में सात घण्टे का समय लगा।

कुम्भ मेले के समय इलाहाबाद रेलवे स्टेशन

नगर सुरक्षा का उत्तरदायित्व नगर पुलिस, राज्य पुलिस, संघीय रैपिड एक्शन फ़ोर्स और भारतीय सेना का था। ये स्वतंत्र रूप से कार्य करने वाले बल थे। इनके मध्य समन्वय स्थापित करने के लिए कोई संयुक्त कमाण्डर नहीं था। इस प्रकार की घटना में समन्वय की ही सबसे बड़ी भूमिका होती है। प्राथमिकता के आधार पर घायलों के उपचार तथा भीड़ को विकेन्द्रित करने के प्रयासों में समन्वय की कमी के कारण सारे घायल निकट के टर्शीयरी अस्पताल में ही पहुँचने लगे। किसी भी रोगी को न लौटाये जाने के सरकारी आदेश के कारण पहले वहाँ पहुँचे मामूली रूप से घायल लोगों ने बिस्तरों पर कब्ज़ा कर लिया। गंभीर रूप से घायलों के लिए वहाँ स्थान नहीं होने के कारण उन्हें दूर स्थित अस्पतालों में भेजा जाने लगा। शहर के अस्पतालों में पर्याप्त संख्या में चिकित्सक उपस्थित थे। सुबह तक अस्पतालों ने घायलों और मृतकों की एक सूची जारी कर दी गई।

कुम्भ मेले में आपदा प्रतिक्रिया का सशक्तिकरण

कुम्भ मेला, 2013 में बड़े स्तर पर ऊर्जा, समय और संसाधनों की समुचित व्यवस्था के बाद भी भगदड़ की दुर्घटना हो ही गयी। यह घटना किसी संयोग का परिणाम नहीं, अपितु अवश्यम्भावी थी। सरकार के विभिन्न अंगों के मध्य की कमज़ोर कड़ी के रूप में तीर्थयात्रियों का भार वहन करने वाला एक मात्र संकरा पार–पथ दुर्घटना का कारण बना। स्वतंत्र रूप से तो यह सभी कुम्भ की सफलता के लिए प्रयासरत थे, किंतु परस्पर समन्वय के अभाव में विफल सिद्ध हुए। मेले की अनम्य नियोजन प्रक्रिया, जो संस्थागत संस्मरण तथा परम्परा पर निर्भर थी, इस आकस्मिकता से निपटने में यह पूरी तरह नाकाम रही। रेल मंत्रालय ने पुलिस के निवेदन के बावजूद भी अतिरिक्त रेलगाड़ियों का परिचालन न करने का एकतरफ़ा निर्णय ले लिया। कुम्भ नगरी और इलाहाबाद की सड़कों पर आने–जाने वाली भीड़ का आकलन तो कर लिया गया, व्यवस्थागत योजनायें भी बना ली गयीं, परन्तु जहाँ से संघीय रेल मंत्रालय की भूमिका आरम्भ हुई, राज्य सरकार के अधिकार क्षेत्र का अंत हो गया। अधिकार क्षेत्र के सीमावर्ती बिन्दुओं पर कोई मॉक–ड्रिल नहीं की गई थी।

तीर्थयात्री अपनी कुम्भ यात्रा गाँवों से आरम्भ कर भीड़ के साथ–साथ चलते हुए, घुमावदार सड़कों और पॉन्टून सेतुओं से होते हुए संगम तक पहुँचते हैं। उसके बाद रेल और बस स्टेशनों से होते हुए अन्ततः अपने घरों को वापस जाते हैं। अध्ययन की दृष्टि से देखा जाए तो इस यात्रा में ऐसी अनेक कमियाँ नज़र आयेंगी जिन पर सामान्यतः हमारी दृष्टि नहीं जाती। इसी तरह जातीय आधार पर भी भीड़ के व्यवहार को समझना आवश्यक है।

ग्रामीण जनसंख्या में निरक्षरों की संख्या भी अत्यधिक होने के कारण संकेत पट्टिकायें पर्याप्त होते हुए भी उपयोगी सिद्ध नहीं हुईं। यहाँ लोगों को लाईन में खड़े होकर प्रतीक्षा करने की आदत नहीं है, इसलिए अनारक्षित रेल के डिब्बों में चढ़ते समय धक्का–मुक्की की संभावना बनी रहती है। संध्या स्नान के बाद थके हुए तीर्थयात्री सबसे पहले उपलब्ध साधन से घर लौटना चाहते हैं। ये कुछ ऐसे तथ्य हैं जिन पर विचार करके लाभकारी योजनायें बनायी जा

सकती हैं। भीड़ के प्रवाह को समझने में केवल मात्रा, समय, स्थान एवं परिमाण को ही ध्यान में रखना पर्याप्त नहीं है, अपितु विषम परिस्थितियों में व्यक्ति के व्यवहार के गुणात्मक आयाम को भी समझना आवश्यक होता है। मानवीय स्वभाव है कि लोग सेतुओं पर भीड़ होते हुए भी उन पर चढ़ते हैं, संकेत–चिन्हों को अनदेखा करते हैं, पंक्ति में खड़े हो अपनी बारी की प्रतीक्षा नहीं करते हैं। इन सब बातों को समझकर ही बनाई गई योजना ही सफल हो सकती है। इसके अतिरिक्त, दुर्घटनाओं के बाद की जाने वाली समीक्षा, अधिकार–क्षेत्र की सीमाओं से ऊपर उठ कर की जानी चाहिए।

भारत में नगरीकरण एवं अर्थव्यवस्था में तेज़ी से सुधार तो हुआ है, परंतु आपदा प्रबन्धन की दिशा में कुछ विशेष प्रयास नहीं किया गया। सामूहिक दुर्घटनाओं के परिणामों एवं प्रतिक्रियाओं को शायद ही कभी समन्वित करने का प्रयास किया गया हो। नगर आपदा प्रबंधन योजना में आपदा नियंत्रण जैसे किसी तंत्र को अभी तक शामिल नहीं किया जा सका है। पिछले दशकों में प्री–हॉस्पिटल केयर या एमरजेन्सी मैनेजमेंट सिस्टम्स (EMS) में पर्याप्त सुधार हुए हैं। पूर्णतया सुसज्जित एम्बुलेंस तथा प्रशिक्षित पैरा–मेडिक्स नगरों की सड़कों पर दौड़ती दिखाई देती हैं। मगर ऐसी किसी आकस्मिकता में अहम भूमिका निभाने वाले EMS के नियंत्रण कक्ष पुलिस और अग्निशमन दस्तों से तालमेल बिठा पाने में असमर्थ हैं। अस्पतालों में प्राथमिकता के आधार पर रोगियों की चिकित्सा, सामंजस्य तथा संगठित रूप से सामूहिक दुर्घटना निदान जैसी योजनाओं की कमी के कारण रोगियों की चिकित्सा में अनावश्यक विलम्ब होता है, जटिलतायें और असुविधायें बढ़ती हैं तथा मृतकों की संख्या में भी वृद्धि होती है।

कुम्भ मेला से लिए गए सबक

अपनी समस्त त्रुटियों के बावजूद, 2013 का कुम्भ मेला एक ऐसा असाधारण आयोजन है जिसकी समानता विश्व का कोई अन्य आयोजन नहीं कर सकता। भारत के अलग–अलग कोनों से और विश्व भर से आए लोगों ने पूरी सुरक्षा के साथ त्रिवेणी संगम में पावन स्नान किया। लगभग दो सदियों से राज्य समर्थित इन मेलों के अनुभवों से समृद्ध यह आयोजन, निजी एवं सरकारी भागीदारी, धर्म, व्यवसाय, पवित्रता एवं उत्सव के एक निखरे हुए रूप में सामने आया। लाखों तीर्थयात्री ने यहाँ पहुँच कर अपने गुरुजनों को श्रद्धा–सुमन अर्पित किये, धार्मिक प्रवचनों में सहभागी हुए, पावन जल में स्नान किया और अपने–अपने घरों को वापस चले गए। उन्होंने कुम्भ नगरी की सड़कों एवं सेतुओं पर भ्रमण किया, सामूहिक भोज का आनन्द लिया, जल एवं स्वच्छता की सुविधाओं का उपभोग किया और शिविरों में निवास का सुख भी भोगा। लगभग एक लाख लोगों ने यहाँ के स्वास्थ्य केन्द्रों का भी लाभ उठाया, जिसमें निःशुल्क चिकित्सकीय परामर्श तथा दवाएँ भी शामिल थीं। महामारी जैसी स्थिति सामने नहीं आयी और रेलवे स्टेशन पर मची भगदड़ की घटना को छोड़कर कोई बड़ी दुर्घटना भी नहीं घटी। सैकड़ों की संख्या में अपने परिवारों से बिछड़ चुके लोग अन्ततः अपने परिजनों से मिल गए। कुम्भ मेला हर दृष्टिकोण

से एक बड़ी सफलता थी। यह एक विलक्षण धार्मिक आयोजन, फलता–फूलता व्यावसायिक उद्यम तथा लोक–स्वास्थ्य से सम्बन्धित एक सफल एवं मंगलकारी प्रयास भी था।

कुम्भ मेलाः तनाव की दृष्टि से

चिकित्सा सम्बन्धी व्यवस्थायें तथा स्टेशन पर मची भगदड़ का यदि सूक्ष्म विश्लेषण किया जाए तो पता चलता है कि अपेक्षाकृत पहले से अधिक सुरक्षित और आनन्ददायक इस मेले में अभी भी ऐसी कमियाँ हैं जो विषम परिस्थितियों को नहीं झेल पातीं। व्यस्त स्नान दिवसों पर चिकित्सालय इतने अस्त–व्यस्त हो गए कि वो सामान्य चिकित्सकीय देख–रेख भी ठीक से नहीं कर पाए। अपेक्षाओं और संसाधनों में 1200% की बढ़ोतरी के बावजूद कर्मचारियों की संख्या नहीं बढ़ायी जा सकी थी।

कुम्भ मेलाः भविष्य की ओर एक दृष्टि

कुम्भ मेला हमेशा से ही निरंतर विकासशील, उन्नति की ओर अग्रसर और भारत के निरंतर परिवर्तनशील सामाजिक, धार्मिक और राजनीतिक परिदृश्य के साथ कदम से कदम मिला कर चलने वाला एक सक्रिय तथा गतिमान आयोजन रहा है। लाखों लोगों को सुरक्षा एवं मनोरंजन प्रदान करने में सक्षम इस मेले को आकस्मिकताओं का सामना करने की योग्यता अर्जित करने की आवश्यकता है। माँग के अनुरूप आपूर्ति, रोग के अनुसार चिकित्सा–व्यवस्था, लोक–स्वास्थ्य नीति, उपस्थित विशाल जनसंख्या की स्वास्थ्य जाँच तथा जागरूकता अभियान चलाकर स्वास्थ्य सेवाओं को संवर्द्धित किया जा सकता है। आगामी कुम्भ में महामारियों की निगरानी की व्यवस्था आवश्यक रूप से की जानी चाहिए। मोबाईल डिजिटल निगरानी तंत्र की कम खर्च एवं त्वरित रूप से ऐसी व्यवस्था होनी चाहिए जिससे स्वास्थ्य संबंधी आँकड़ों को एकत्रित किया जा सके।

वर्तमान समय में कुम्भ मेलों में सामने आने वाली चुनौतियों के लिए सबसे बड़ा कारण मांग एवं आपूर्ति का असंतुलन है। मेले से पूर्व, उसके दौरान तथा उसके बाद में किए जाने वाले संगठनात्मक मॉडलिंग से भीड़ एवं उसके प्रवाह का सटीक आकलन किया जा सकता है। कार, बस एवं ट्रेन यातायात, निगरानी कैमरे, खाद्यान्न वितरण सूची रिकॉर्ड तथा स्वास्थ्य–स्वच्छता सुविधाओं के उपभोग के आँकड़ों को केन्द्रीकृत रुप से समायोजित करके भी मेला प्रषासन लाभान्वित हो सकता है।

कुम्भ मेला निजी एवं लोक भागीदारी का एक बेहतरीन उदाहरण है, जहाँ निजी क्षेत्र धार्मिक अखाड़े, ठेकेदार और व्यवसायी, सरकार की सहमति से एक निश्चित मानदण्ड के अन्तर्गत महत्तम सीमा तक स्वतंत्रतापूर्वक कार्य करते हैं। कुछ ही महीनों में एक सम्पूर्ण नगर का निर्माण करके उसे विखण्डित भी कर दिया जाता है। सड़कें, बिजली, पानी, स्वच्छता एवं जनसुविधायें आदि आधुनिक नगरों की समस्त सुविधायें इस अल्पकालिक नगर में भी उपलब्ध होती हैं। धार्मिक अखाड़े अपनी निश्चित सीमा में न्यायोचित स्वतंत्रता के साथ अपनी

उपासना, भोजन, मनोरंजन और आराम से जुड़ी गतिविधियों को सम्पादित करते हैं। अनेक लोगों के प्रयास से जन्मे ये स्व–व्यवस्थित सिद्धान्त कुम्भ के विशाल ढाँचे में प्रतिबिम्बित होते हैं, जो विश्व के किसी भी समुदाय या आयोजनों पर भी लागू किए जा सकते हैं।

नूतन तकनीक, विशाल आँकड़े, विशुद्ध विज्ञान तथा इनका निर्भीक प्रयोग अगले कुम्भ को इससे भी अधिक सफल बना सकता है।

1. के मैक्लिन, *पिलग्रिमेज एण्ड पॉवरः द कुम्भ मेला इन इलाहाबाद* 1765–1954 (न्यूयॉर्कः ऑक्सफोर्ड युनिवर्सिटी प्रैस). 2008.
2. एस श्रीवास्तव और ए के राय, "*सोशियो–इकॉनॉमिक* डाईमेन्शन ऑफ कुम्भ मेला, 2013 एण्ड द ऑरिजल आस्पेक्ट ऑफ इटः ए स्टडी इंटरनैशनल जरनल ऑफ मैनेजमैंट, वॉल्युम 5, नम्बर 5 (मई, 2014), पी.पी. 25–32
3. डी बरूआ "*हिस्टरी ऑफ कॉलरा,*" डी इन बरूआ और डब्ल्यू बी ग्रीनफ, एंडि, कॉलरा (न्यूयॉर्कः प्लेनम पब्लिशिंग कार्प), 1992
4. के खान एट अल., "*इनफिक्शस डिजिज सर्विलॉन्स एण्ड मॉडलिंग एक्रॉस ज्योग्राफिक फ्रन्टियर्स एण्ड साईन्टिफिक स्पेशियलिटिज़.*" लॉन्सेट इन्फेक्ट डिस. 3 (मार्च, 2012), पी.पी. 222–30
5. दिस सैक्शन इज रिप्रोड्युज़्ड फरोम हैल्द एण्ड साउथ एशिया विथ परमिशन फ्रॉम द साउथ एशिया इन्स्टीट्यूट एट हार्वर्ड युनिवर्सिटी.
6. बी मैक्कलॉस्कि एट अल., "लन्दन 2012, ओलम्पिक एण्ड पैराओलम्पिक गेम्सः पब्लिक हैल्थ सर्विलॉन्स एण्ड एपीडेमीयोलॉजी." लॉन्सेट (जून, 2014) पी.पी. 2083–89.
7. वी. गजलक्ष्मी एट अल., "स्मॉकिंग एण्ड मॉरटैलिटी फ्रोम ट्युबरकुलॉसिस एण्ड अदर डिजिज इन इण्डियाः रैट्रोस्पैक्टिव स्टडी ऑफ 43,000 एडल्ट मेल डैथ्स एण्ड 35,000 कन्ट्रोल्स." लॉन्सेट (2003), पी पी. 507–15.
8. ए जॉन्सन एट अल., "क्राउड एण्ड एनवॉयरमेन्टल मैनेजमेन्ट ड्युरिंग मॉस गैदरिंग."लॉन्सैट इन्फैक्ट डिस. (फरवरी, 2012), पी पी. 150–56
9. एल. प्लास्टर, "क्राउड कन्ट्रोलः हाउ द डैडली स्टमपीड आउट साईड द कुम्भ मेला कुड हैव बीन अवोइडैड," क्वार्ट्ज फरवरी 11, 2013, ऑनलाईन एट http://qz.com/52805/how-the-deadly-stampede-outside-the-kumbh-mela-could-have-been-avoided.
10. पी जी ग्रीनफ, "द कुम्भ मेला स्टमपीडः डिजास्टर प्रिपेयरडनैस मस्ट ब्रिज ज्यूरिस्डिक्शन्स." बीएमजे (2013), 3254–55
11. जे झान्ग," पैडेस्ट्रेयिन फन्डामैन्टल डायग्राम्सः कम्पैरेटिव एनालाईसिस ऑफ एक्सपैरिमैन्ट्स इन डिफरैन्ट ज्यौमैट्रिस. *फॉर्सच्युन्गसजेन्टरम ज्युलिच,* आई.ए.एस. सिरिज (2012), पी. 103.
12. वी बिगनैल एट अल,. कैटास्टरॉफिक फैल्योरस (मिल्टन कीनैसः ऑपन युनिवर्सिटी प्रैस, 1978).
13. ए भाटी "डिजास्टर रिस्क रिडक्शन थ्रू लाईवहुड कन्सरन्स एण्ड डिजासटर पॉलिसी इन साउथ एशिया," इन.पी. साहनी पी एण्ड एम एम आर्यबन्धु, इडस., *डिजास्टर रिस्क रिडक्शन इन साउथ एशिया* (दिल्लीः पीएचआई लर्निंग, 2013), पी. 61.

अधिकतम भार सार–संक्षेप

शूआन हाओ शेन

कुम्भ मेला, 2013 में यमुना–गंगा के संगम पर 100 मिलियन तीर्थयात्रियों के आने की सम्भावना थी। आयोजन के चित्रों से स्पष्ट है कि जनसमूह कितना विशाल रहा होगा और ऐसे में यह प्रश्न उठना भी स्वाभाविक है कि एक अस्थायी नगर में इतनी बड़ी संख्या में लोगों के निवास का अर्थ क्या है? भीड़ को नियंत्रित या निर्देशित करने हेतु किस प्रकार की रणनीति बनायी गयी होगी तथा उनका क्या प्रभाव रहा होगा?

इस अध्याय में अल्पकालिक नगर के मापदण्डों के विश्लेषण से इन प्रश्नों के उत्तर तलाशेंगे। किसी स्नान दिवस पर 30 मिलियन लोगों की व्यवस्था के लिए एक बृहद संरचना की आवश्यकता होती है। 2013 के सरकारी आँकड़े के अनुसार, वर्तमान स्थायी सेतुओं के पूरक के तौर पर 18 पॉन्टून सेतुओं की व्यवस्था की गयी तथा लगभग 156.2 कि. मी. लम्बी सड़कें बिछायी गयीं। पार्किंग स्थलों की संख्या 99 थी। पांच अस्थायी बस स्टेशन तथा सात रेलवे स्टेशन्स की मदद से लोग यहाँ पहुँचे थे। 9 मिलियन तीर्थयात्रियों ने 892 सामान्य तथा 3,608 विशेष बसों से यात्रा की। रेलगाड़ियों की संख्या भी 750 थी। भीड़ की गति के नियंत्रण तथा अग्निकांड से बचाव हेतु 30 पुलिस थानों तथा 30 अग्निशमन केन्द्रों की भी व्यवस्था थी। राज्य पुलिस बल के 12,461 जवानों के अतिरिक्त सेना भीड़ को नियंत्रित करने के लिए प्रवेश मार्गों पर तैनात थी। 85 क्लोज़्ड सर्किट कैमरों तथा 56 वॉच टावर्स (TNN, 2013) की मदद से स्थल के प्रमुख बिन्दुओं की वस्तुस्थिति केन्द्रीय मुख्यालय को प्रेषित की जा रही थी जहाँ से अलग–अलग चौकियों पर तैनात पुलिस बल को निर्देशित किया जा रहा था। 14 ऐसे चिकित्सालयों, जहाँ तीर्थयात्रियों के लिए एलोपैथी, होम्योपैथी, आयुर्वेदिक चिकित्सकों तथा 370 बिस्तरों की भी व्यवस्था थी। 35,000 व्यक्तिगत, 7500 पिट वाले, तथा 1000 ग़ैर–परम्परागत टॉयलेट भी बनाए गए थे।

70,000 कर्मी भीड़ नियंत्रण तथा समस्त मेला स्थल की स्वच्छता बनाए रखने के लिए उत्तरदायी थे। पचपन दिवसीय इस आयोजन के कुछ दिन अत्यंत शुभ माने जाते हैं। इन दिनों यहाँ श्रद्धालुओं की संख्या घटती–बढ़ती रहती है। इतनी विशाल जनसंख्या को नियंत्रित करने के निश्चित उपाय खोजने की बजाय, इस संख्या में निहित अर्थ को समझना अधिक लाभप्रद सिद्ध हो सकता है। संख्यायें बढ़ा–चढ़ा कर भी प्रस्तुत की जाती हैं और आँकड़ों में एकरूपता भी नहीं

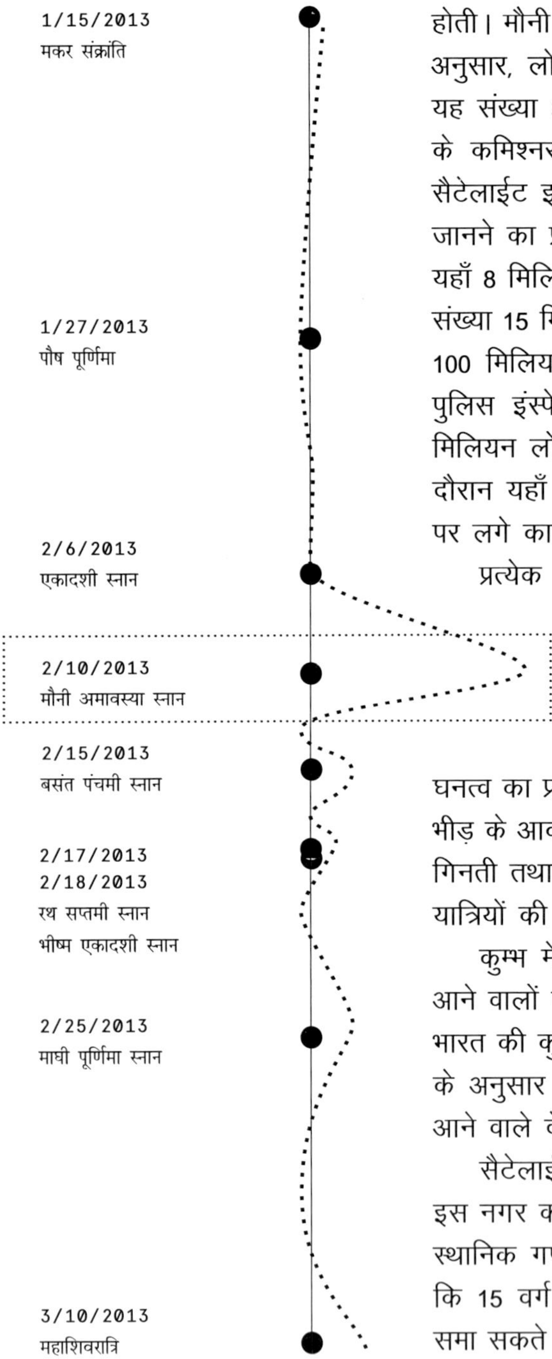

होती। मौनी अमावस्या वाले सर्वाधिक शुभ दिन, (सुग्डेन, 2013) के अनुसार, लोगों की संख्या 15 मिलियन थी, जबकि (PTI, 2013) यह संख्या 30 मिलियन बताता है। सुग्डेन के अनुसार इलाहाबाद के कमिश्नर देवेश चतुर्वेदी ने वॉच टॉवर्स, CCTV कैमरों तथा सैटेलाईट इमेजरी की मदद से कुम्भ क्षेत्र में लोगों की संख्या को जानने का प्रयास किया था। उनके अनुसार उद्घाटन के ही दिन यहाँ 8 मिलियन लोग पहुँचे थे, जबकि मौनी अमावस्या के दिन यह संख्या 15 मिलियन हो गयी। मेले की समस्त अवधि में यहाँ लगभग 100 मिलियन लोगों ने अपनी उपस्थिति दर्ज की। इलाहाबाद के पुलिस इंस्पेक्टर जनरल आलोक शर्मा के अनुसार लगभग 1.5 मिलियन लोग पहले दिन तथा 40–60 मिलियन लोग पूरे मेले के दौरान यहाँ उपस्थित रहे। इस जानकारी का स्रोत प्रवेश बिन्दुओं पर लगे काउन्टर्स से प्राप्त सूचनायें थीं।

प्रत्येक तीर्थयात्री द्वारा 1.5 वर्ग फ़ीट भूमि प्रयोग के आकलन के आधार पर सड़कों की अधिकतम क्षमता को जाना जा सकता है। प्रशासन यह भी अनुमान लगाता है कि कोई पुलिस अधिकारी 600 मीटर की दूरी कितने समय में तय करेगा। भीड़ की गति पर भीड़ के घनत्व का प्रभाव पड़ता है, इसलिए तय की गयी दूरी के आधार पर भीड़ के आकार को जाना जा सकता है। प्रवेश मार्गों पर वाहनों की गिनती तथा रेलगाड़ियों के यात्रियों की संख्या को इसमें जोड़ कर यात्रियों की आकलित संख्या 8,000 थी।

कुम्भ मेले की अधिकारिक बेवसाईट (2013) के अनुसार यहाँ आने वालों की कुल संख्या एक सौ बीस मिलियन थी। यह संख्या भारत की कुल जनसंख्या का 1/10 है तथा (US Census, 2013) के अनुसार विश्व में जनसंख्या के दृष्टिकोण से दसवें स्थान पर आने वाले देश जापान की जनसंख्या के बराबर है।

सैटेलाईट इमेजरी के CAD ट्रेसिंग के प्रयोग से, ये अध्याय इस नगर को देखने का एक वैकल्पिक दृष्टिकोण देता है। विभिन्न स्थानिक गणनाओं के माध्यम से यह समझने का प्रयास करता है कि 15 वर्ग कि. मी. के क्षेत्र में 100 मिलियन लोग आखिर कैसे समा सकते हैं? (यह संख्या 20 वर्ग कि० मी० की उस अधिकारिक संख्या से कम है जिसमें झाँसी के कुछ प्रशासनिक क्षेत्र तथा दक्षिण के कृषि क्षेत्र शामिल हैं। यह स्वतंत्र अध्ययन मात्र नए बनने वाले

क्षेत्रों पर केन्द्रित है) प्रमुख बिन्दुओं और मुख्य सड़क के साथ–साथ बाड़े बनाने को एक प्रमुख प्रबंधकीय रणनीति के रूप में देखा जा सकता है। तीन बिन्दु वास्तव में शोचनीय हैं। आकार एवं सड़कों की तुलना में कम चौड़े होने के कारण पॉन्टून सेतु बॉटलनेक की स्थिति उत्पन्न करते हैं, इसलिए भीड़ को नियंत्रित रखने के लिए पुलिस बल का प्रयोग करना पड़ता है। ट्रैफ़िक के सहज संचालन के लिए पॉन्टून सेतुओं के साथ ही पुलिस लाईन की व्यवस्था की गयी है। सर्वाधिक व्यस्त दिनों में ट्रैफ़िक का प्रवाह एक ही दिशा में रखा जाता है। दूसरा मुख्य क्षेत्र वहाँ बनता है जहाँ शोभायात्रा वाले मार्ग से अन्य सड़कें और गलियाँ आकर मिलती हैं। सड़कों के किनारे बाड़े लगा कर भीड़ को शोभायात्रा के साथ मिलने से रोका जाता है। कुछ सड़कों का प्रयोग लोगों के आने और जाने के मार्ग को परिवर्तित करने के लिए किया जाता है। बाड़ों और घेरों के द्वारा भी भीड़ को नियंत्रित किया जाता है। कुछ पॉन्टून सेतु अखाड़ों एवं अतिथियों के लिए आरक्षित होते है। इनके अतिरिक्त बस तथा रेलवे स्टेशनों पर भीड़ नियंत्रण के लिए पुलिस बल की व्यवस्था होती है। ऐसे स्थान वो तीसरा मुख्य बिन्दु हैं जहाँ से होकर भारी भीड़ कुम्भ तक है, स्नान हेतु पहुँचती है। नयी भीड़ को पुरानी भीड़ के साथ समाहित करने की व्यवस्था की जाती है। घाट भी चिंता का एक बड़ा विषय हैं। बाड़ों एवं संकेत चिन्हों के माध्यम से पुलिस श्रद्धालुओं को गहरे जल में जाने से रोकती है (TNN, 2013)। ये घाट सेक्टर तीन, चार, दस, बारह, तेरह और चौदह में अवस्थित है तथा इन पर पुलिस की पूरी निगरानी होती है (IBT, 2013)। कुम्भ नगरी की सुरक्षा भी बढ़ा दी जाती है। तटों की सुरक्षा हेतु रेत की बोरियों तथा बाड़ों को तट से 2–10 मीटर की दूरी पर लगाया जाता है ताकि लोग ज्यादा अंदर तक न जा सकें और नदी की धारा भी नियंत्रित रहे। घाटों पर तीर्थयात्रियों की सुरक्षा के लिए लगभग 700 कर्मी तैनात होते हैं (TNN, 2013) अनुमानतः 60,000 विदेशी अतिथियों के शिविर क्षेत्र में अतिरिक्त सुरक्षा एवं आवश्यक सूचनायें उपलब्ध कराने के लिए लिए एक विशेष पंजीयन केन्द्र की व्यवस्था होती है।

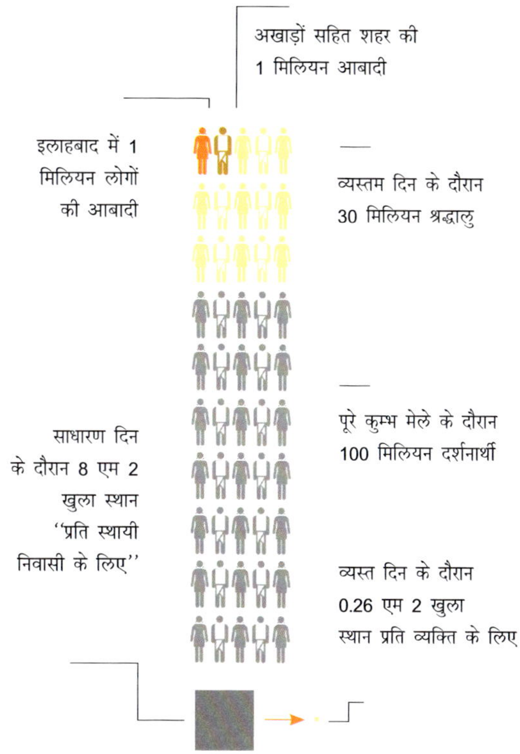

(TNN, 2013) कुम्भ पर चिंतन से प्रबन्धकों तथा मीडियाकर्मियों द्वारा कुछ निष्कर्षों पर पहुँचा जा सका है (RASHID, 2013)। कमिश्नर चतुर्वेदी ने तीन मुख्य बातों, वन वे पाथ प्रबन्धन का महत्त्व, लोगों को सूचित रखने के लिए पब्लिक एड्रेस सिस्टम का महत्त्व तथा त्वरित कार्यवाही करने के लिए प्रशिक्षित कुशल पुलिस बल के महत्त्व का संकेत किया। चौड़ी सड़कें भी इसी प्रयास का एक हिस्सा हैं। इन लॉजिस्टिक्स के अतिरिक्त मानवीय तत्त्वों को समझना भी आवश्यक होगा। कमिश्नर चतुर्वेदी ने बताया कि दस किलोमीटर चलने के बाद तीर्थयात्री थकान तथा भूख–प्यास का अनुभव करते हैं। इसके बाद वो सचमुच घर वापस जाने की सोचने लगते हैं। विरोधाभासी उद्घोषणाओं के विपरीत प्रभाव से उनके लिए संघनित भीड़ के साथ तालमेल बिठा पाना असंभ्भव हो जाता है। फलस्वरूप पुलिस को भी परेशानियों का सामना करना पड़ता है। संगम क्षेत्र पर आवश्यकता से अधिक ध्यान केन्द्रित करने के कारण निकास बिन्दुओं की उपेक्षा कर दी गयी थी। 2001 में भीड़ का प्रबन्धन अधिक बेहतर ढंग से किया गया था। अगले कुम्भ में इन तथ्यों को ध्यान में रखना आवश्यक होगा।

सेलफ़ोन आँकड़ों के माध्यम से कुम्भ मेले में जनसंख्या की गतिशीलता को समझने का प्रयास

जुक्का–पेक्का ऑनेला व तरुण खन्ना

परिचय

कुम्भ मेला एक ऐसा हिन्दू पर्व है जो सैकड़ों वर्षों से मनाया जाता रहा है। घटे जलस्तर वाली नदियों के चौड़े कछारों पर कुछ ही समय में एक महानगर का आकार दे दिया जाता है। सदियों से कुम्भ ने चीनी और अरबी विद्वानों के अतिरिक्त अन्य लोगों का ध्यान भी आकर्षित किया है। आज भी कुम्भ समाजशास्त्रियों तथा विभिन्न अनुशासन के शोधार्थियों के शोध का विषय है। प्रतिभागियों तथा पर्यवेक्षकों द्वारा पिछले कुम्भों को प्रलेखित किया गया है। यह पुस्तक विभिन्न प्रणालियों से उपलब्ध दृष्टिकोणों के संकलन के माध्यम से कुम्भ, 2013 को समझने का एक प्रयास है।

इस अध्याय में सेलफ़ोन डेटा के माध्यम से कुम्भ, 2013 को समझने का प्रयास करेंगे। भुगतान और शोध के दृष्टिकोण से दुनिया भर के टेलीकॉम ऑपरेटर्स इन आँकड़ों को नियमित रूप से संग्रहित करते हैं। अध्ययन के लिए भारतीय दूरसंचार ऑपरेटर, भारती एयरटेल ने जनवरी 1, 2013 से लेकर मार्च 31, 2013 तक की अवधि के कॉल डिटेल्स रेकॉर्ड (CDR), अर्थात मेटाडेटा उपलब्ध कराया। कुम्भ मेला में उपस्थित समस्त भारती एयरटेल के उपभोक्ताओं का इसमें सहयोग मिला।

इस अध्ययन में 390 करोड़ वार्तालापों का संकलन है। ये संख्या इतनी बड़ी है कि यदि मात्र एक सेकेण्ड तक किसी एक रिकॉर्ड की जाँच की गयी तो समस्त आँकड़ों की जाँच में 12 वर्षों का समय लगेगा।

सामान्यतः सेलफ़ोन मेटाडेटा तथा विशेष रूप से इन आँकड़ों का देशांतरीय, स्थानिक तथा नेटवर्क सम्बन्धी आयाम होता है। इन आँकड़ों में बातचीत के साथ शब्द–संदेश भी सम्मिलित होते हैं। आँकड़ों का यह चरित्र हमें एक बड़े स्तर पर कार्य करने को बाध्य करता है। इस तकनीक के अभाव में आँकड़ों का सही विश्लेषण असंभव होता। यह उपागम संभवतः विश्व में सर्वाधिक जनसंख्या वाले विलक्षण ऐतिहासिक आयोजन के गुणात्मक पहलू को उभारेगा। इस प्रकार के सांस्कृतिक आयोजनों से सामान्यतया खुद को दूर रखने वाले वैज्ञानिकों, भौतिकशास्त्रियों तथा

सांख्यीकिविदों की उत्सुकता भी इसमें जागेगी। यहाँ यह ध्यान देना आवश्यक है कि इन आँकड़ों का विश्लेषण परिष्कृत सांख्यिकीय तकनीक तथा गणितीय मॉडल के माध्यम से ही किया जा सकता है। कुम्भ, 2013 के अध्ययन के लिए इन आँकड़ों के प्रयोग के विचार को प्रस्तुत करना हमारा लक्ष्य है।

यहाँ यह ध्यान देना आवश्यक है कि इन आँकड़ों का विश्लेषण परिष्कृत सांख्यिकीय तकनीक तथा गणितीय मॉडल के माध्यम से ही किया जा सकता है। इस अध्याय में इन आँकड़ों के प्रयोग के विचार को प्रस्तुत करना हमारा लक्ष्य है ताकि हम कुम्भ, 2013 का अध्ययन कर सकें। इस उपागम से जो भी प्राप्त किया जा सकता है उसकी संभावना तलाशना, इस पर्व के मेटाडेटा को संघटित करना (कोहॉर्ट) तथा इन आँकड़ों के मूल चरित्र को उजागर करना तथा उपलब्ध सूचनाओं का लाभ अपने अध्ययन में उठाना, यही हमारे इस अध्याय का लक्ष्य है। इन आँकड़ों के विस्तृत एवं परिष्कृत विश्लेषण का कार्य हम भविष्य पर छोड़ते हैं।

मानव व्यवहार का आँकड़ा आधारित अध्ययन

परम्परागत रुप से प्रेक्षक बनकर ही व्यक्तियों के सामाजिक व्यवहार का अध्ययन किया जा सकता था। इस प्रकार से प्राप्त आँकड़े स्वयं प्रेषित और प्रेक्षकों द्वारा संकलित भी होते हैं। इनमें प्रेक्षकों के द्वारा किसी व्यवहार विशेष को प्रेरित करने के लिए प्रयोग में लाए तत्त्वों का समावेश किया जाता था। इलेक्ट्रॉनिक माध्यम से प्राप्त आँकड़ों से मानवीय व्यवहारों का अध्ययन लोकप्रिय होता जा रहा है। एक तरीका तो यह है कि सोश्योमीटर (क्रेडिट कार्ड के आकार का एक यंत्र जिसे गले में लटका कर पहना जाता है) जैसे यंत्रों के माध्यम से व्यक्तियों की गतिविधियों, यथा बातचीत का स्तर, सामाजिक अंतरंगता आदि की सूचना एकत्र की जाए, उनकी गतिविधियों पर दृष्टि रखी जाए तथा एक निश्चित भू–खण्ड, सामाजिक समूहों और बंधनों को किस प्रकार नियंत्रित करता है, इसकी सूचना प्राप्त की जाए।

संक्रामक महामारियों को समझने में भी इस प्रक्रिया का लाभ उठाया जा सकता हैं। सोश्योमीटर के प्रयोग से समृद्ध आँकड़े जुटाए तो जा सकते हैं, किंतु एक सीमा से बड़े समूह में इसके निष्कर्ष भ्रामक हो सकते हैं। CDR जैसे परोक्ष उपाय किसी भी स्तर पर सामाजिक नेटवर्क के निर्माण, विश्लेषण तथा प्रारूपण के सन्दर्भ में अधिक सफल सिद्ध हुए हैं।

कुम्भ मेले ने सदा से भिन्न प्रकार के लोगों को अपनी ओर आकर्षित किया और इन लोगों ने इसके विभिन्न आयामों का अध्ययन किया है। उदाहरण के लिए, लोग एक–दूसरे को कैसे उपहार देते हैं, कैसे वस्त्र धारण करते हैं आदि। ये अध्ययन रोचक तो होते ही हैं, साथ ही यह भी बता देते हैं कि किस उपहार आयोजन का प्रलेखन किया जाना चाहिए या किस परिधान की तस्वीर खींची जानी चाहिए। किस प्रकार के व्यवहार का अध्ययन किया जाए, इस विषय में कोई पूर्व–धारणा प्रचलन में होनी चाहिए और इसके लिए व्यवहारों की प्री–स्क्रीनिंग एक अच्छा सुझाव हो सकता है।

एक योगी सेलुलर फोन का इस्तेमाल करते हुए

कुम्भ मेले पर हुए शोध जैसे *"पिलिग्रिमेज एण्ड पावर"* तथा *"कुम्भ मेलाः पॉप अप मेगासिटी बिज़नेस"* आदि में मेले के मूल्यों का केन्द्रीय स्वरूप तथा सूचना के प्रवाह की प्रवृत्ति पर अध्ययन को केन्द्रित किया गया है। इतिहास इस बात का प्रमाण है कि ये सूचनायें अत्यंत महत्त्वपूर्ण होती हैं। अंग्रेज़ों और मुगलों के समय इलाहाबाद को संभार तंत्र के परिप्रेक्ष्य में एक महत्त्वपूर्ण नगर माना जाता था। तब इस नगर का नाम प्रयाग हुआ करता था। तीर्थयात्रियों की भीड़ या सैन्य कारणों से सूचनाओं पर नियंत्रण एक बड़ी चुनौती हुआ करता था। अंग्रेज़ शासक भारत भर से यहाँ पहुँची भीड़ के माध्यम से राजद्रोह की सम्भावना और शासन तंत्र के इससे अनजान रहने के भय से सशंकित रहते थे। स्वतंत्र भारत में कुम्भ ने राष्ट्रीय नेताओं को अपने राष्ट्रीय विचारों के संप्रेषण का अवसर दिया। आधुनिक भारत में भी यह उन नेताओं को तो एक मंच उपलब्ध कराता ही है जो अपने राजनैतिक अस्तित्व के लिए हिन्दुत्व जैसी भावनाओं से स्वयं को जुड़ा हुआ दिखाना चाहते हैं। पुरातनकाल में घुमक्कड़ साधु तथा आधुनिक काल में भ्रमणशील व्यापारी आस–पास के नगरों में सूचनाएं प्रसारित करते रहे हैं। यह आर्थिक गतिविधियों के नियंत्रण में सहायक होते हैं। वास्तविक समयान्तराल में ऐसे धार्मिक आयोजनों के प्रबन्ध में भी सूचनाओं का बड़ा योगदान रहा है। इतना तो तय है कि सेलफ़ोन मेटाडेटा के प्रयोग से यदि हम सूचनाओं को समझने लगे तो इस प्रकार के भावी आयोजनों का प्रबन्धन हमारे लिए सुगम हो जाएगा। प्रारम्भिक चरण के रूप में हमारा यह उपागम प्रस्तुत है।

भारत में सेलफ़ोन्स की लोकप्रियता का अनुमान सेलफ़ोन के साथ कुम्भ की यात्रा करने वालों की संख्या से लगाया जा सकता है। इस जानकारी से हमें आँकड़ों पर आधारित एक उपागम अपनाने, रोचक एवं अप्रत्याशित घटनाओं को समझने में मदद मिलती है।

यही कारण है कि हम कुम्भ मेले को एक जैविक आयोजन के रूप में देखते हैं जिसकी भविष्यवाणी नहीं की जा सकती। इस उपागम की अपनी सीमायें भी हैं, फिर भी इसके माध्यम से इस आयोजन के विराट स्वरूप को समझा जा सकता है तथा यह अन्य उपागमों को भी लाभ पहुँचा सकता है।

कॉल डिटेल रिकॉर्ड

ये आँकड़े सेलफ़ोन्स के माध्यम से जुटाये गए हैं तथा ऑपरेटरों द्वारा रिकॉर्ड किए गए हैं। इसकी क्षमताओं तथा सीमाओं को समझने के लिए कुछ मूलभूत तथ्यों को समझना आवश्यक होगा। जब कोई उपभोक्ता किसी अन्य उपभोक्ता को कॉल करता है, तब क्या होता है?

मोबाइल सेलुलर नेटवर्क स्टेशन

सेलफ़ोन मूल रूप से एक दोतरफ़ा रेडियो की भाँति कार्य करता है जिसमें एक रिसीवर होता है और दूसरा ट्रांसमीटर जो वार्तालाप के आँकड़ों को निकटस्थ सेल टॉवर तक प्रेषित करता है। सेल टॉवर एक इस्पात का खम्भा या लैटिस संरचना होता है जिस पर विभिन्न संरचनाओं की मदद से एण्टेना टंगा होता है। ये सेल टॉवर्स बेस स्टेशन से जुड़े होते हैं जहाँ आवश्यक इलेक्ट्रॉनिक्स होते हैं जो डेटा ट्रांसमिशन का कार्यभार संभालते है। बेस स्टेशन सेल साईट्स भी स्वयं एक मोबाईल टेलिफ़ोन स्विचिंग ऑफ़िस से जुड़े होते हैं जिसे MTSO भी कहते हैं। यह ट्रैफ़िक पर नज़र रखता है और बेस स्टेशनों के मध्य handoff का प्रबन्ध करता है। प्रत्येक सेलफ़ोन और नज़दीकी बेस स्टेशन उस सेलफ़ोन को ट्रैक करता है जो एक निश्चित समय में चिन्हित किया जाना है। जब एक उपभोक्ता दूसरे उपभोक्ता को कॉल करता है तब MTSO अपने डेटाबेस में उस उपभोक्ता का नम्बर ढूँढ़ता है तथा उस कॉल को उस सेल टॉवर के पास प्रेषित कर देता है जो उस कॉल किए गए उपभोक्ता के निकट हो। आस–पास मौजूद अन्य सेल टावर्स के कवरेज क्षेत्र के कारण क्षणिक व्यवधान उत्पन्न हो सकता है मगर जैसे ही सेलफ़ोन अपने टावर की सीमा के समीप आता है, बेस स्टेशन्स इसे मॉनीटर कर लेते हैं, सामंजस्य स्थापित करते हैं और एक से दूसरे cell tower को handoff देते हैं ताकि कॉल में कोई व्यवधान न हो।

इस प्रकार के टेलिकम्युनिकेशन आदान–प्रदान से प्राप्त रिकॉर्ड को CDR कहते हैं। मोबाईल नेटवर्क ऑपरेटरों द्वारा यह प्राप्त किया जाता है। इसमें उस ट्रांसैक्शन के विशिष्ट डेटा प्वाइंट्स होते हैं मगर बातचीत तथा संदेश की सामग्री आदि नहीं होते।

CDR में निम्नांकित सूचनायें निहित होती हैं

कॉल करने वाले और कॉल सुनने वाले उपभोक्ता का मोबाईल नम्बर, कॉल की तिथि और समय, कॉल की अवधि, एक यूनिक सीक्वेंस नम्बर जिससे उस रिकॉर्ड की पहचान हो सके, उक्त रिकॉर्ड को दर्ज करने वाले टेलिफ़ोन एक्सचेंज या उपकरण की पहचान, उस मार्ग का विवरण जिससे होकर कॉल एक्सचेंज तक पहुँचा, वो मार्ग जिससे कॉल एक्सचेंज से बाहर निकला तथा किए गए कॉल का प्रकार, यथा वॉयस कॉल या एस एम एस।

टेबल 1 सामान्य CDR डेटा को दर्शाता है। प्रथम तीन कॉलम, तिथि, आरम्भ समय तथा कॉल के प्रकार को दर्शाता है। चौथा कॉलम कॉल की अवधि को दर्शाता है (मात्र वॉयस कॉल के सन्दर्भ में)।

पाँचवां तथा छठा कॉलम कॉल करने वाले तथा कॉल ग्रहण करने वाले के बेनाम ID को बताता है। अंतिम दो कॉलम यह बताते हैं कि ट्रांसमिशन तथा रिसीविंग में किन सेल टावरों का प्रयोग हुआ। इससे यह पता चल जाता है कि कॉल के समय भौगोलिक रूप से व्यक्ति कहाँ स्थित था और यही वो तत्त्व है जिसकी मदद से अनिवार्य रूप से कुम्भ मेला पर उपस्थित कोहॉर्ट (सहयोग समूह) को चिन्हित किया जाता है।

Date	Start time	Event type	Duration (s)	Caller ID	Callee ID	Caller tower ID	Callee tower ID
09/02/2013	14:36	VC	185	9912345678	4412345678	54	42
10/02/2013	14:41	VC	252	9912345678	6612345678	42	73
11/02/2013	14:42	SMS	NA	4412345678	6612345678	73	73

टेबल 1. अध्ययन में इस्तेमाल हुए मेटाडाटा का एक उदाहरण
यहाँ वी सी यानी वॉयसकॉल और एस एम एस यानी मेसेज

2013 कुम्भ कोहॉर्ट

2013 के कुम्भ मेला में हर वो व्यक्ति कोहॉर्ट का सदस्य था, जो भारती एयरटेल का उपभोक्ता था, जिसने 1 जनवरी, 2013 से 31 मार्च, 2013 तक मेला स्थल पर रहते हुए कॉल किया या ग्रहण किया, मेसेज किया या ग्रहण किया। कुम्भस्थल पर 207 सेल साईट या टावर थे। ये टावर्स संख्या में सामान्य से अधिक थे। अनुमानित उच्च मांगों की पूर्ति हेतु यह निश्चित स्थानों पर लगाए गए थे। चूँकि कोई भी वार्तालाप दो लोगों के मध्य सम्पन्न होने वाली क्रिया है,

मोबाइल सेलुलर नेटवर्क स्टेशन

इसलिए विस्तार में जाकर इसे समझना होगा कि इस अध्ययन में किस बात पर ध्यान केन्द्रित किया जाना है और किस बात पर नहीं। मान लिया जाए कि संवाद दो व्यक्तियों, अ तथा ब के मध्य सम्पन्न हुआ। अ एयरटेल उपभोक्ता हो भी सकता है और नहीं भी। वह मेला स्थल पर उपस्थित हो भी सकता है और नहीं भी। यही बात व्यक्ति ब पर भी लागू होती है। इसलिए प्रत्येक अन्तर्क्रिया में शून्य, एक या दो एयरटेल उपभोक्ता की उपस्थिति हो सकती है, इनमें से कोई एक कुम्भ स्थल पर उपस्थित नहीं भी हो सकता है। हम ऐसे संवाद की निगरानी करते हैं जिसमें कम–से–कम एक उपभोक्ता, निगरानी के दौरान कुम्भ स्थल पर उपस्थित हो। दूसरा व्यक्ति किसी भी ऑपरेटर (एयरटेल या ग़ैर–एयरटेल) का उपभोक्ता हो सकता है और भौगोलिक रूप से उसकी स्थिति (कुम्भस्थल या उससे बाहर) का पता लगाया जा सकता है। चित्र 1 के माध्यम से इस स्कीम को समझा जा सकता है।

इस प्रकार के संचार को दो बाँटा जा सकता है एक जिसमें दोनों पक्ष कुम्भस्थल पर हों, दूसरा जिसमें मात्र एक पक्ष कुम्भस्थल पर हो। भावी शोध इस बात को समझने के प्रयास कर सकते हैं, कि इन दो भिन्न संचार सूत्र के मध्य क्या अन्तर है तथा जनसंख्या की गतिविज्ञान को समझने में इनका योगदान क्या हो सकता है।

कुम्भ मेला कोहॉर्ट में प्रत्येक संचार घटना का डेटा इस रूप में उपलब्ध था–

कॉलरों की संख्या
IMSI संख्या
CDR प्रकार (कॉल या मेसेज)
कॉल किए गए व्यक्तियों की संख्या
सेल टावर ID
तिथि
समय
कॉल की अवधि

IMSI नम्बर को सिम कार्ड नम्बर भी कहते हैं। सेल टावर ID वो कोड्स है जो प्रत्येक संचार घटना (communication event) को किसी विशेष सेल टावर से जोड़ने के काम आते हैं।

व्यक्तियों की गोपनीयता का समुचित ध्यान रखा जाता है। सेलफ़ोन मेटा–डेटा के अपने पिछले अध्ययन में हम बेनाम आँकड़ों पर निर्भर थे, जिसमें फ़ोन नम्बर तथा अन्य सूचकों के स्थापन्न नम्बर से मैपिंग इस तरह की गयी थी कि उसे पलटा नहीं जा सकता था।

हमारे पूर्ववर्ती तथा वर्तमान शोध का लक्ष्य मानव व्यवहार से जुड़े सामान्य ज्ञान को प्राप्त करना है, इसलिए व्यक्तिगत सूचकों (individual identifiers) की इस असुविधा को हम समझते हैं कि इसमें पुनः पहचान का ख़तरा बना रहता है। इसलिए डेटा अनॉनीमाइज़ेशन इस प्रकार के आँकड़ों का वैज्ञानिक महत्त्व बनाए रखता है और साथ ही विषय की गोपनीयता का भी

फोन कॉल और सन्देशों की संख्या

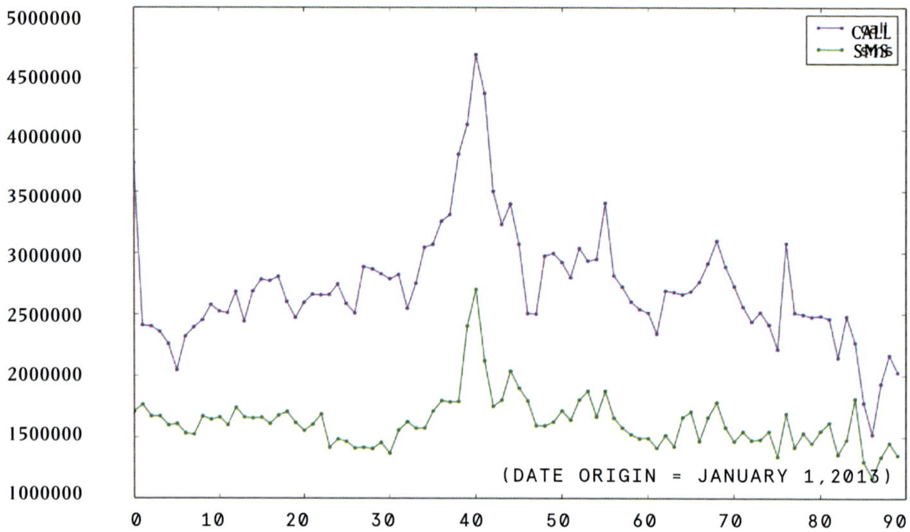

आलेख 2: 2013 के कुम्भ कोहार्ट में फोन कॉल और टेक्स्ट मैसेज की संख्या समय के क्रियाकलाप के रूप में दर्शाया गया है।

Date	SMS count	Call count	Total count
7-Feb-13	1,784,464	3,308,496	5,092,960
8-Feb-13	1,788,094	3,803,392	5,591,486
9-Feb-13	2,401,666	4,044,101	6,445,767
10-Feb-13	**2,702,578**	**4,612,422**	**7,315,000**
11-Feb-13	2,118,802	4,296,436	6,415,238
12-Feb-13	1,750,374	3,498,322	5,248,696
13-Feb-13	1,800,575	3,230,284	5,030,859

आलेख 2: 2013 के कुम्भ कोहार्ट में फोन कॉल और टेक्स्ट मैसेज की संख्या समय के क्रियाकलाप के रूप में दर्शाया गया है।

ध्यान रखता है। ऐसे उपक्रमों में अनॉनीमाईज़ेशन इन दिनों आम हो चुका है। यूनिवर्सिटी इन्स्टीट्यूशनल रिव्यू बोर्ड (IRB) रेग्यूलेशन्स ने तो इसे अनिवार्य कर दिया है।

वर्तमान परियोजना में शोधार्थियों को ये आँकड़े सीधे उपलब्ध नहीं थे। गुड़गाँव के एयरटेल कार्यालय में इन्हें सुरक्षित रखा गया था। शोध के मकसद से कम्प्यूटर प्रोग्रामिंग स्क्रिप्ट, एयरटेल के किसी अधिकारी को भेज दिया जाता था, जो एक निर्धारित कम्प्यूटर के माध्यम से विश्लेषण करने के बाद इसके परिणाम वापस शोधार्थियों को भेजता था, इसमें summary statistics भी होते थे।

प्रारम्भिक जाँच-परिणाम

आगे हम कुछ ऐसे आरम्भिक जाँच–परिणामों की बात करेंगे जिनमें संचार गतिविधियों की प्रबलता, कोहॉर्ट के आकार में आने वाले दैनिक उतार–चढ़ाव, संचयी कोहॉर्ट के आकार और इसके बने रहने की अवधि की जानकारी होगी।

संचार गतिविधियों की प्रबलता

विश्लेषण का आरम्भ हमने कोहॉर्ट में होने वाली संचार गतिविधि के आकार से किया। 2013 के कुम्भ कोहॉर्ट में 146 मिलियन (145,736,764) संदेशों (text messages) का आदान–प्रदान हुआ, 245 मिलियन (245,252,102) कॉल किए गए, अर्थात् कुल मिलाकर 390 मिलियन (390,988,866) संचार की गतिविधियाँ सम्पन्न हुईं। चित्र 2 में समय के कार्य (function of time) को दिखाया गया है जिसमें 'X' दिन की सूची को दर्शाता है। 1 जनवरी, 2013 को 'O' माना गया। उस दिन कॉल्स और संदेशों की संख्या में कोई एकरूपता नहीं दिखी, कभी–कभी कोई बड़ा और सामान्यतः छोटे–छोटे चरम बिन्दु अवश्य दिखायी दिए।

10 फरवरी, 2013, कुम्भ के 40वें प्रमुख स्नान दिवस पर कॉल्स और संदेशों की गतिविधि सर्वाधिक दर्ज की गयी।

मुख्य स्नान दिवस से सप्ताह भर पहले से ही बढ़ती संचार गतिविधियों ने वक्र बनाना आरम्भ कर दिया था जो कि स्नान दिवस के उपरान्त धीरे–धीरे सामान्य होने लगा। इस अवधि में एस. एम. एस. SMS संदेशों में वृद्धि देखी गयी जो कि स्नान दिवस के आस–पास सर्वाधिक रही। इस अवधि में फोन कॉल की अपेक्षा संदेशों का वक्र (कर्व) अधिक बड़ा दिखा जो कि तेज़ी के साथ कम भी होता गया। प्रमुख स्नान दिवस के आस पास के दिनों की संचार गतिविधियों को टेबल 2 में दर्शाया गया है। इस दिन जुटाए गए आँकड़ों से किसी भी प्रकार के क्षमता नियोजन (capacity planning) के लिए आवश्यक सूचनायें प्राप्त की जा सकती हैं। इसके अतिरिक्त लोगों की भीड़ तथा वाहनों के कारण उत्पन्न जाम की स्थिति का भी आकलन किया जा सकता है। भविष्य के पूर्वानुमानित कार्यक्रमों में इस प्रकार के आँकड़े अत्यंत सहायक सिद्ध हो सकते हैं।

कोहॉर्ट के आकार में दैनिक उतार-चढ़ाव

2013 कुम्भ में मौजूद लोगों की संख्या को जानने में सेलफ़ोन मेटाडेटा अत्यंत सहायक सिद्ध हो सकते हैं। यदि हम कुम्भ कोहॉर्ट के दैनिक उतार–चढ़ाव तथा 1 जनवरी, 2013 से 31 मार्च, 2013 की कुल अवधि में उसके योग के अंतर को देखें, तब हम सरलता से इस अध्ययन को पूरा कर सकेंगे। दैनिक उतार–चढ़ाव की रूपरेखा से आरम्भ करते हैं, जिसे यूनिक डेली सिम कार्ड नम्बर के रूप में चित्र 3 में दर्शाया गया है। इसमें दर्शाए गए बिन्दु (point), उन यूनिक सिम

कार्ड के अंक का प्रतिनिधित्व करते हैं जो उस दिन किसी संचार गतिविधि में प्रयुक्त हुए थे। जाँच के क्रम में इन्हें प्रतिदिन व्यवस्थित करते हैं। जिस दिन वह सिम कार्ड प्रयुक्त न हुआ हो, उस दिन की गिनती से उसे बाहर रखा जाता है। किसी भी सिम कार्ड को मुख्य स्नान दिवस पर तुरन्त देखा जा सकता है। (तालिका 40) इस प्रक्रिया से, 10 फ़रवरी के चरम बिन्दु को सहज ही समझा जा सकता है। इस तिथि को लगभग 800,000 यूनिक सिम कार्ड्स सक्रिय देखे गए।

इस प्रक्रिया से जो आँकड़े प्राप्त होते हैं, उनसे लोगों की संख्या का आकलन करने में कुछ अन्य कारकों पर भी निर्भर होना पड़ता है, जैसे सेलफ़ोन से युक्त व्यक्तियों की संख्या तथा समय–समय पर उस संख्या में होने वाला परिवर्तन आदि। यद्यपि हमारे इस कार्यक्रम का उद्देश्य संख्याओं का सटीक आकलन ही है और हम यह कह सकते हैं कि सेलफ़ोन धारक और सेल फ़ोन के प्रयोग की आवृत्ति में जब तक स्थिरता नहीं आ जाती तब तक इन उपलब्ध आँकड़ों के आधार पर भी कुम्भ कोहॉर्ट के दैनिक उतार–चढ़ाव को समझा जा सकता है। उदाहरण के लिए संक्रामक महामारियों पर नियंत्रण के लिए लोगों की सटीक संख्या तथा उसके आकार में होने वाले परिवर्तन को समझना होगा। यदि किसी रोग विशेष के रोगियों की संख्या किसी दिन 50% बढ़ती है और उसी दिन वहाँ उपस्थित लोगों की संख्या में भी 50% की बढ़ोतरी देखी जाती है, तब इसे महामारी की स्थिति का सूचक नहीं माना जा सकता। इसके विपरीत यदि जनसंख्या स्थिर रहती है और रोगियों की संख्या में वृद्धि होती है, तब इसे महामारी का सूचक माना जा सकता है। महामारियों के परिप्रेक्ष्य में कोहॉर्ट के आकार के परस्पर सम्बन्ध को समझ लेना पर्याप्त होगा। ऐसे मामलों को समझने के लिए यह उपागम उन पारम्परिक उपायों से अधिक कारगर साबित हो सकता है जिनमें स्थल पर आने–जाने वाले लोगों की निगरानी से सूचनायें इकट्ठी की जाती हैं।

संचयात्मक कोहॉर्ट का आकार

ऊपर हमने व्यक्तिगत सिम कार्ड की संख्या में होने वाले दैनिक परिवर्तनों की चर्चा की और इस निष्कर्ष पर पहुँचे कि सेलफ़ोन मेटा–डेटा और उसके सांख्यिकीय विश्लेषण से समस्याओं को समझने में मदद मिलेगी। कुम्भस्थल पर लोगों की संख्या को जानने के अन्य उपाय भी उपलब्ध हैं, जैसे सैटेलाईट इमेजिंग आदि। इन उपायों के साथ एक समस्या यह है कि यदि इस प्रकार की भीड़ किसी स्थल पर अधिक दिनों तक रह जाए, जैसा कि कुम्भ जैसे आयोजनों में सामान्यतः होता है, तब यह जान पाना अत्यंत कठिन हो जाता है कि स्थल से कितने लोग गुज़रे होंगे। उदाहरण के लिए हमने बताया कि प्रमुख स्नान दिवस पर 800,000 यूनिक सिम कार्ड सक्रिय थे। चित्र 3 की रूपरेखा के आधार पर यह बताना नितांत असंभव है कि लगभग समान संख्या वाली भीड़ में कितने नए और कितने पुराने चेहरे होंगे, क्योंकि लोग आते–जाते रहते हैं और भीड़ की कुल संख्या भी अपरिवर्तित बनी रह सकती है। दैनिक स्तर पर आने–जाने वाले लोग तथा सम्पूर्ण मेलावधि में वहाँ निवास करने वाले लोगों की संख्या में अंतर करने के लिए हमने

1 जनवरी, 2013 से 31 मार्च, 2013 तक की अवधि में प्रयुक्त, यूनिक सिम कार्ड की संचयात्मक संख्या का विश्लेषण किया। चित्र 4 में दर्शाए गए नम्बर उन यूनिक सिम कार्ड्स के हैं जिन्होंने कम से कम एक बार x axis की समय सूची पर अपनी सक्रियता दिखायी। मार्च 31 तक लगभग 3.9 लाख सिम कार्डों का प्रयोग कोहॉर्ट में हुआ। इस प्रकार के संचयात्मक अध्ययन में कोई भी दो बिन्दु स्वतंत्र रूप से कार्य नहीं करते, इस कारण एक ओर बनने वाला वक्र अत्यंत सपाट होता है और दूसरी ओर भीड़ की गुणात्मक प्रकृति में आने वाले परिवर्तन की पहचान कर पाना मुश्किल हो जाता है। तीन स्नान दिवसों पर इस वक्र में आने वाले परिवर्तन के द्वारा स्पष्ट रूप से कुम्भस्थल पर लोगों की बड़ी संख्या का पता चलता है।

निवास की अवधि

कुम्भ में आने वाले लोगों को भिन्न श्रेणियों में रखा जा सकता है। इनमें से कुछ तो मात्र उत्सुकतावश यहाँ चले आते हैं, जबकि कुछ साधुगण धार्मिक कारणों से यहाँ एक लम्बी अवधि के प्रवास का लक्ष्य लेकर आते हैं।

इस कारण यहाँ प्रवास की अवधि का आकलन अपने आप में एक अद्भुत कार्य है। साथ ही इस अध्ययन से आयोजन के क्रम में आने और निवास करने वाली आबादी के विश्लेषण में भी मदद मिलती है। इस तथ्य को समझने के लिए हम सिम कार्ड के प्रयोग को जं तथा जइ में विभक्त करेंगे, जं अर्थात् जब पहली बार सिम कार्ड का प्रयोग किया गया, तथा जइ अर्थात् जब अंतिम बार सिम कार्ड का प्रयोग किया गया। इस प्रकार निवास की अवधि का फॉर्मूला होगा, क त्रजइ.जं

इस संख्या की पड़ताल के लिए हमें ध्यान देना भी आवश्यक होगा कि कोई सिम कार्ड समय जं पर प्रयोग होने से पहले भी स्थल पर उपस्थित रहा होगा। इसके अतिरिक्त समय जइ पर प्रयोग के बाद भी कोई सिम कार्ड, बिना प्रयोग हुए स्थल पर मौजूद रह सकता है। अतः, जं तथा जइ के मध्य के अंतर को 'निवास की अवधि' को जाना जा सकता है। इस उपागम के माध्यम से हमने 18.1 दिन के निवास का औसत निकाला जिसमें निवास की न्यूनतम अवधि 1 दिन थी, जबकि अधिकतम 89 । इस अवधि में कुछ परिवर्तन भी देखने को मिले और सामान्य विचलन 29.6 दिन का रहा। कुल मिलाकर 23.8% लोगों निवास की अवधि 30 दिन से अधिक थी, जबकि 15.0% लोगों ने 60 दिनों से अधिक निवास किया।

यहाँ ध्यान देने योग्य एक बात यह है कि अलग–अलग सेट में प्रयोग होने के बाद भी सिम कार्ड यदि कुम्भस्थल पर ही रहे, तब तक हमारे आकलन में त्रुटि की संभावना नहीं रहेगी। ऐसी सम्भावना तब अवश्य हो सकती है जब कोई व्यक्ति स्थल छोड़ते समय अपना सिम कार्ड अपने किसी मित्र को दे दे। इसके अतिरिक्त, संयुक्त सिम कार्ड नम्बर तथा यूनिक हैण्डसेट क्रमांक भी ऐसी चिंताओं को बढ़ा सकते हैं। इन सम्भावनाओं से बचने के लिए आकलन और विश्लेषण की पद्धति को सटीक निष्कर्ष प्राप्त करने के लिए अधिक परिष्कृत बनाया जा सकता है।

भावी शोध

इस खण्ड में हमने कुम्भ मेले में लोगों की संख्या का आकलन करने के लिए एक उपागम की चर्चा की और अपने आरम्भिक जाँच परिणामों को सम्मुख रखा। इस चर्चा का समापन दो संदेशों के साथ किया जा सकता है। पहले परिणाम से स्पष्ट है कि विशाल जनसमूह वाले आयोजनों में इस उपागम से सूचनाएँ एकत्र की जा सकती हैं। कुम्भ की योजना अत्यंत बारीकी से सोच–समझकर बनायी जाती है, इसलिए यह उपागम यहाँ अत्यंत सहायक सिद्ध हो सकता है। दूसरे इस उपागम का प्रयोग बाढ़ तथा भूकम्प जैसी प्राकृतिक आपदाओं से प्रभावित लोगों की संख्या के सन्दर्भ में भी किया जा सकता है।

इसके अतिरिक्त, ये सेलफ़ोन मेटा डेटा अपने में इतने समृद्ध हैं कि परिष्कृत सांख्यिकीय और गणितीय विश्लेषण के माध्यम से इसकी अन्य उपयोगिताओं को भी खोजा जा सकता है। उदाहरण के लिए सेलफ़ोन के कॉल प्रारूप से सोशल नेटवर्क के चरित्र को या सेल टॉवर डेटा के माध्यम से कुम्भस्थल पर उपस्थित व्यक्तियों के स्थानिक गत्यात्मकता (spatial dynamics) को समझा जा सकता है। इस प्रकार के विश्लेषण से भीड़ के व्यवहार और उनकी गतिविधियों को समझने में मदद मिलेगी जिससे कि भीड़ तथा यातायात के नियंत्रण की सफल योजना बनाकर, भगदड़ तथा जाम जैसी समस्याओं से बचा जा सकेगा। संभावनाओं को तलाशने का कार्य हम भावी अध्ययन के लिए छोड़ रहे हैं।

1. जे.पी. ओन्नेला एट आल, "यूज़ींग सोश्योमीटर्स टू क्वांटीफ़ाई सोशल इण्टरैक्शन पैटर्न्स" Sci *Rep* 4 (2014).
2. डी. ओल्गूईन ओल्गूईन, एट आल, "सेन्सीबल ऑर्गनाइज़ेशन्सः टेक्नॉलोजी एण्ड मेथोडॉलोजी फ़ोर ऑटोमैटिकली मेज़रींग ऑर्गनाईज़ेशनल बिहेवीयर, "*IEEE ट्रांस.* सिस्ट. मन. साईबर्न. बी. साईबर्न. 39 (2009) pp. 43–55
3. एन ईगल, "रियल्टी माईनिंग सेन्सिंग कॉम्पलैक्स सोशल सिस्टम, '*प्रेस. युबीक्यूट्स कम्प्युट.* 10 (2005) pp. 255–68
4. सी. कैट्टो एट अल. "डायनामिक ऑफ पर्सन–टू–पर्सन इनटरैक्शन फरोम डिस्ट्रीब्यूटेड आर. एफ. आई. डी. सेन्सर नेटवकर्स" *पी एल ओ* एस *वन* 5 (2010)
5. जे.पी. ऑनेला एट अल, "स्ट्रक्चर एण्ड टाई स्ट्रेन्थस इन मोबाईल कम्युनिकेशन नेटवर्क" प्रोक. नैटल. एकैड. साई. यू. एस. ए. 104 (2007) pp. 7332–36.
6. जे.पी. ऑनेला एट अल," एनालिसिस ऑफ ए लार्ज–स्केल वेटेड नेटवर्क ऑफ वन–टू–वन ह्यूमन कम्यूनिकेशन" न्यू जे. फिस. 9 (2007) p. 179.
7. एम.सी. गोन्जाल्ज एट अल, "अन्डरस्टैन्डिंग इन्डिविजुअल मोबिलिटी पैट्रैन्स" नेचर 453 (2008) pp. 779–82.
8. एफ. कैलेबरैस एट अल," अन्डरस्टैन्डिंग इन्डिविजुअल मोबिलिटि पैट्रैन फ्रोम अरबन सैन्सिंग डाटाः ए गोबाईल फोन ट्रेरा एग्जाम्पल *ट्रान्सप. रेस. पार्ट सी एमर्ज. टेक्नल.* 26 (2013) pp. 301–13.
9. आर. लैम्बियट एट अल, "ज्योग्राफिकल डिस्पर्सल ऑफ मोबाईल कम्युनिकेशन नेटवर्क्स," *फिस. ए स्टैट. मैक. इट्स अपैल.* 387 (2008), pp. 5317–25.
10. जे.पी. ऑनेला एट अल, ज्योग्राफिकल कन्सट्रेन्ट्स ऑन सोशल नेटवर्क ग्रुपस्" *पी. एल. ओ. एस. वन* 6 (2011)
11. ए. वेजोलॉस्की एट अल. क्वान्टिफाईग द इम्पैक्ट ऑफ ह्यूमन मोबिलिटी ऑन मलेरिया," *साईन्स* 338 (2012) pp. 267–70.
12. वी.डी. ब्लॉन्डेल एट अल, फास्ट अनफॉल्डिंग ऑफ़ कम्युनिटिज इन लार्ज नेटवर्क," *जे स्टाट. मैक. थ्योरी* एक्सप. (2008)
13. सी.रिटा. एट अल, "रिड्राईग द मैप ऑफ ग्रेट ब्रिटेन फ्रॉम ए नेटवर्क ऑफ ह्युमैन इन्ट्रैक्शनस," पी. एल. ओ. एस. वन 5 (2010)
14. के. मैक्लिन. *पिलग्रिमेज एण्ड पॉवरः द कुम्भ मेला इन अलाहबाद* 1765–1954 (आक्सफॉर्ड युनिवर्सिटी प्रैस) 2008
15. टी खन्ना एट अल," कुम्भ मेला, इन्डियाज़ *पॉप–अप मेगासिटि,' हार्वर्ड बिज. पब्लि. केस स्टडी* (2013)
16. आर. हॉरक, *टेलीकम्युनिकेशन्स एण्ड डाटा कम्युनिकेशन्स हैन्डबुक (हार्डकवर)* न. 832, सेकेण्ड एडिशन (हॉबोकेनः विले–इन्टरसाईन्स, 2008)

आभार

जेनेट लॉर्मे के सहयोग के लिए हम आभारी हैं। जे.पी. ऑन्नेला हॉर्वर्ड स्कूल ऑफ़ पब्लिक हेल्थ के कैरियर इन्क्यूबेटर अवॉर्ड, 2014 से समर्थित; टी. खन्ना, हॉर्वर्ड बिज़नेस स्कूल डिप्लॉयमेण्ट द्वारा समर्थित।

परिनियोजन एवं डिकन्सट्रक्शन

चित्रलेख परिनियोजन

दिनेश मेहता

यह चित्र–आलेख दिसम्बर माह में कुम्भ में की जाने वाले संस्थापन को दर्शाता है। छविकार दिनेश मेहता ने पतंगों के माध्यम से स्थल का हवाई चित्र लिया है। अपनी इस तकनीक से उन्होंने बिना किसी को व्यवधान पहुँचाए प्रक्रियाओं तथा सभाओं का अत्यंत ब्यौरेवार छायांकन किया है। उनके चित्रों में द्रव्यात्मक व्यवस्था के साथ–साथ सम्बन्धित श्रम–कार्यप्रण ाली का भी समावेश है।

adidas

मानचित्र परिनियोजन

माइकल ली और जुआन पाब्लो कोराल

आगे छपे हुए मानचित्र सैटेलाईट छवि-चित्रों तथा लाईन ट्रेसिंग के मध्य विस्तृत विवेचना के माध्यम से नदी के पाट की रूप बदलती प्रकृति तथा स्थानिक या लौकिक रूप से स्थूल संरचनाओं की संस्थापन का विवरण देते हैं। ये मानचित्र समयबद्ध परिनियोजन, उनका प्रयोग तथा कुम्भ मेलास्थल का विभक्तिकरण, जैसे कि, स्थल समतलीकरण, सड़क, पॉन्टून सेतु, विद्युत तथा जल वितरण, स्वच्छता, नदी तट, स्थल का खण्डों में विभाजन तथा अखाड़ों के अंदर तम्बू तथा द्वार आदि व्यवस्थाओं की पड़ताल करता है। निकटवर्ती स्थायी संरचनाओं को काले रंग से और कुम्भ से जुड़ी संरचनाओं को लाल रंग से दर्शाया गया है।

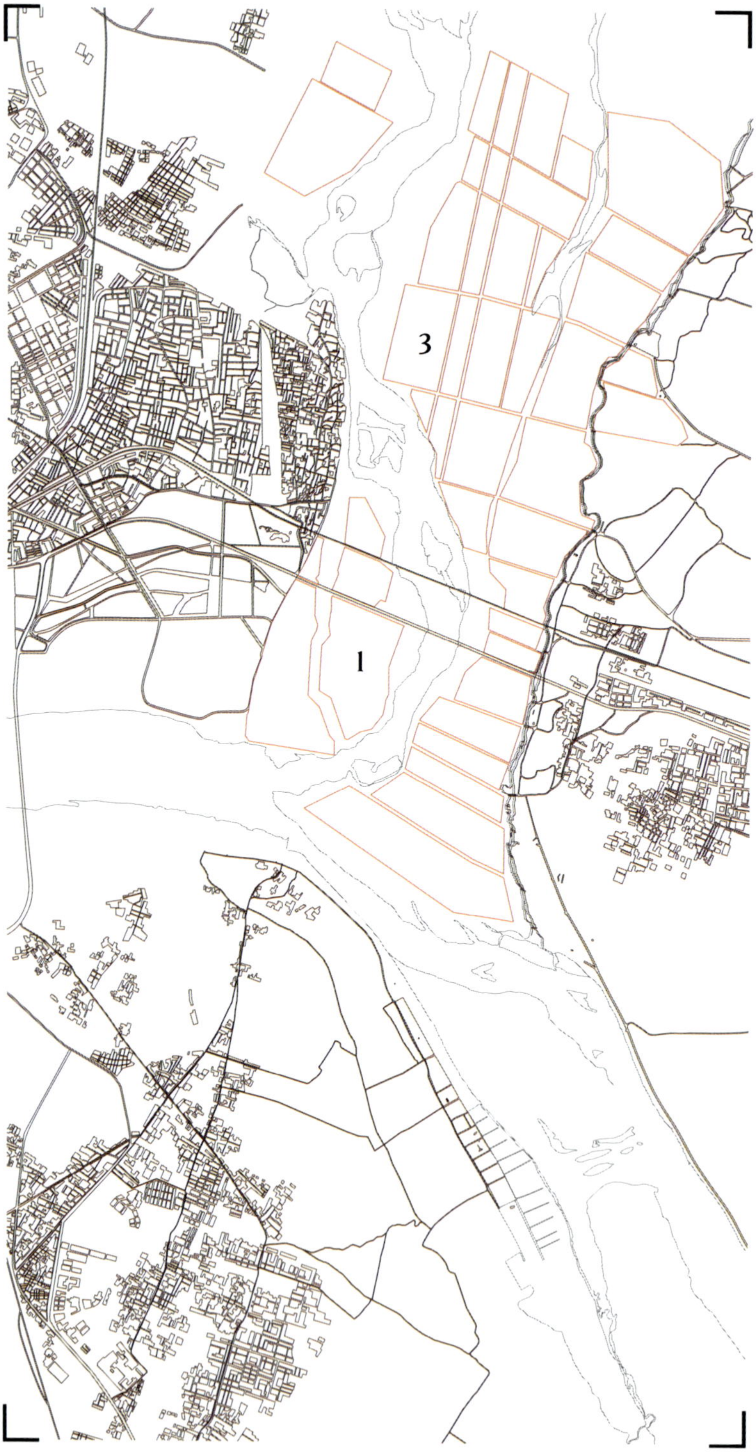

मानचित्र 1
मार्च–मई, 2012

धूल–मिट्टी भरी सड़कों द्वारा आपस में जुड़ा हुआ अधिकतर क्षेत्र कृषिभूमि के अंतर्गत ही आ जाता है।

वर्तमान स्थिति के क्षेत्र के नक्शे को सेना के पास भेजा जाता है।

यातायात द्वारा प्रमुख सड़कों से सामग्री लाने–ले जाने के लिए संरक्षित और सुरक्षित किये जाते हैं।

मुख्य सचिव स्थिति का मुआयना करने और भविष्य के आकलन के लिए साईट पर मौजूद प्रशासन से मिलते हैं।

मानचित्र 2
15-22 अक्टूबर, 2012

नदी का जल उतरती है तो अपने पीछे गीली ज़मीन छोड़ जाती है।

धातु की शीट लगाने के लिए प्रमुख सड़कों की एक सीमा तय करके बुलडोज़र से खुदाई की जाती है।

सेक्टर की सीमाएं दक्षिणी क्षेत्रों में तैनात बिजली के खम्भों की रूपरेखा दर्शाती हैं।

मुख्य सेतुओं को जाड़ने के लिए पोन्टून सेतु बनाये जाते हैं।

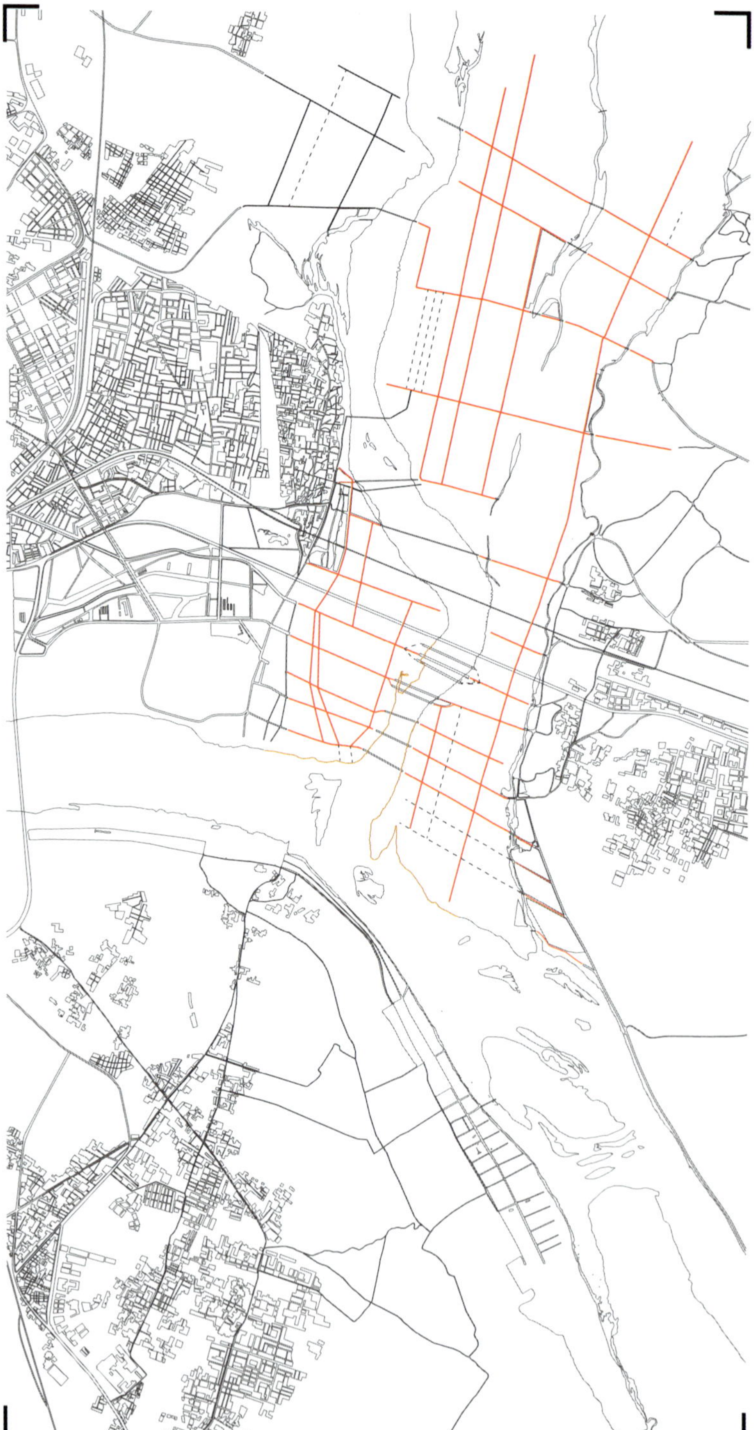

मानचित्र 3
12 दिसम्बर, 2012

सभी प्रमुख सडकें बनकर तैयार हैं।

मुख्य सड़कों का ड्राफ्ट तैयार है।

पोन्टून सेतु लगा दिये गये हैं और दूसरे सेतु का निर्माण 75 प्रतिशत तक पूरा हो गया है।

नदी के तटबंधों का काम 25 प्रतिशत तक पूरा हो गया है।

पानी, बिजली और दूरसंचार के लिए बुनियादी सुविधायें भी उपलब्ध हैं।

तंबुओं का निर्माण और उन पर कब्जा देने की प्रक्रिया आरम्भ।

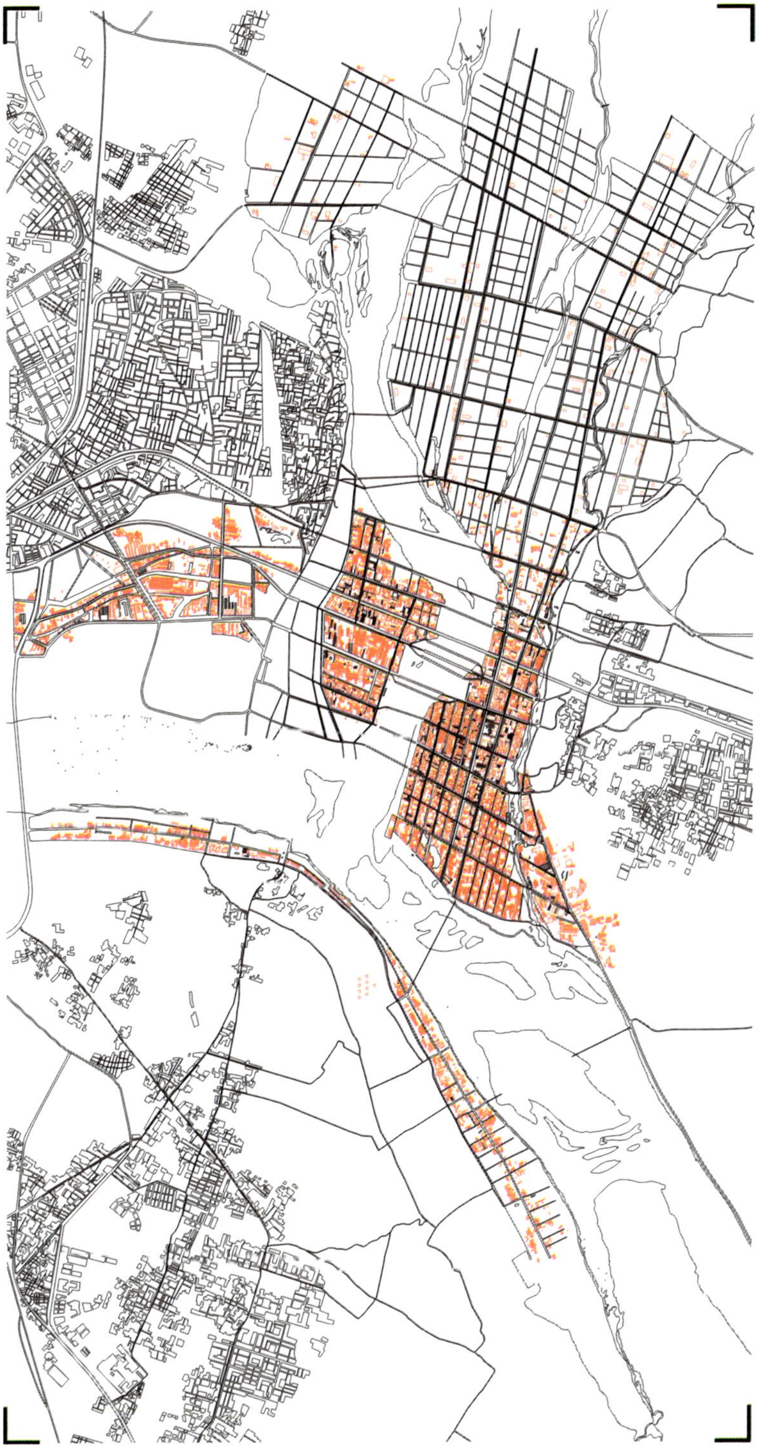

मानचित्र 4
21 दिसम्बर–
6 जनवरी, 2013

सभी सड़कों का निर्माण पूरा हो चुका है।

संगम के दक्षिणी भाग का निर्माण आरम्भ

नदी के तटबंधों का काम 90 प्रतिशत तक पूरा हो चुका है।

सभी सेतु का निर्माण पूरा हो चुका है।

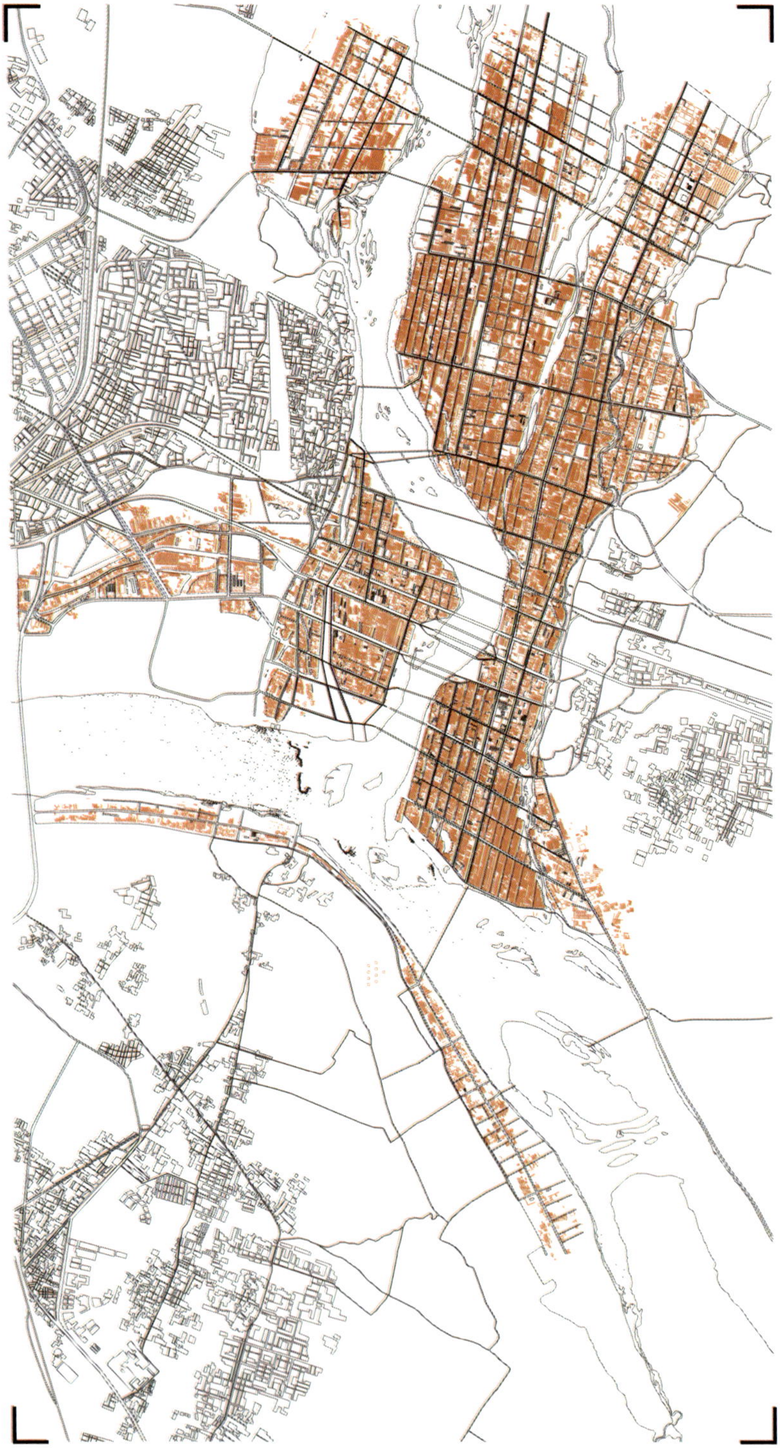

मानचित्र 5
7 फरवरी, 2013

कुम्भ मेले के लिए 100 प्रतिशत जमीन पर कब्जा दिया गया।

मानचित्र 6
मार्च-अप्रैल, 2013

तंबू हटाने और बाकी जरूरत की सामानों के हटाने का कार्य

छंटनी और बचे हुए सामानों का संग्रहण

तटबंधों के साथ पुआल की चटाइयाँ जलायी गयीं

शहर में रहने वाले लोगों का रेत से भरे बोरों पर कब्ज़ा

सेतु और पोन्टून सेतु हटाये गये

खेती का काम एक बार फिर शुरू

संगम के बड़े स्नानों की गतिविधियाँ अब छोटे स्नानों में परिवर्तित हो जाती हैं।

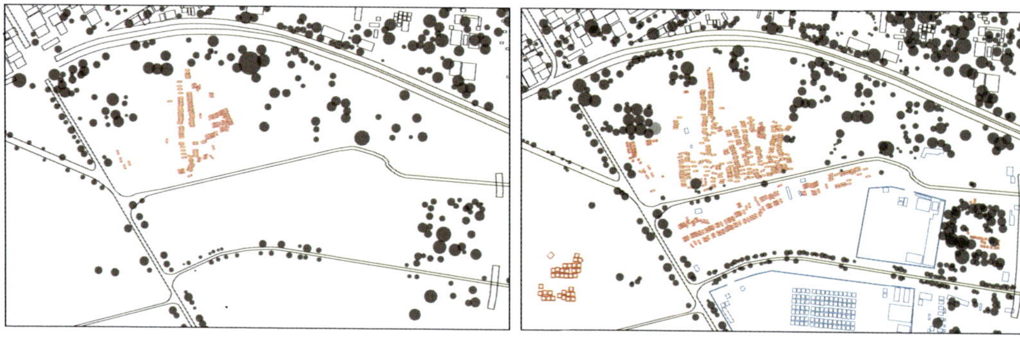

SECTOR 2

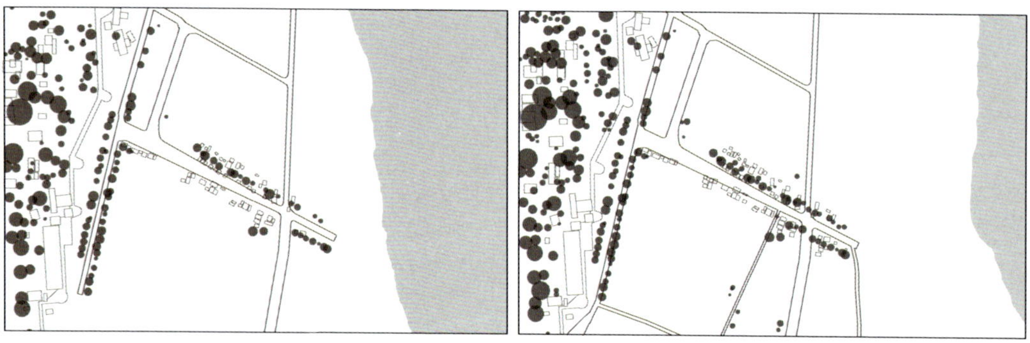

SECTOR 4

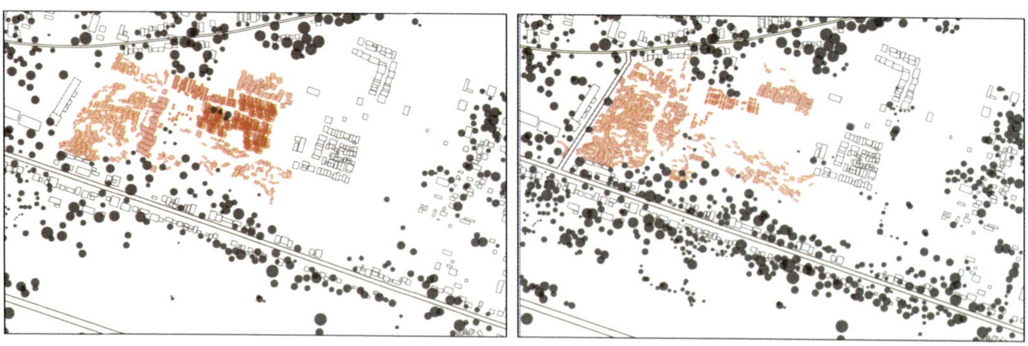

SECTOR 10

JUNE 10, 2012

NOV 12, 2012

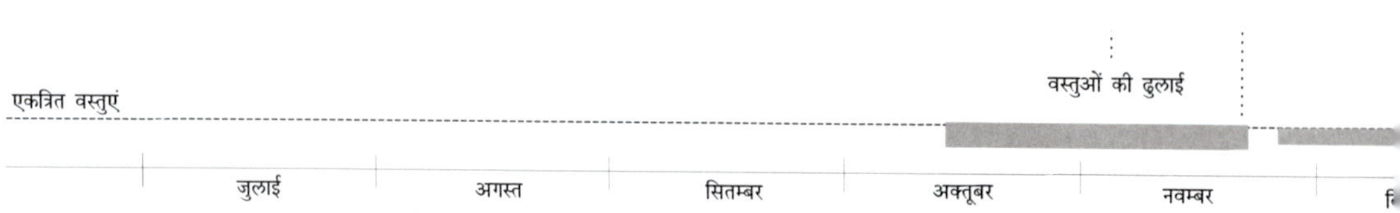

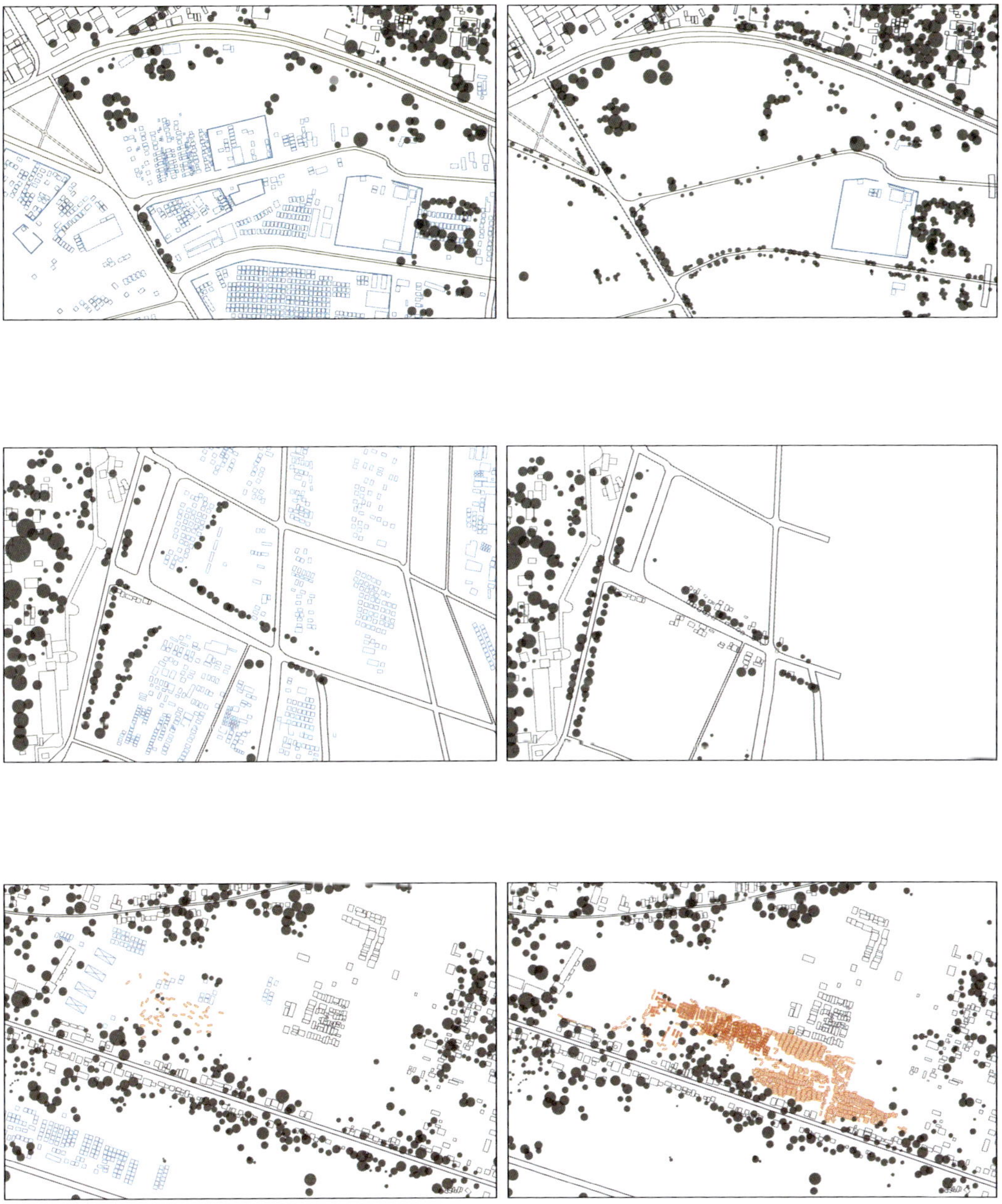

JAN 30, 2013 APRIL 25, 2013

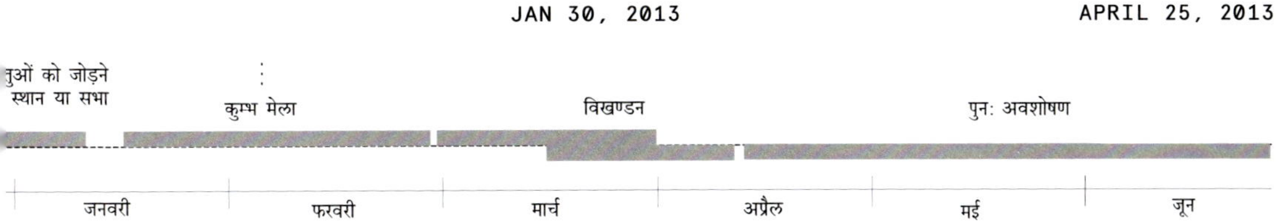

स्थूल संरचनायें संक्षिप्त चित्रण

जोस मेयोरल व जोहान्स स्टाउट

कुम्भ मेला का आयोजन 14 जनवरी से 30 मार्च, 2013 के मध्य हुआ। महीनों पूर्व से इसके आयोजन की तैयारी आरम्भ की जा चुकी थी। विभिन्न क्षेत्रों से सामग्रियाँ यहाँ लाई गयीं तथा पॉन्टून सेतुओं को जोड़ने का कार्य निकटवर्ती स्थलों पर ही किया गया। सितम्बर माह में नदी के जलस्तर के नीचे आते ही भूमि को समतल किया गया तथा सड़कों के लिए जगहों को चिन्हित किया गया। नवम्बर में बिजली के खंभे, पॉन्टून सेतु और जल वितरण से जुड़ी मूलभूत संरचनाये स्थापित कर दी गयीं। जनवरी में कुम्भ स्नान के दिन निकट आते ही निवास से जुड़े तंत्र तम्बू, उपासना स्थल, सभा–भवन आदि ग्रिड के फ्रेमवर्क के अंदर स्थापित किए जाने लगे।

कुम्भ मेले की समाप्ति के पश्चात मार्च के महीने में समस्त संरचनाओं को विखण्डित कर दिया गया। सरकंडों से बनी सड़कों को नदी द्वारा अवशोषित हो जाने के लिए वहीं छोड़ दिया गया। पॉन्टून सेतु जैसी संरचनाओं तथा सामग्रियों को या तो कहीं और सुरक्षित रख दिया गया या किसी स्थानीय निर्माण कार्य में प्रयोग में ले लिया गया। अधिकतर सामग्रियों को भावी कुम्भ या ऐसे ही किसी अन्य आयोजन के लिए संरक्षित कर लिया गया।

कुम्भ के स्थानिक–पर्यावरणीय प्रभाव को समझने के लिए इसके स्थूल एवं लौकिक तंत्र को समझना आवश्यक होगा। कुम्भ मेले की संरचना प्रकृति–चक्र तथा नदी के प्रवाह पर निर्भर करती है। इसके अतिरिक्त अन्य मेलों के चक्र तथा राष्ट्रीय एवं क्षेत्रीय स्तर पर संकुचन एवं विस्तारण का भी इस मेले पर प्रभाव पड़ता है।

कुम्भ मेले का व्यास इन्हीं स्थानिक तथा लौकिक स्तर पर निर्धारित होता है। मेले की अवधि में यह कछारी क्षेत्र ग्रिड में बँधे एक सघन नगर में परिवर्तित हो जाता है। बाकी के समय यहाँ खेती–बाड़ी होती है। मानसून के समय प्रत्येक वर्ष यह भूमि जलमग्न हो जाती है और नदी का ही हिस्सा बन जाती है। स्थूल संरचनाओं को स्थापित कर इस भूमि को खण्डों में बाँटा जाता है, और विद्युत आपूर्ति, चिकित्सा सुविधायें, जल एवं खाद्यान्न वितरण, स्वच्छता सेवायें, व्यापारिक एवं प्रशासकीय तंत्र को स्थापित किया जाता है। कुम्भ मेले के आयोजन से प्राप्त ज्ञान का उपयोग कर, विश्व के किसी भी अन्य भाग में अस्थायी शिविर, परिनियोजन तथा आधुनिक नगरीकरण आदि की सार्थक व्यवस्था की जा सकती है।

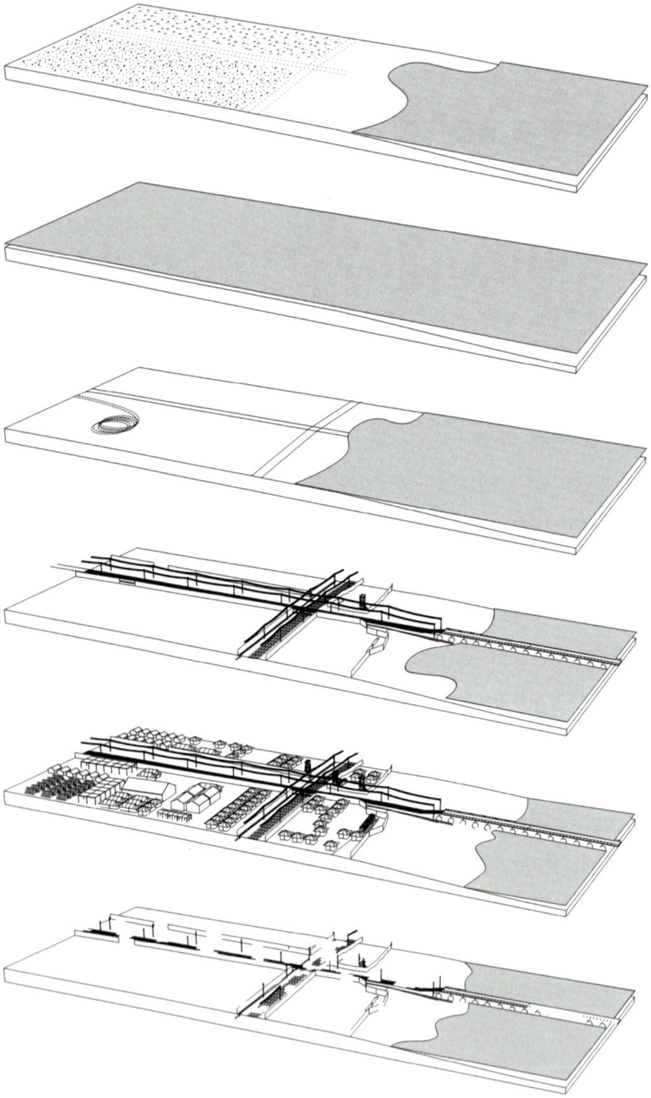

अप्रैल

– कृषि

अगस्त

– मानसून

– पॉन्टून सेतुओं की वैल्डिंग

सितम्बर

– जमीन को समतल करना

– सड़कों का चिह्नांकन

नवम्बर

– बिजली के खम्भे

– नाव–सेतु

– पानी की सुविधा

दिसम्बर

– तंबू और प्रवेशमार्ग

मार्च

– पलायन

तैयारियाँ और संयोजन

कुम्भ मेले की तैयारियाँ और उसकी स्थापना मानसून के मौसम द्वारा निर्धारित वार्षिक चक्र में शुरू होती हैं। मानसून के खत्म होने के समय जब उपजाऊ ज़मीन को खेती के लिए इस्तेमाल नहीं किया जा सकता, तब कुम्भ मेले के लगने की तैयारियाँ शुरू होती हैं। ज़मीन को समतल किया जता है, सड़कें बनाने के लिए निशान लगाये जाते हैं, और बाकी सामान जैसे बिजली के खंभे, पानी की सुविधा और पॉन्टून सेतुओं की व्यवस्था की जाती है। इन सबकी तैयारियों के बाद मेले की पूरी जगह के चारों तरफ घेरा बना दिया जाता है। जब मेला खत्म होता है, तो ये सब चीजें हटा ली जाती हैं और ज़मीन को बिलकुल पहले की तरह खाली कर दिया जाता है।

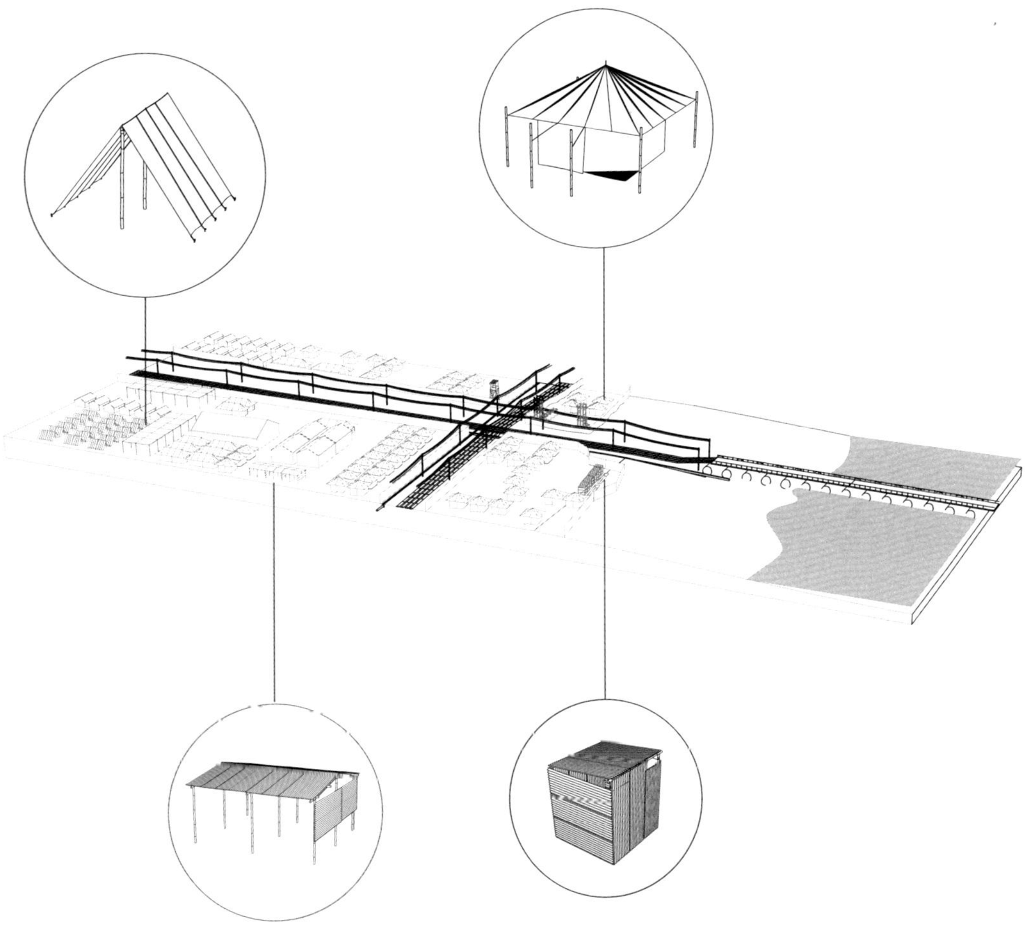

मेले की ज़मीन का घेराव

कुम्भ मेले के घेराव की व्यवस्था सामान्य सी चीज़ों से की जाती है। वही आम सामान जैसे कि बांस की लकड़ियाँ और उसके बाहर लगाने के लिए कोई चीज़ जैसे कि टीले के आकार वाली कोई धातु या तंबू का कपडा, जिनसे जरूरत के अनुसार छोटे तंबुओं से लेकर बड़े–बड़े हॉल और मंदिरों के रूप में अलग–अलग आकार दिया जाता है। मोड्यूलर घेराव की प्रणाली में सामान्य सी वस्तुओं का इस्तेमाल होता है जिन्हें बड़ी संख्या में कस्बे जैसा घेराव बनाने के लिए इकट्ठा किया जाता है। इन प्रणालियों के निर्माण की सादगी के कारण इन्हें तैयार करने में भी ज्यादा मेहनत नहीं करनी पड़ती। ये वस्तुएं इतनी छोटी और हलकी होती हैं कि एक या दो मज़दूर ही इन्हें उठाकर लगा सकते हैं।

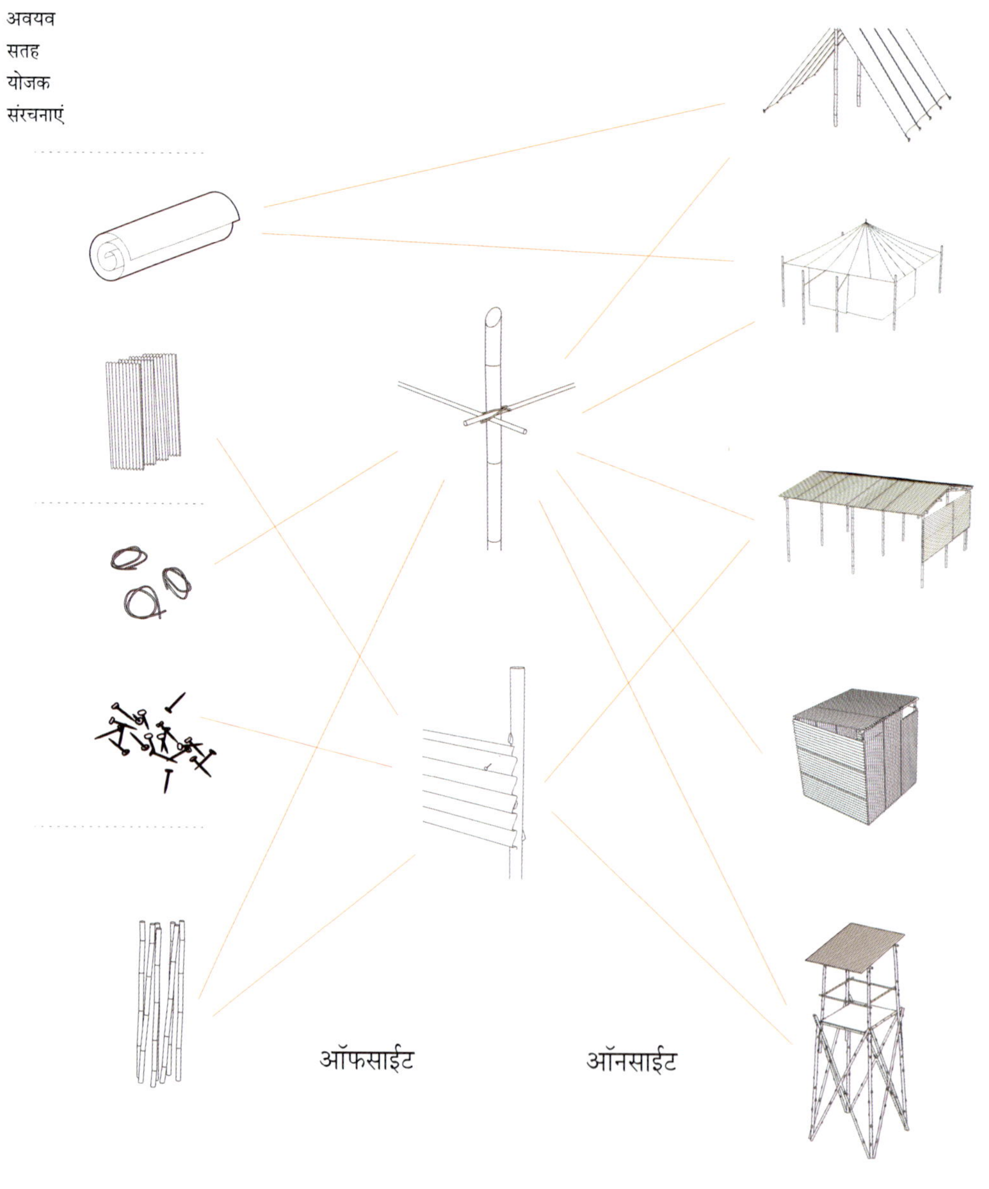

पहले इस्तेमाल की गयी वस्तुओं का पुनः इस्तेमाल

पहले इस्तेमाल की जा चुकी वस्तुओं का फिर से इस्तेमाल करना खर्चे को कम कर देता है और साथ ही इससे कई तरह के डिज़ाइन भी बनाये जा सकते हैं। लकड़ियों का स्वरुप और रस्सियों और कीलों की मदद से इन वस्तुओं को कई नए तरीके से लगाया जा सकता है। कुम्भ मेले के बाद इन्हें किसी और चीज़ के निर्माण में भी इस्तेमाल किया जा सकता है। इन प्रणालियों का गठन सस्ते शारीरिक श्रम की उपलब्धता पर निर्भर करता है, जो कुम्भ के इस मेले को सार्थक बनाने में जुट जाते हैं।

CANTEEN

अलाव
FIRE CAMP

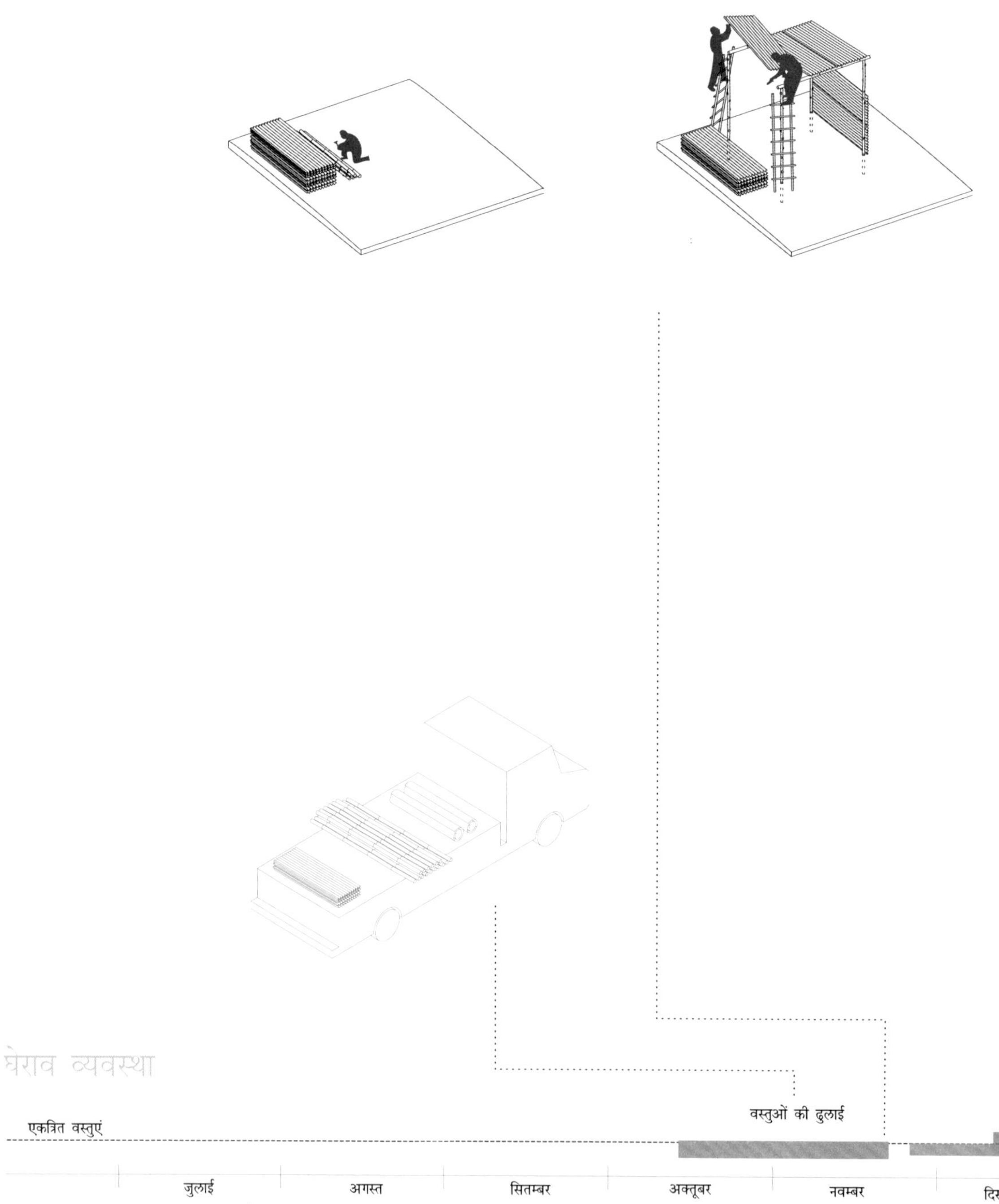
घेराव व्यवस्था
एकत्रित वस्तुएं
वस्तुओं की ढुलाई
जुलाई
अगस्त
सितम्बर
अक्तूबर
नवम्बर

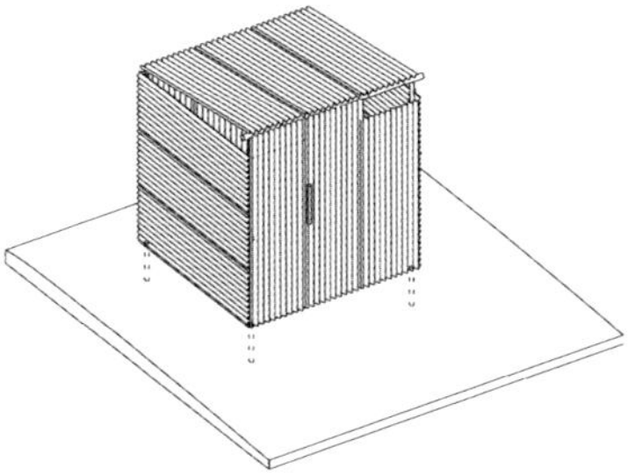

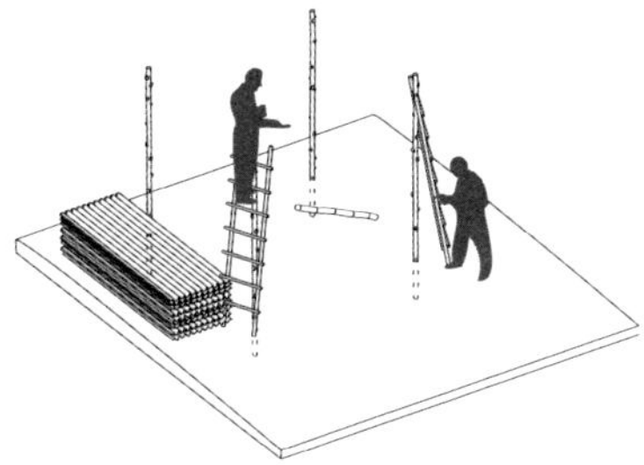

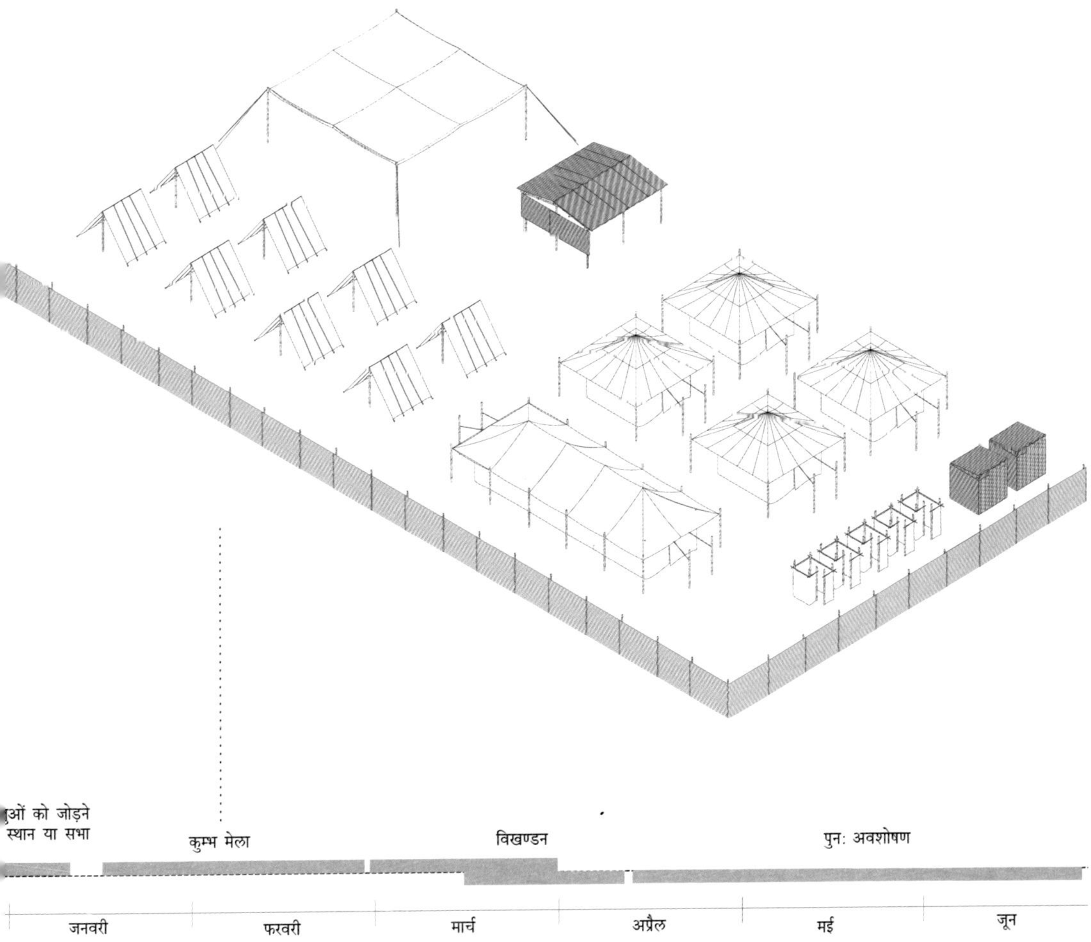
ुओं को जोड़ने
स्थान या सभा
कुम्भ मेला
विखण्डन
पुनः अवशोषण
जनवरी
फरवरी
मार्च
अप्रैल
मई
जून

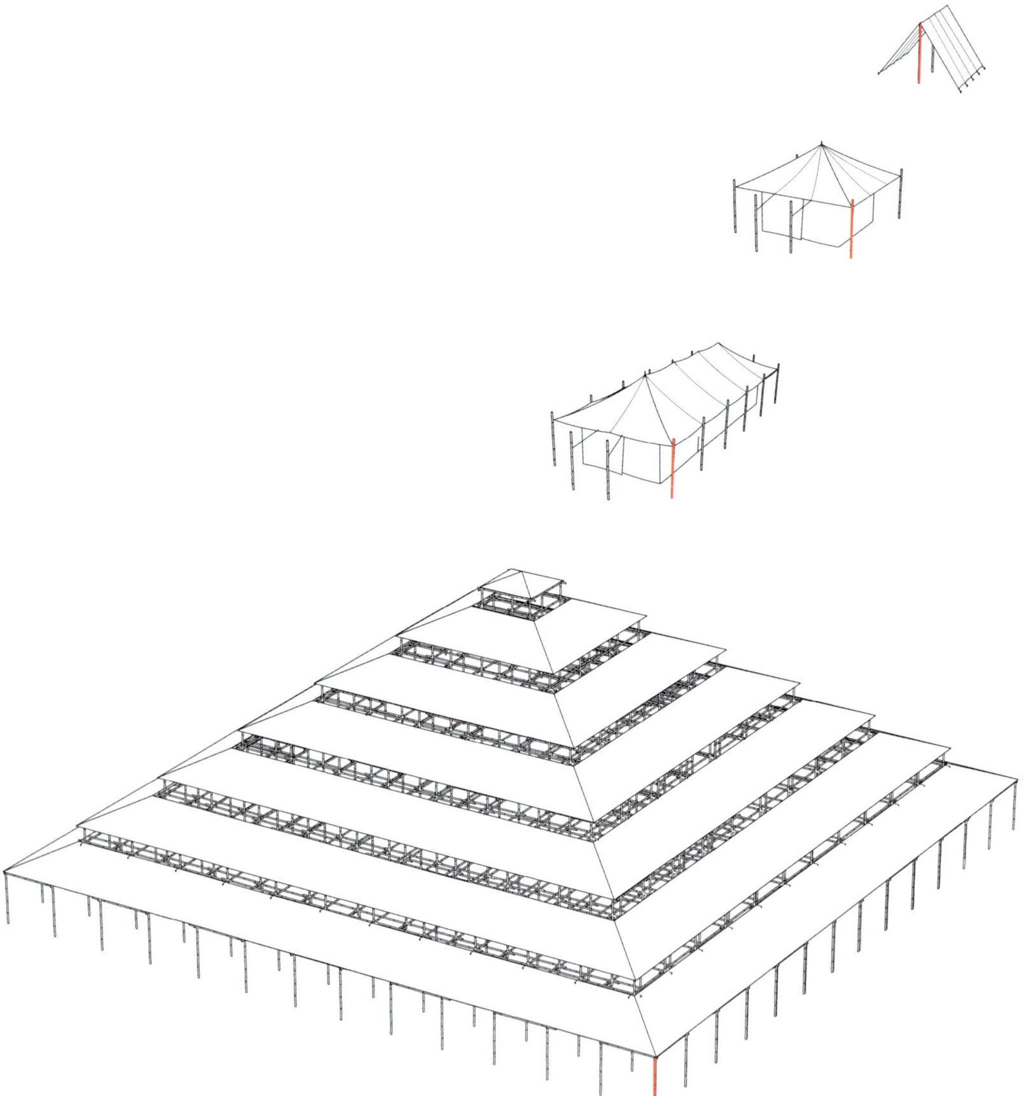

विभिन्न आकारों का गठन

कुम्भ की मोड्यूलर घेराव की प्रणाली में चीजों को जरूरत के अनुसार अलग–अलग आकार दिया जाता है, जिनमें छोटे तंबुओं से लेकर बड़े–बड़े हॉल और मंदिर का निर्माण शामिल है। कुछ सामान्य सी वस्तुओं का इस्तेमाल होता है जिन्हें बड़ी संख्या में कस्बे जैसे घेराव को बनाने के लिए इकट्ठा किया जाता है।

तंबू

कुम्भ के मेले में तंबू कई काम आते हैं, सोने से लेकर आपस में बैठकर बातें करने और खाना खाने में, साथ ही भजन–कीर्तन, मनोरंजन और चिकित्सा, इन सभी कामों के लिए तंबू की आवश्यकता होती है। जरूरत के अनुसार ही वो आकार और बनावट में भी विभिन्न प्रकार के होते हैं, लेकिन इनकी व्यवस्था शहरी ग्रिड के अंदर ही की जाती है। बीच में बची खाली जगह पैदल चलने के रास्ते को और कम कर देती है।

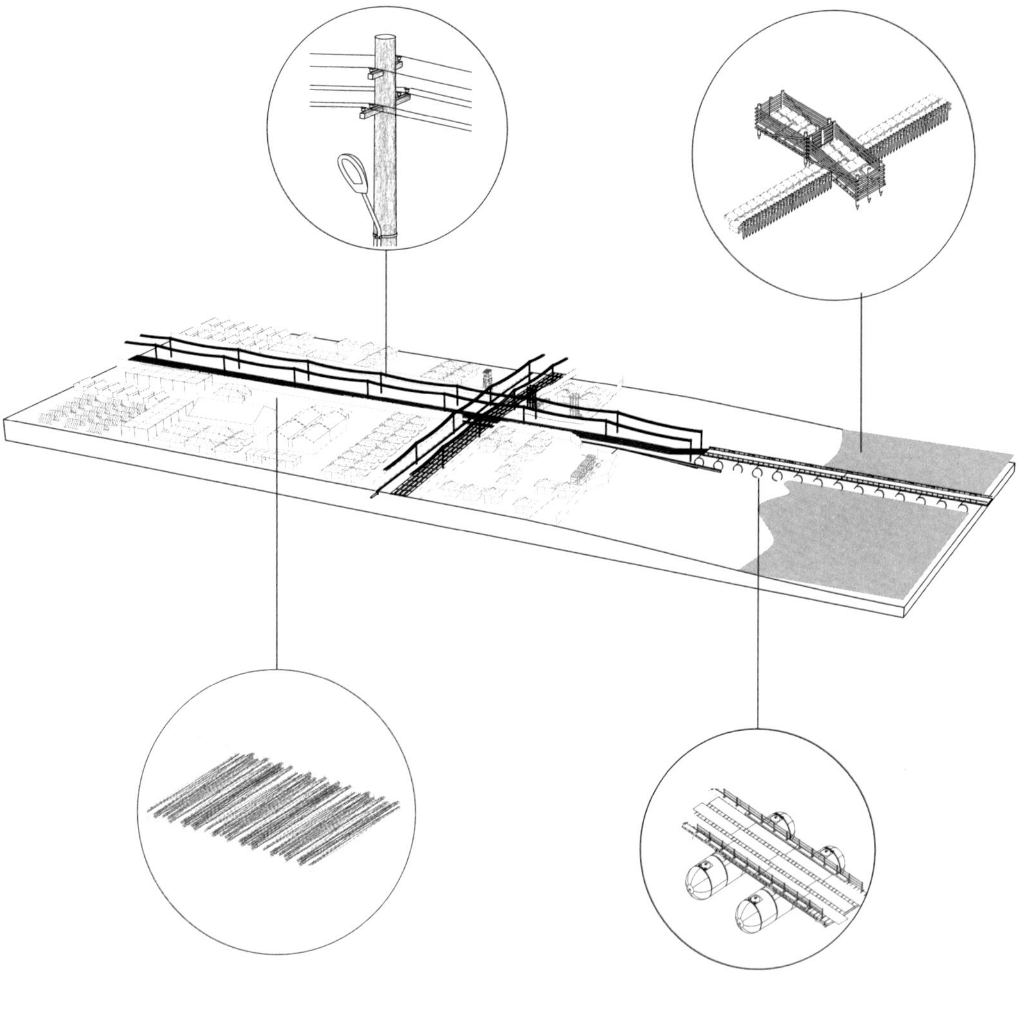

ढांचागत प्रणाली

ढांचागत प्रणाली के अंतर्गत बुनियादी सुविधाओं की छोटी–छोटी चीज़ों से लेकर बड़ी और पेचीदा सामग्रियों तक की व्यवस्था की जाती है। इस व्यवस्था में जहाँ तक संभव होता है ऐसी वस्तुओं को लेते हैं जिनका बाद में फिर से इस्तेमाल किया जा सके, और चीज़ों की बिना ज्यादा बर्बादी किये उनका पूरा उपयोग किया जा सके।

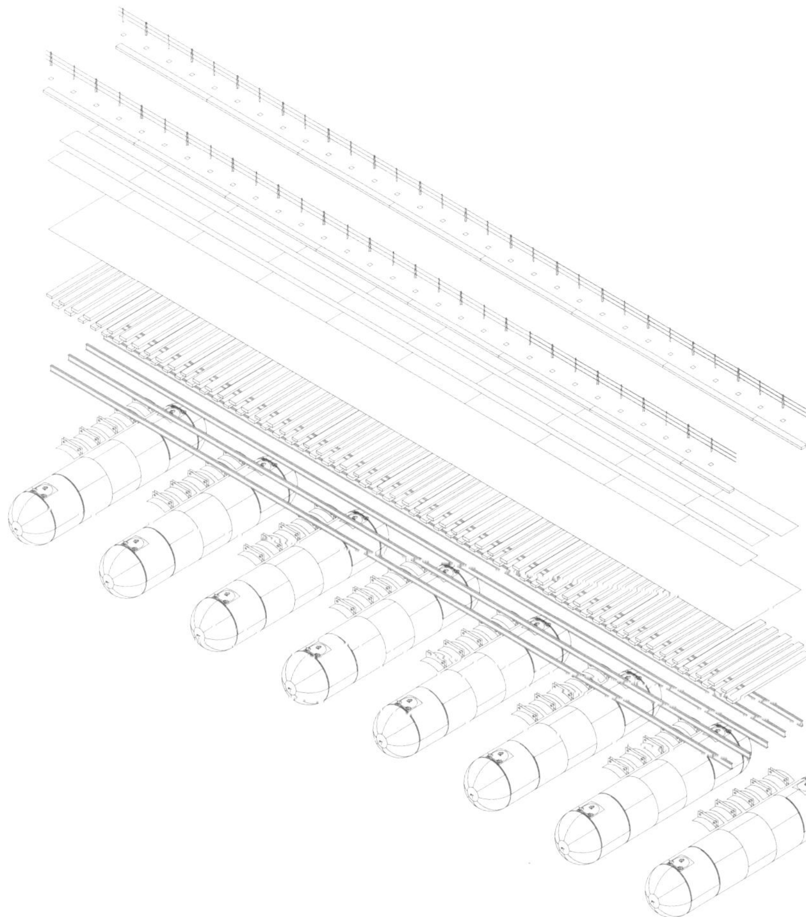

तैरती हुई बुनियादी सुविधा

पॉन्टून सेतु कुम्भ मेले में इस्तेमाल की जाने वाली सबसे उपयोगी सुविधाओं में से एक है। ये मेले की एक सड़क को दूसरी से जोड़ती है. कुम्भ के मेले के खत्म हो जाने के बाद भी इन पॉन्टून सेतुओं को बनाने में की गयी मेहनत बेकार नहीं जाती। देश के बाकी हिस्सों में और कुम्भ के खत्म होने के बाद के कामों में इसका पूरा उपयोग किया जाता है.।

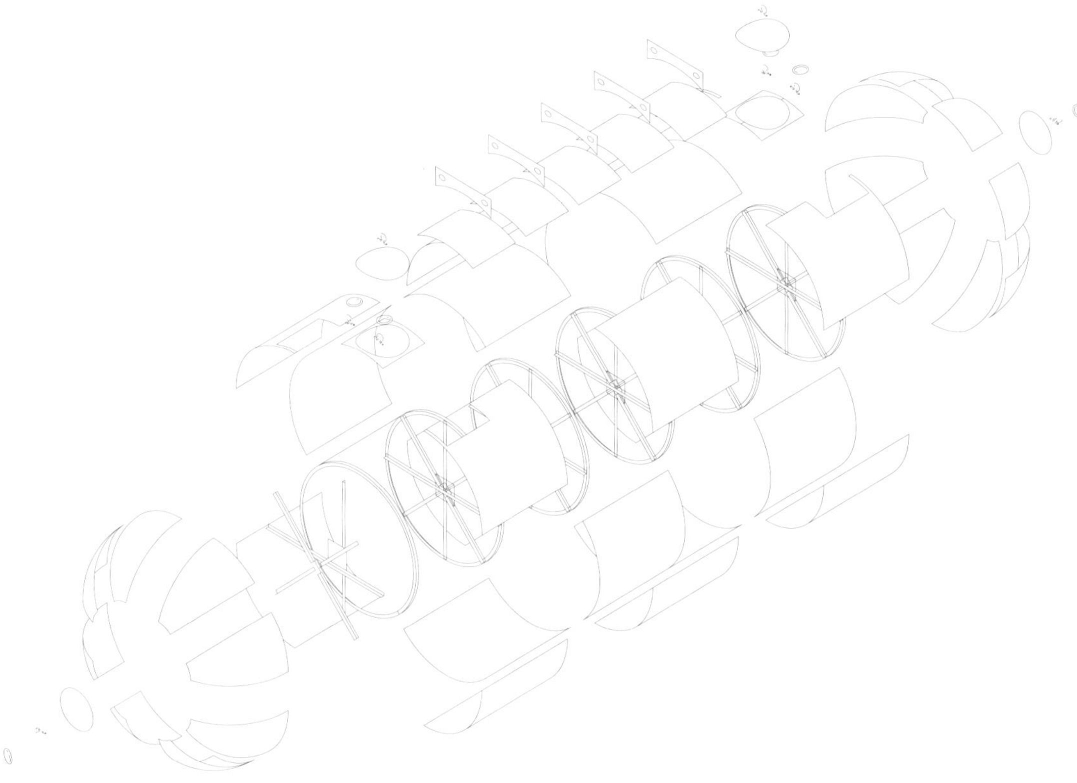

पॉन्टून सेतुओं का निर्माण और इस्तेमाल

ये अस्थायी पैताने और कार से बने सेतु गंगा नदी के दो छोरों को आपस में जोड़ते हैं। इन्हें बहुत दूर के क्षेत्रों से कुम्भ में लाया जाता है, जबकि ज़रूरत के अनुसार बाकी पॉन्टून सेतुओं को कुम्भ की साईट के पास ही तैयार कर लिया जाता है। मजदूर स्टील प्लेट्स को नक्शे के अनुसार काटते हैं और फिर उन्हें इन जटिल ढांचों का रूप दिया जाता है। एक बार बनके तैयार हो जाने के बाद इन्हें ट्रक में लादकर नदी के किनारे लाया जाता है, और खींचते हुए पानी के अंदर तैरा दिया जाता है। एक–एक करके ये पॉन्टून सेतु स्टील की गाटर से जुड़ती रहती हैं। लकड़ी से बनी इनकी छतों को वैसी ही स्टील की प्लेट से ढंका जाता है जिनसे सड़कों का निर्माण हुआ है। ये पॉन्टून सेतु अपनी जगह पर लकड़ी के तिकोने लंगर के सहारे टिके रहते हैं। इन पॉन्टून सेतुओं का निर्माण बहुत ही अच्छे ढंग से किया जाता है कि ये बिना किसी और नाव या तैरने वाली वस्तु की सहायता के ही पूरी नदी को पार कर लेते हैं। कुम्भ मेले के खत्म हो जाने के बाद इन सेतुओं को खोल दिया जाता है और इन्हें ट्रक में लादकर दूसरी जगहों पर ले जाया जाता है। इन्हें गोदामों में रखा जाता है या शहर के बाकी हिस्सों में आपदा राहत कार्य में इन्हें इस्तेमाल किया जाता है।

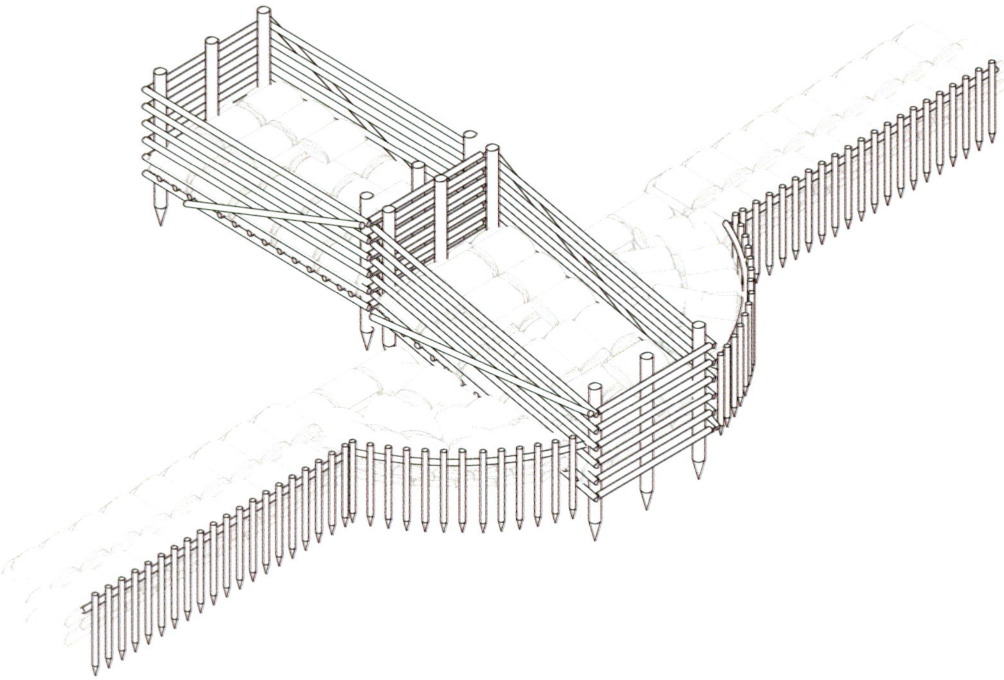

नदी के तट और अनुकूलक तटवर्तीय घटक

एक शहरी क्षेत्र के रूप में कुम्भ का निर्माण वहाँ होता है जहाँ दो नदियाँ गंगा और यमुना आपस में मिलती हैं। श्रद्धालु नदी के इस पवित्र संगम में स्नान करने आते हैं। स्नान के दिनों में, लोगों की भीड़ नदी के किनारे इकट्ठा हो जाती है, हालाँकि उनमें से कितने ही लोगों को तैरना भी नहीं आता। इसलिए नदी के तटों को इस तरह का रूप दिया जाता है कि स्नान के समय किसी को कोई चोट ना आये या वहाँ कोई किसी दुर्घटना का शिकार ना बने।

इन तटों की स्थिति के अनुसार परिवर्तन करने योग्य प्रणाली से इस पवित्र संगम के समय यहाँ की बनावट में बदलाव किया जा सकता है। रेत से भरे बोरे और लकड़ी के ढेरों से बने इन तटों को आवश्यकता के अनुसार कोई भी रूप दिया जा सकता है। कुम्भ मेले के खत्म हो जाने के बाद इन लकड़ी के ढेरों को इकट्ठा करके दूसरी जगह भेज दिया जाता है। रेत से भरे बोरे वहीं छोड़ दिए जाते हैं और अगर वहाँ रहने वाले स्थानीय लोगों को अगर उनकी ज़रूरत होती है तो वो इन्हें ले जाते हैं।

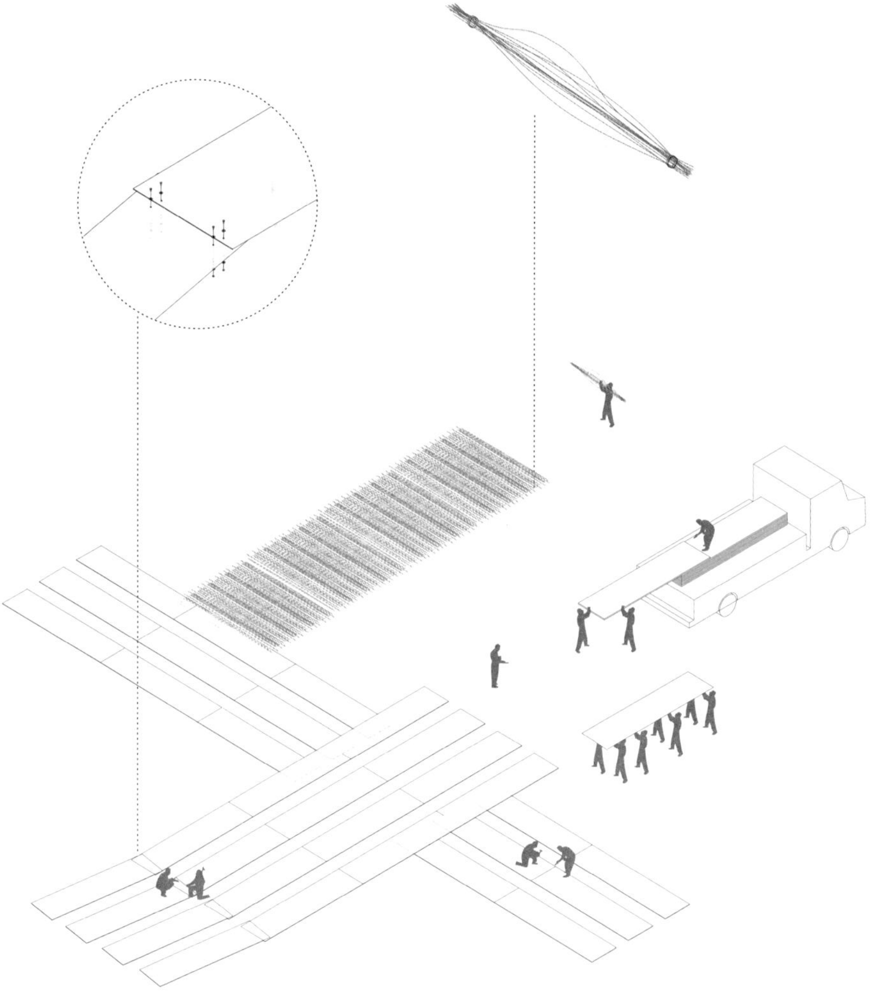

सड़कों की वैकल्पिक प्रणाली

कुम्भ मेले की सड़कें शहरी ग्रिड के बुनियादी ढाँचे का गठन करती हैं जिससे कुम्भ के इस अस्थायी शहर की रूपरेखा तैयार होती है। ये किसी प्रकार काम की रूपरेखा तैयार करने और फिर उसे सफल बनाने का एक दिलचस्प उदाहरण हैं। सड़कों का निर्माण भीड़ के मुताबिक या तो स्टील प्लेट्स के इस्तेमाल से होता है नहीं तो सिर्फ सरकण्डों से काम चला लिया जाता है। स्टील की प्लेट्स ऐसी चीज़ है जिसका कई प्रकार से दोबारा उपयोग किया जा सकता है। इन्हें आपस में जोड़ने के लिए अच्छी स्थिति में रखकर टाँका लगाने के यंत्र से इनमें छेद किया जाता है और फिर उन पेंचों से जोड़ दिया जाता है, जिन्हें बाद में जरूरत पड़ने पर हटाया जा सके। इससे बिना किसी कनेक्टर या प्लेट की मदद के इन सड़कों को किसी भी दिशा में मोड़ा जा सकता है, या ढलान दी जा सकती है। ये प्लेट्स ट्रक द्वारा लायी जाती हैं, हर प्लेट को करीब 10 मजदूरों की सहायता से उतारा जाता है। सरकण्डों से बनी सड़कें नवीकरण करने योग्य होती हैं और मेले के खत्म होने के बाद इन्हें ज़रूरत के अनुसार इस्तेमाल में ले लिया जाता है।

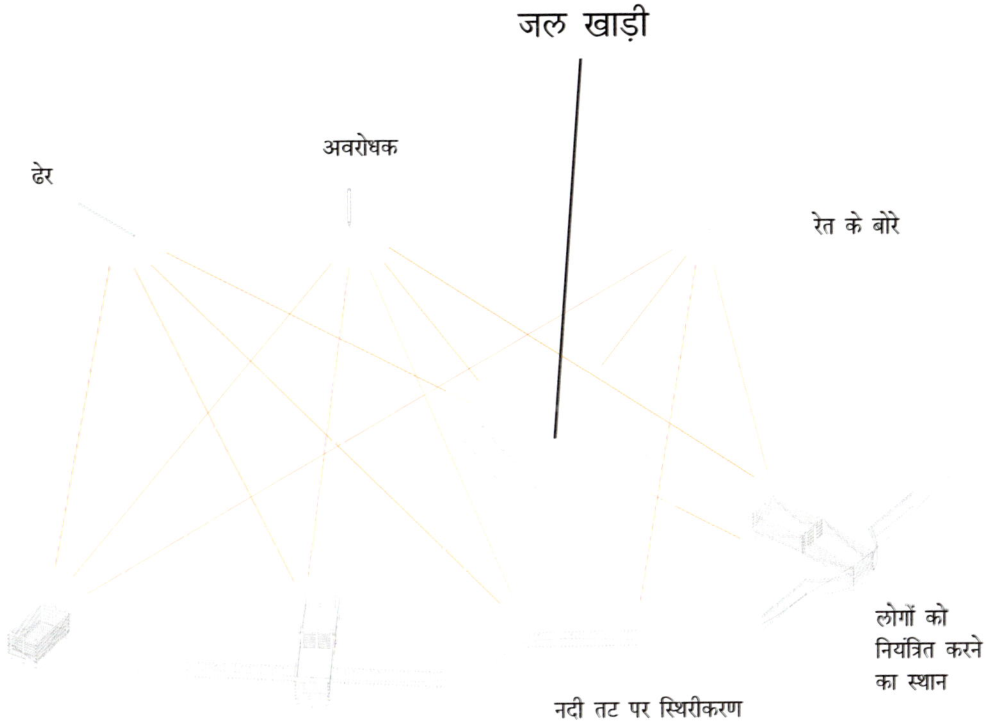

पहले इस्तेमाल की गयी वस्तुओं का पुनः इस्तेमाल

बाकी बुनियादी ढांचों की बनावट की तरह नदी के तटों को भी मेले के खत्म होने के बाद पुराने रूप में लाया जा सकता है। तीन आधारभूत तत्वों (ढेर, बीम और रेत के बोरे) की मदद से कई ढाँचे बनाये जाते हैं, जिनका इस्तेमाल जरूरत के अनुसार अलग–अलग चीज़ों में होता है। ये ढाँचे जमीन पर अपनी पकड़ बनाये रखते हैं, और पानी के रिसाव को नियंत्रित करते हैं।

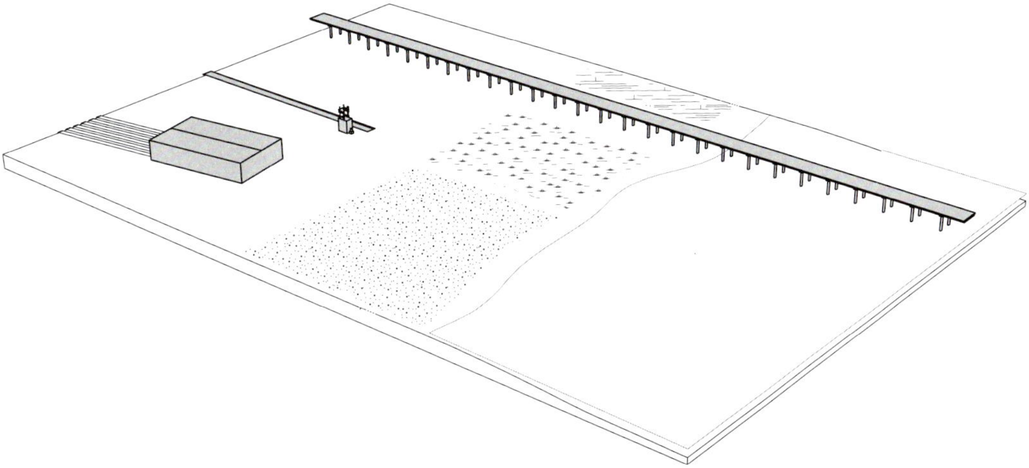

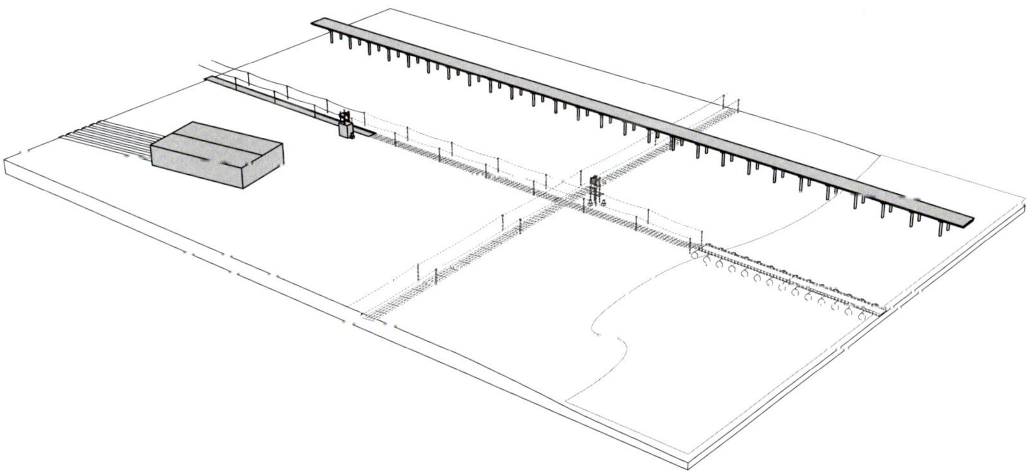

स्थायी और अस्थायी बुनियादी सुविधाएं

कुम्भ मेले में इस्तेमाल की जाने वाली अस्थायी बुनियादी सुविधाएं इलाहाबाद और उत्तर प्रदेश क्षेत्र के स्थायी नेटवर्क पर निर्भर करती हैं। बिजली की ग्रिड और रेल नेटवर्क स्थायी सुविधाओं के अंतर्गत आते हैं। सुविधाओं को आपस में जोड़ने का ये दृष्टिकोण उत्तर प्रदेश में ऊर्जा के अस्थायी पुनः आबंटन और यातायात पर निर्भर करता है। इन अस्थायी सुविधाओं को रोड ग्रिड के साथ ही लगा दिया जाता है। बिजली के तार अस्थायी खंभों के सहारे ज़मीन के ऊपर लगते हैं, जबकि पानी की सुविधा ज़मीन के अंदर से की जाती है। इन बुनियादी सुविधाओं को जिस तरह कुछ ही देर में लगाया जाता है, वैसे ही मेले के खत्म होने के बाद बिना कोई निशान छोड़े हटा भी लिया जाता है।

1
2
3
10
5
4
7
8
6
9

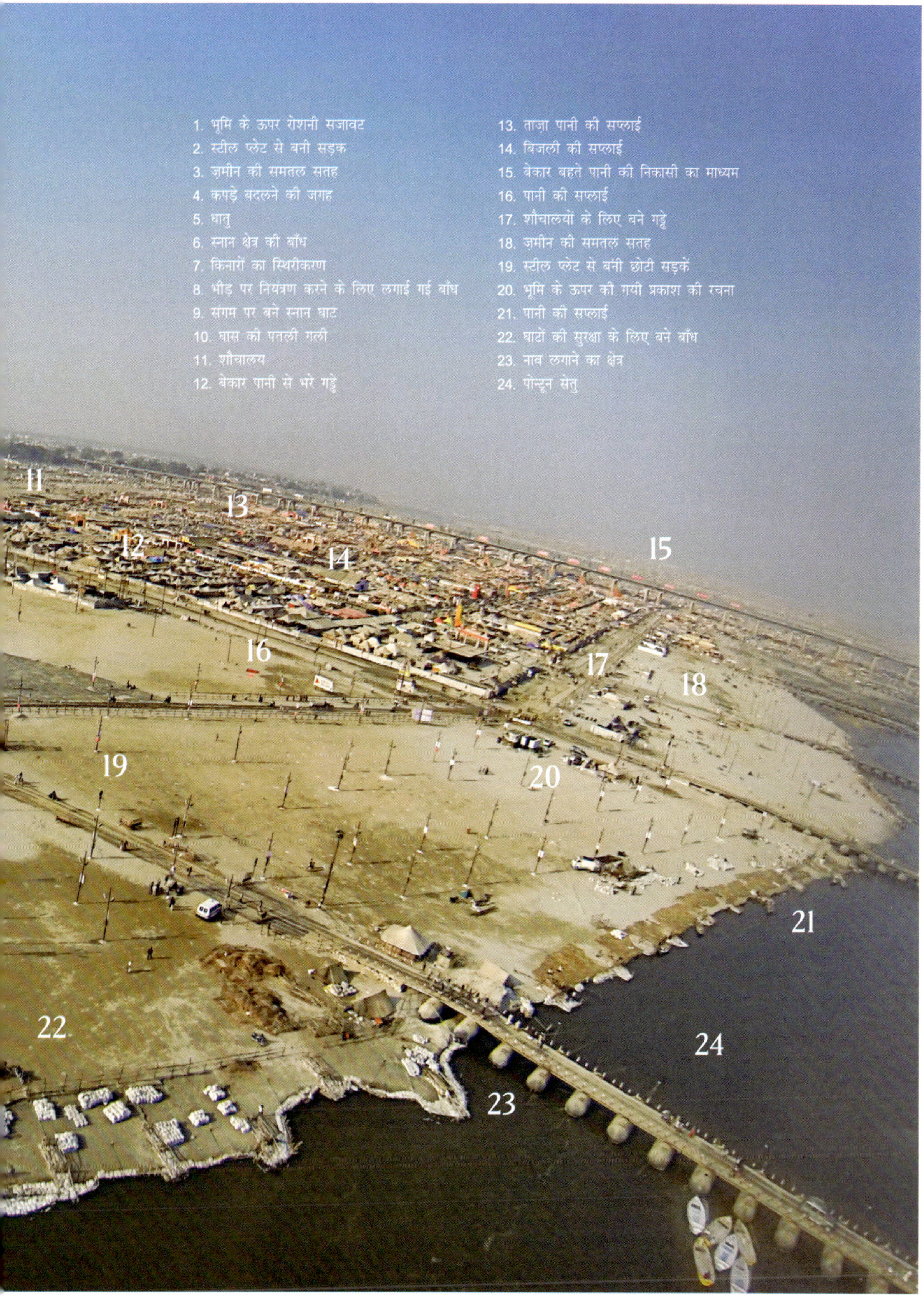

1. भूमि के ऊपर रोशनी सजावट
2. स्टील प्लेट से बनी सड़क
3. ज़मीन की समतल सतह
4. कपड़े बदलने की जगह
5. धातु
6. स्नान क्षेत्र की बाँध
7. किनारों का स्थिरीकरण
8. भीड़ पर नियंत्रण करने के लिए लगाई गई बाँध
9. संगम पर बने स्नान घाट
10. घास की पतली गली
11. शौचालय
12. बेकार पानी से भरे गड्ढे
13. ताज़ा पानी की सप्लाई
14. बिजली की सप्लाई
15. बेकार बहते पानी की निकासी का माध्यम
16. पानी की सप्लाई
17. शौचालयों के लिए बने गड्ढे
18. ज़मीन की समतल सतह
19. स्टील प्लेट से बनी छोटी सड़कें
20. भूमि के ऊपर की गयी प्रकाश की रचना
21. पानी की सप्लाई
22. घाटों की सुरक्षा के लिए बने बाँध
23. नाव लगाने का क्षेत्र
24. पोन्टून सेतु

UP-70
BT 5073

चित्रलेख विसंरचना

दिनेश मेहता

नगरों को हम जिस भाँति स्थायित्व के दृष्टिकोण से देखते हैं, उससे नगरीकरण के लिए उपलब्ध स्थान के लचीले स्वरूप में बाधा पहुँचती है। नगरीकरण और भवन-निर्माण में कालखण्डों की सटीक गणना नहीं की जा सकती, ना ही भावी परिवर्तन का सही आकलन किया जा सकता है। भवनों को स्थायी समझा जाता है, जबकि सत्य यह है कि हर भवन का एक सीमित जीवनकाल होता है। निर्माण तथा प्रारूप की योजना बनाते समय हम इस तथ्य को भूल जाते हैं कि एक निश्चित समय के पश्चात् कोई भी वस्तु हमारे लिए किसी काम की नहीं रह जाएगी।

रूपान्तरण की प्रक्रियाओं के प्रति भवन सहज नहीं होते और मौसम के प्रभाव के अनुरूप वे स्वयं को ढाल नहीं पाते। प्राचीन भवनों के जीर्णोद्धार या पुनर्विन्यासीकरण को भी अपने वर्तमान भवन-निर्माण प्रक्रिया में हम गम्भीरता से शामिल नहीं कर पाए हैं। दूसरे शब्दों में, यह कहा जा सकता है कि जटिल संरचनाओं की निर्माण सम्बन्धी आवश्यक योग्यता तो हमने प्राप्त कर ली है, किन्तु निर्मित संरचनाओं के सार्थक विखण्डन की दिशा में हमारे प्रयास अब भी पर्याप्त नहीं हैं। इस सन्दर्भ में कुम्भ के विखण्डन से हम बहुत कुछ सीख सकते हैं। प्रस्तुत चित्र-आलेख इसी दिशा में एक प्रयास है।

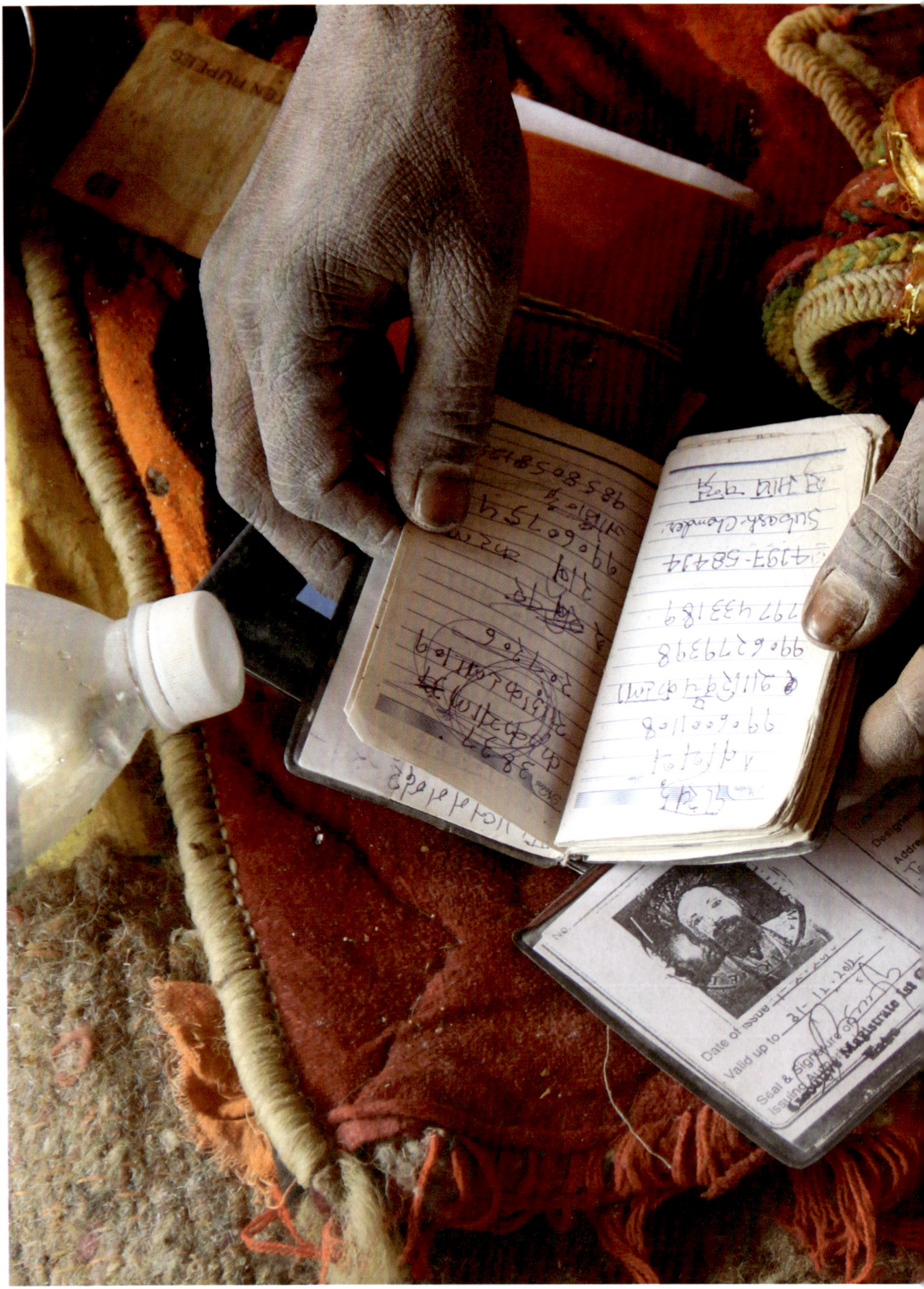
Date of Issue
Valid up to

संचालन एवं उद्यम

शासन एवं मिनिमालिस्ट मंच–कुम्भ मेला के उद्यम

तरुण खन्ना व जॉन मैकॉम्बर

परिचयः नेतृत्व एवं संस्थागत सफलता

कुम्भ मेला, 2013 का, नेतृत्व एवं आयोजन दोनों ही स्तरों पर सफल माना जा सकता है। कुम्भ में परिस्थितियाँ जिस गति से परिवर्तित होती हैं, उसमें भ्रम की स्थिति उत्पन्न होने से नहीं बचा जा सकता। मगर ऐसा कुछ नहीं हुआ, यह सफलता का परिचायक है। भारत के अन्य नगरों में या फिर दक्षिण एशिया या समूचे विश्व में जहाँ तीव्र गति से परिवर्तनशील परिस्थितियों में जिस प्रकार की प्रतिक्रियाएँ होती हैं और समान परिस्थितियों में कुम्भ से जैसी प्रतिक्रियायें सामने आती हैं, उनसे जो अंतर दृष्टिगोचर होता है उसे कुम्भ की सफलता से जोड़कर देखा जा सकता है। आख़िर कुम्भ की योजना और प्रबंधन में ऐसा क्या था जिसने इसे इतना सफल बना दिया? विविध अनुशासनों से जुड़ी, हॉर्वर्ड की टीम ने धर्म, लोक–स्वास्थ्य, नगर–नियोजन, डिजायन और नेतृत्व क्षमता जैसे प्रमुख तत्त्वों का अध्ययन किया। व्यापार और प्रबन्धन के दृष्टिकोण से अन्य बातों के अतिरिक्त यह भी ज्ञातव्य है कि किस प्रकार सरकार गैर–सरकारी संस्थाओं तथा निजी क्षेत्रों को एक सीमित, परंतु ठोस मंच उपलब्ध कराने के प्रति संकल्पित दिखी, जिसके समग्र एवं समुचित उपयोग से लाखों तीर्थयात्रियों के लिए विभिन्न सुविधाओं की व्यवस्था की जा सकी।

यह अध्ययन इस दावे की पुष्टि के लिए प्रमाणों की समीक्षा करता है, मंच तथा केन्द्रबिन्दु के विशिष्ट आयामों पर चर्चा करता है, अन्य समान परिस्थितियों से इसकी तुलना करता है तथा सरकारी एवं व्यापारिक प्रयासों में दृष्टिगत कमियों को दूर करने के लिए उपागमों की एक रूपरेखा प्रस्तुत करता है। हम कुछ ऐसे बिन्दुओं पर भी ध्यान केन्द्रित कर रहे हैं, जो इस प्रकार के बहुसंख्यीय आयोजनों में, किसी सन्दर्भ विशेष में एक अच्छा अवसर उपलब्ध करा सकते हैं, जिन पर दुर्भाग्यवश इस बार दृष्टि नहीं जा सकी।

इसके अतिरिक्त तेज़ी से विकसित हो रहे सीमित संसाधनों वाले नगरों के प्रशासन तथा व्यवसाय के बीच सम्बन्धों पर भी सुझाव के साथ–साथ एक उत्तम कार्य प्रणाली का नमूना है। मात्र रोचक कथाओं के अतिरिक्त भी कुम्भ की गाथाओं का महत्त्व है। यह ज्ञान सरकारों, लाभ अर्जित करने वाले उद्यमियों तथा सिविल सोसायटी के लिए लाभदायी है।

व्यवसायिक दृष्टिकोण रखने वाले कुछ लोगों को यह 'संकेन्द्रण तथा विकल्प' की तरह लग सकता है, जिनका निजी क्षेत्र में रणनीतिक योजना तथा नेतृत्व क्षमता से मौलिक सम्बन्ध होता है। इलाहाबाद के इस सफल कुम्भ ने दिखा दिया कि समुचित रणनीति के साथ यदि सरकारें किसी विषय पर ध्यान केन्द्रित कर लें, तो बेहतर विकल्प चुनने का अवसर मिल सकता है। यह चुनाव उन्हें व्यावसायिक साझेदार दिला सकता है जिनके साथ मिलकर वो अधिक अच्छी सेवायें दे सकती हैं।

हमने किन बातों पर ग़ौर किया और किन पर नहीं

उत्तर भारत की कड़ाके की ठंड़ में लाखों तीर्थयात्रियों को अपनी ओर आकर्षित कर लेने वाले इस आयोजन में सफलता एवं कार्यान्वयन के दृष्टिकोण से सभी के लिए सीखने को बहुत कुछ है।

निस्संदेह यह एक दर्शनीय आयोजन है। यह एक ऐसी आध्यात्मिक सफलता है जहाँ धार्मिक उद्देश्यों की पूर्ति होती है। स्वास्थ्य एवं चिकित्सा सम्बन्धी कुछ समस्याओं के होते हुए भी यहाँ समय के अनुरूप सस्ती चिकित्सा उपलब्ध करायी जा सकी। मगर इसकी सबसे बड़ी सफलता इस बात में थी कि लाखों तीर्थयात्री यहाँ से एक अच्छा अनुभव लेकर वापस गए।

संगम पर स्नान के लिए इकट्ठे हुए संन्यासी और तीर्थयात्री

YEAR	अनुमानित उपस्थिति (मिलियन में)
1906	2,4
1919	3
1930	4
1942	1,2
1954	6
1966	7
1977	10
1989	15
2001	80
2013	120

कुम्भ मेले में लोगों की उपस्थिति का दौर

स्नान के दिन	दिनाँक	अनुमानित उपस्थिति (मिलियन में)
मकर संक्रांति	14 जनवरी	11
पौष पूर्णिमा	27 जनवरी	5.5
मौनी अमावस्या	2 फरवरी	30.5
बसंत पंचमी	15 फरवरी	19.3
माघी पूर्णिमा	25 फरवरी	16.5
महाशिवरात्रि	10 मार्च	5.5

2013 के कुम्भ मेले के प्रमुख स्नान दिवस

सामान्यतः भारत के समान स्तर के दूसरे आयोजन अनेक समस्याओं से घिरे होते हैं, जैसे कि, दिल्ली में आयोजित राष्ट्रमण्डल खेल, 2010 जिसमें विलम्ब, अतिरिक्त व्यय, जीवन सुरक्षा, खिलाड़ियों द्वारा बहिष्कार तथा भ्रष्टाचार आदि देखा गया। कुम्भ मेले के सफल आयोजन ने इन धारणाओं का निराकरण करते हुए सबको आश्चर्यचकित कर दिया।

कुछ लोगों ने इसके बजट और समयबद्ध कार्यान्वयन पर प्रश्न उठाए और ब्राज़ील के 2014 फ़ीफ़ा विश्व कप के राष्ट्रीय विरोध जैसी ही कुछ सम्भावना इसके लिए भी व्यक्त की, परन्तु 2013 का कुम्भ ऐसी सभी आशंकाओं से दूर रहा। इस आयोजन की सफलता ने एक और प्रश्न को जन्म दिया – कुम्भ में महीने भर से अधिक समय के लिए केन्द्र सरकार के पूर्ण सहयोग के बिना लाखों लोगों को किस तरह से सुविधायें प्रदान की गईं?

कुछ बातें ऐसी हैं जो इसकी सफलता के लिए उत्तरदायी रहीं। लाखों लोगों को हमने साथ–साथ स्नान करते, भोजन करते, बाज़ार में खरीददारी करते और उपासना करते देखा। न कहीं कोई धार्मिक संघर्ष था और न ही अखाड़ों के अंदर दी जाने वाली शिक्षाओं पर कोई धार्मिक नियंत्रण था। कुम्भ क्षेत्र में न कोई भूखा था, न कोई अग्निकाण्ड हुआ, न कोई महामारी फैली। अनौपचारिक व्यवस्थाओं की भी संख्या कम थी। तेज़ी से विकसित हो रहे किसी भी बड़े नगर की समस्याओं और चिंताओं को दूर करना कठिन तो है, किंतु असंभव नहीं।

अत्यंत कम समय में एक विशाल जनसमूह के लिए एक महानगर को बनाया जाता है और विखण्डित भी कर दिया जाता है। परियोजना प्रबन्धन के एक अद्‌भुत कारनामे और आध्यात्म के एक अकाट्य अन्तःसम्बन्ध के अतिरिक्त, शून्य से आरम्भ होकर एक अस्थायी महानगर के रूप में उभरने वाला यह नगर उद्यम, नगर–नियोजन तथा नीतियाँ, विकसित हो रहे बाज़ार में व्यवसाय एवं डिज़ाइनिंग के विद्यार्थियों लिए विशुद्ध रूप से एक प्रयोगशाला है। इसके अनुभवों का लाभ वो कम्पनियाँ भी उठा सकती हैं जो जटिल एवं अस्थिर नगर जैसी परिस्थितियों में कार्य करती हैं। लोक–निजी अन्तःव्यवहार से जुड़े नेतृत्व भी इससे लाभान्वित हो सकते हैं क्योंकि विभिन्न स्तरों पर उभरते नगर बाज़ारों को बड़ी संख्या में ग्रामीणों से निपटना होता है।

भारत सरकार, उत्तर प्रदेश सरकार, इलाहाबाद प्रशासन, मुख्य मेला अधिकारी, सत्रह अखाड़े, लगभग बीस अन्य धार्मिक संस्थायें, बड़ी संख्या में निजी संस्थायें, दो लाख भिक्षुक, पुरोहित तथा संन्यासीगण तथा 1,00,000,000 तीर्थयात्री इस आयोजन के मुख्य प्रतिभागी रहे।

आकांक्षाएं, क्षमताएं एवं विकल्प सरकार द्वारा उपलब्ध न्यूनतम मंच

धर्म, लोक स्वास्थ्य, नगर–नियोजन तथा व्यावसायिक शोधार्थियों का यह मानना है कि कुम्भ की सफलता का श्रेय प्रत्येक मामले में हस्तक्षेप न करके एक संयमित निगरानी वाली सरकार की नीति को जाता है। इस बात को सिद्ध करने के लिए हम धार्मिक अध्ययन, नगर–नियोजन एवं संरचनायें तथा लोक स्वास्थ्य के क्षेत्र में अपने अनुभवों को आधार बनाते हैं। इस सफलता का कारण महत्त्वाकांक्षा एवं योग्यता का सुमेल था। यहाँ ग़ैर–सरकारी शक्तियों के प्रभाव को बढ़ाने के साथ–साथ उन्हें एक ऐसा मंच भी उपलब्ध कराना था कि वे अपने प्रयासों में सफल हो सकें।

प्रत्येक बारह वर्षों में निर्मित इस अल्पकालिक नगर में होने वाला आयोजन नगरीकरण एवं विकास के दृष्टिकोण से एक ऐसी नैसर्गिक प्रयोगशाला बन जाता है जिसमें राज्य की एक विशिष्ट भूमिका तय होती है।

प्रशासन ने अपने उत्तरदायित्वों को सीमित कर हर चीज़ का दावा करने से स्वयं को रोका। कुछ दायित्व पूर्व–नियोजन से और कुछ व्यवस्था से सम्बन्धित थे। कुछ तो मात्र ऐसी परिस्थितियों को जन्म देने से थे जिसमें ग़ैर–सरकारी लोग, जैसे अखाड़े एवं अन्य धार्मिक संस्थायें, ग़ैर–सरकारी संगठन तथा निजी क्षेत्र प्रभावशाली ढंग से सेवायें उपलब्ध करा सकें।

दिखने में छोटे, लेकिन कठोर परिश्रम से तैयार इस्पात की प्लेटों से जुड़े ये सेतु मेले में गतिशीलता बनाए रखते हैं।

आवश्यक वस्तुओं की अग्रिम ख़रीद

अर्द्ध–स्थायी संरचनाओं की योजना आयोजक दो साल पहले ही बना लेते हैं। पॉन्टून, पाईपों तथा इस्पात की पट्टिकाओं की संख्या का निर्धारण पहले ही कर लिया जाता है, इसीलिए ग्रिड की वास्तविक स्थिति के निर्धारण से पहले ही ये सामग्रियाँ जुटा भी ली जाती हैं। सरकार के अधिकार क्षेत्र में आने वाले इन घटकों को कुम्भस्थल पर स्थापित करने के लिए निजी कम्पनियों का सहारा लिया जाता है। यह एक सुविचारित, सरल एवं प्रभावी लोक–निजी सहभागिता है। कम लाभ देने वाली सम्पत्ति सरकार द्वारा वित्तपोषित होती है, जैसे कि सड़क बनाने वाली पट्टियाँ, जिन्हें कुछ निजी कम्पनियाँ अपने खाते में भी दिखाना चाहती हैं। कम समय में अधिक श्रम से किए जा सकने वाले इन्सटॉलेशन तथा सड़क बनाने वाली पट्टिकाओं की ढुलाई आदि कार्य आऊटसोर्स कर दिए जाते हैं, क्योंकि इनके लिए सरकार नियमित वैतनिक कर्मचारी नहीं रखना चाहती।

भू-आवंटन

भूमि आवंटन पर दृढ़ता से बड़े स्तर पर नियंत्रण रहता है, हालाँकि प्रत्येक भूखड की गतिविधियों पर नज़र नहीं रखी जाती है। देवेश चतुर्वेदी के अनुसार सभी धर्मों का समर्थन करने वाली

नीति सभी अखाड़ों और हिन्दू धर्म की विभिन्न व्याख्याओं को अपने में अंगीकार करती है। मेला आयोजकों और भारत के लोकचार की प्रकृति को देखते हुए मेले में मुस्लिम, ईसाई और बौद्ध धर्मावलंबियों और उनके धर्मगुरुओं का स्वागत किया जाता है, यद्यपि इनकी संख्या कम ही होती है। भूमि का आवंटन तीर्थयात्रियों को ध्यान में रखकर किया जाता है। आलोक शर्मा के अनुसार "यह मुख्य बात ध्यान में रखी जाती है कि यहाँ हर किसी का मकसद है पवित्र गंगा में स्नान करना।"

प्रशासन यह पता लगाना शुरू करता है कि नदियों के किनारे स्नान के लिए कहां–कहां पर मुख्य घाट हो सकते हैं। इसी कारण से शाही स्नानों वाले दिन घाट पर तीर्थयात्रियों के आने–जाने के मार्ग का चयन किया जाता है। इसके लिए चयनित स्थानों पर पर्याप्त संख्या में ऐसे सेतुओं को बनाया जाता है जहां से कुम्भ मेला स्थल से नदियों तक लोग आसानी और बिना किसी परेशानी से पहुंच सकें।

सेतुओं और सड़कों के लिए स्थान की पहचान के बाद विभिन्न अखाड़ों को जमीन उपलब्ध कराए जाने संबंधी बातचीत महत्त्वपूर्ण होती है। पुराने समय में विभिन्न अखाड़े अपने योद्धाओं के साथ आकर संगम के पास जमीन पर डेरा डालने के लिए आपस में लड़ा करते थे जिसमें अनेक लोगों की मौत भी हो जाती थी। लेकिन आधुनिक समय में अखाड़ों की प्राथमिकता का निर्धारण, उनको पहले के मेलों में प्रदान की गयी सुविधाएं (वर्गफुट और उनके सदस्यों की संख्या), वर्तमान में सदस्य संख्या का निर्धारण, ऐतिहासिक परंपरा और अन्य कारकों के आधार पर किया जाता है। कुम्भ मेला प्रशासन सुविधाओं को देखकर बातचीत करता है, लेकिन कुछ सालों के अनुभव से देखा गया है कि दशकों से अखाड़ों का नेतृत्व कर रहे व्यक्ति का कुछ प्रभाव होता है। यदि कोई एक अखाड़ा भी बातचीत की प्रक्रिया से नाराज होकर उससे अलग हो जाए तो आयोजकों को परेशानी हो सकती है।

एक ओर जमीन के लिए दावे करने वाले कुछ अखाड़ों की बात तर्कसंगत होती है, लेकिन कई अखाड़े साफ तौर पर झूठा दावा भी करते हैं। कभी–कभार कुम्भ मेले के दौरान होने वाली विभिन्न गतिविधियों के लिए दूसरे लोग अनौपचारिक तरीके से जमीन पर दावा करने का प्रयास करते हैं। मेला प्रशासन को ऐसी परिस्थितियों से शीध्रता से निपटने का पर्याप्त अधिकार होता है, जो कि दक्षिण एशिया में अनौपचारिक या अस्थायी शहरों में उत्पन्न परिस्थितियों से सर्वथा विपरीत होता है।

बिजली और रोशनी

पश्चिमी देशों से आने वाले पर्यटकों को आशा होती है कि कुम्भ मेले जैसे धार्मिक माहौल में स्वच्छता और शांति होगी, लेकिन वे अक्सर यह भी मान कर चलते हैं कि भारत की किसी भी अनौपचारिक बसावट या झुग्गी–झोपड़ियों की तरह कुम्भ मेले में भी अव्यवस्था और अराजकता होगी।

कुम्भ मेले को 22,000 अस्थायी विद्युत खंभों की मदद से पूरी तरह से विद्युतीकृत किया जाता है जहां चौबीसों घंटे, सातों दिन रोशनी की व्यवस्था होती है, फ़िर भी कुछ तीर्थयात्री लालटेन, दिशासूचक यंत्र, डेरा डालने के लिए टेंट और खाना बनाने के समान के साथ आते हैं। मेले में दिन–रात भजन, प्रवचन, प्रार्थना और निर्देशों के प्रसारण के साथ ही खोए हुए बच्चों की घोषणाएं होती रहती हैं।

यहां विद्युत वितरण के लिए कोई राशि नहीं ली जाती, दुकानों पर इसके वितरण और बल्बों की संख्या के आधार पर इसके उपयोग को नियंत्रित किया जाता है। डीजल से चलने वाला तीस मेगावाट का एक अस्थायी सबस्टेशन लगाया जाता है। यह एक ऐसा उदाहरण है जिसमें सरकार गैर–सरकारी धार्मिक कार्यों के लिए बुनियादी सेवाएं प्रदान करती है जिसका उपयोग करके विभिन्न संस्थाएं लाभ प्राप्त करती हैं। रोशनी के साथ ही लोगों की सुरक्षा भी इससे संबंधित होती है।

लेकिन इन संसाधनों का विशेष रूप से विद्युत का कुशलतापूर्वक उपयोग मापा नहीं जाता। भविष्य में कुम्भ मेलों में इस बात का विशेष तौर पर विद्युत उत्पादन (ईंधन की कीमत और ग्रीनहाउस गैस आदि पहलुओं) का ध्यान रखा जाएगा।

आपदा से बचाव

प्रशासन के सामने आपदा प्रबंधन योजना बनाना एक मुख्य विषय होता है। आग लगने का जोखिम सबसे अधिक होता है। यहाँ अखाड़ों के तंबू और ढांचों सहित प्रत्येक व्यक्ति के कपड़े आदि लगभग हर चीज ज्वलनशील होती है। ईंधन स्रोतों में विशेषकर एल. पी. जी. ज्वलनशील है और जिसका उपयोग भी व्यवस्थित तरीके से नहीं किया जाता है। आयोजक आग की रोकथाम के लिए ठोस रूप से सक्रिय शिक्षा प्रदान करते हैं। इसी तरह स्नान करने वाले घाट जमी मिट्टी और काई एवं फिसलन के कारण जोख़िम से भरे होते हैं। यहाँ लोगों के नहाने और गीले रहने के कारण कोई भी दुर्घटना सिलसिलेवार तरीके से घट सकती है जिससे बहुत से लोग फिसल सकते हैं। आयोजक लगातार घाटों पर जमी काई को हटाते रहते हैं और रेत के बोरियों का स्थान बदलते रहते हैं। नदी में सुरक्षात्मक अवरोधक एवं नावसवारकर्मी दुर्घटना को रोकने के लिए सक्रिय रहते हैं। लाखों की भीड़ में से एंबुलेंस को निकालना कठिन तो होता है, लेकिन असंभव नहीं होता। इसलिए बचाव एवं राहत कार्य से ज्यादा आपदा की रोकथाम पर जोर दिया जाता है।

मेले के आयोजकों की प्राथमिकता भगदड़ को रोकना और राहत कार्य करना होता है। संकरे स्थानों पर भगदड़ मच सकती है। इसके नियंत्रण के लिए ऐसे क्षेत्रों को चुना जाता है जहां प्रवेश का स्थान निर्गम स्थान की अपेक्षा छोटा होता है। जब ज्यादा भीड़ उमड़ती है, लोगों को रोकने के लिए बैरियर का उपयोग प्रभावी देखा गया है। हालाँकि इतने बड़े स्तर पर भीड़ को नियंत्रित करने के लिए यह सबसे अच्छा उपाय नहीं है। अंगूठे का नियम ही लोगों को चलते रहने देने के लिए सबसे अच्छा तरीका है।

लोगों के प्रवाह को निर्देशित करती व्यवस्था मूलभूत प्रबंधन का ही एक रूप है।

भीड़ की झोल और पानी के बहाव या दोनों से उत्पन्न हलचल के कारण सेतु हिचकोले खा सकते हैं। अनेक सेतु निरीक्षक किसी के भी सेतु से गिरने पर उसे तीन सेकेंड में ही पानी से निकालने के लिए मनोवैज्ञानिक रूप से तैयार रहते हैं।

मेले की अवधि में नदी के लगातार आकार बदलने के कारण भी भूमि और घाट आवंटन का कार्य चलता रहता है। चतुर्वेदी के अनुसार, क्योंकि नदी स्थिति बदलने से सुरक्षित्र क्षेत्र बदलता रहता है, 'इसीलिए प्रत्येक दिन कटाव के स्थान और जल स्तर में परिवर्तन को देखते हुए सक्रिय योजना की आवश्यकता होती है'। रेत से भरे थैले और बैरियरों का स्थान हर रोज बदला जाता है। यह एक ऐसा उदाहरण स्थापित करता है जो अत्यधिक परिवर्तनशील द्रवगति–विज्ञान से संबंधित होता है।

स्पष्ट प्लेटफार्म

प्लेटफार्म में मुख्यतः शामिल हैं–1. सड़क और सेतुओं का विन्यास एवं स्थापना (लाखों तीर्थयात्रियों के आवागमन और अखाड़ों की सीमाओं को चिन्हित करने के लिए); 2. प्रणालीबद्ध तरीके से भूमि को उपयोग के लिए आवंटित करना; 3. विद्युत ऊर्जा और प्रकाश की सर्वव्यापक व्यवस्था करना, पानी और स्वच्छता की कम सर्वव्यापी लेकिन महत्त्वाकांक्षी व्यवस्था करना; 4. आपदा की रोकथाम

को ध्यान में रखकर लोगों की सुरक्षा (आग, भगदड़, डूबने से बचाव के साथ ही प्रतिक्रियात्मक सार्वजनिक स्वास्थ्य एवं व्यक्तिगत सुरक्षा संबंधी बुनियादी ढांचे के विकास) को सुनिश्चित करना।

नागरिक समाज और निजी क्षेत्र के लिए प्लेटफार्म का निर्माण

कुम्भ मेला क्षेत्र का निर्माण अखाड़ों, उद्यमियों और गैर–सरकारी संस्थाओं के उत्साहवर्धक सहयोग से किया जाता है, जो मेले में भूमि के ग्रिड और सड़कों के निर्माण संबंधी सेवाएं प्रदान करते हैं। इससे अन्य क्षेत्रों में सेवाओं को प्रोत्साहन मिलता है। तीर्थयात्री यह अनुभव करते हैं कि राज्य एवं कुम्भ मेला प्रशासन ऐसा प्रयास करने में समर्थ हैं। यह माना जा सकता है, कि न्यूनतम प्रस्ताव के साथ 'अत्यधिक महत्त्वाकांक्षा' को लेकर सरकार ऐसा करने का प्रयास करती है तो वह सब कुछ कर सकती है। क्षमता–महत्त्वाकांक्षा के प्रभावित आलेख से हम क्या अपेक्षा करते हैं, अनुभव की गुणवत्ता उससे भी आगे हमारी सोच को विस्तृत करती है। इस संकल्पना के अधिक विस्तार के लिए आप सारणी नम्बर 2 देख सकते हैं।

विशाल व्यवसाय: सड़कों और सेतुओं के लिए सरकारी–निजी भागीदारी

कुम्भ मेले में बड़े स्तर पर व्यवसाय के कम ही प्रमाण मिलते हैं। सरकार निजी उद्यमियों को सड़क निर्माण और पॉन्टून सेतु आदि के निर्माण का कार्य देती है, हालांकि इस काम में

सीमित सरकारी सुविधाएं, और गैर सरकारी कर्मियों का साथ मेले में लोगों को सेवाएं उपलब्ध कराता है।

अधिकतर सामग्री सरकार की होती है। यहाँ सरकारी–निजी भागीदारी का एक सरल रूप हैं, जहाँ किसी भी तरह का वित्तीय या राजस्व का जोख़िम नहीं होता है, न ही उस संपत्ति का कोई स्वामित्व होता है जो निजी कंपनी द्वारा ली जाती है। वास्तव में यहां कोई वित्तीय विज्ञापन नहीं होता है, हालाँकि चतुराई से यूनिलीवर ने अपने ब्रांड के साबुन का प्रचार रोटी (भारतीय चपाती या रोटी) के साथ किया था और कोकाकोला ने रेलवे सेतुओं (जो कुम्भ मेले की जमीन पर नहीं है) पर विशाल विज्ञापन लगाए थे। कुम्भ मेले में आने वाले या वहां रह रहे धार्मिक नेताओं का उनके अनुयायियों द्वारा काफी प्रचार किया जाता है। कुम्भ मेले में कोई व्यावसायिक आवास नहीं होते हैं, लेकिन उससे सटे क्षेत्रों में बने स्थायी होटल और अस्थायी शिविर (गुजारा करने से लेकर विलासिता के स्तर तक के) काफ़ी व्यवसाय करते हैं।

महत्त्वाकांक्षा–क्षमता अंतर

कुम्भ मेले का अनुभव दर्शाता है कि किस प्रकार सरकार जानबूझकर सेवाएं प्रदान करने के लिए अन्य कर्ताओं को एक मंच प्रदान करती हैं, जबकि संसाधन से संपन्न सरकार स्वयं वे कार्य अच्छे तरीके से कर सकती हैं। ऊपर के पैराग्राफ में अनेक ऐसी टिप्पणियां हैं जिसमें पता चलता है कि सरकार क्या कर सकती है और क्या नहीं कर सकती है। सामान्य रूप से इससे ये शिक्षा मिलती है कि भारत या दक्षिणी एशिया के विशाल आयोजनों की तुलना में कौन से घटक कुम्भ मेले को सफल बनाते हैं? इसके लिए सरकारी और निजी क्षेत्र दोनों क्या कदम उठाते हैं?

हमारा प्रस्ताव है कि इसे महत्त्वाकांक्षा/क्षमता के अंतर से समझाया जा सकता है। इसके लिए हम तीन अलग–अलग संदर्भों पर तीन विभिन्न स्थानों के आम आदमी (नार्वे में एक औसत नार्वेनिवासी, झुग्गी–बस्ती में काम करने वाला एक भारतीय और कुम्भ मेले के एक तीर्थयात्री) के नज़रिए से विचार करेंगे।

नार्वे: उच्च महत्त्वाकांक्षा, उच्च क्षमता

नार्वे जैसे देश में, हाल ही में सरकार ने उच्च महत्त्वाकांक्षा, उच्च क्षमता के साथ बुनियादी ढांचे में सुधार और सार्वजनिक पेंशन जैसी सेवाओं के लिए तेल राजस्व में वृद्धि की घोषणा की है। उदाहरण के लिए देश में वित्तीय स्तर पर अच्छी तरह से आवंटन तर्कसंगत और दक्षतापूर्वक हो।

उच्च स्तर की क्षमता के लिए वित्तीय मध्यस्थता एक उदाहरण है, जो उन देशों में देखने को नहीं मिलता जिनमें वर्णक्रम (स्पेक्ट्रम) का सक्षम हिस्सा मामूली है। राज्य की क्षमता, वित्तीय और संस्थागत विवेक दोनों स्तरों पर मजबूत होनी चाहिए। आज आम आदमी अच्छे ढंग से जिये और इस अनुभव को प्रभावी ढंग से दूसरों तक पहुंचाये।

भारत (आमतौर पर माना जाता है):उच्च महत्त्वाकांक्षा, निम्न क्षमता

अधिकांश पर्यवेक्षकों के दृष्टिकोण से भारत के जैसी धारणा बनी है। राज्य उच्च महत्त्वाकांक्षा के साथ सभी को सुविधाएं प्रदान करने का प्रयास करता है, जिनमें किसान से लेकर उद्योगों में काम करने वाले प्रवासी, कर्मचारियों से लेकर सामूहिक नेतृत्व करने वालों तक सभी लोग शामिल हैं। राज्य सभी तरह के कार्य करने की कोशिश करता है जिसमें रेल की पटरियां बिछाने, खेती के लिए अनुदान प्रदान करने, शिक्षा प्रदान करने, भोजन की आपूर्ति करने के साथ ही राष्ट्रमंडल खेलों का आयोजन करवाने जैसी महत्त्वपूर्ण जिम्मेदारियाँ शामिल हैं। बहुत से दस्तावेजों से पता चलता है कि राज्य की महत्त्वाकांक्षा उसकी क्षमता से बहुत अधिक होती है जिसके परिणामस्वरूप निम्न प्रभावकारिता आगे चलकर जटिल निराशा एवं नकारात्मक अनुभवों की ओर ले जाती है और हम झुग्गी–बस्ती निवासियों और व्यवसायियों पर एक समान इसका प्रभाव पड़ता है। आगे चलकर परिवर्तन के लिए यह प्रवृत्ति सरकारी रणनीति में दिखायी देती है जो निम्न से उच्च की ओर होती है एवं प्रभावकारिता उम्मीदों पर आधारित हो जाती है, लेकिन याद रखना चाहिए कि उम्मीदें रणनीति नहीं हो सकती हैं।

अपने अखाड़ों में बने भोजन को ग्रहण करने के लिए प्रतीक्षा करते साधु।

कुम्भ मेला और राज्य: महत्त्वाकांक्षा के साथ क्षमता का मिलान

कुम्भ मेले संबंधी राज्य की कार्यवाही की तुलना में विचार करते हुए हमने कुम्भ प्रशासन एवं इलाहाबाद और उत्तर प्रदेश प्रशासन महानगर के केवल कुछ तत्त्वों पर ही ध्यान केंद्रित किया था। उन्होंने जानबूझकर क्षमताओं और महत्त्वाकांक्षाओं का बहुत अच्छे से मिलान कराया। उन्होंने सरकार द्वारा मुहैया कराए गए साधनों के आधार पर तीर्थयात्रियों की सुरक्षा को सुनिश्चित किया। हालाँकि भारत में तेजी से होने वाले अनौपचारिक बसावट की तुलना में कुम्भ मेले के तीर्थयात्रियों का अनुभव काफ़ी अच्छा था।

न्यूनतम संतुलन किस प्रकार प्रभावित हुआ

इस स्थिति में सदियों का ज्ञान लागू (इस समय अंतराल को सप्ताहों में संकुचित किया गया है) होता है। सरकारी प्रशासक पर्याप्त रूप से चतुर होते हैं जो धार्मिक संगठनों के वरिष्ठ लोगों से सभी प्रकार के जोख़िमों और श्रेयों को लेने के साथ ही सावधानी से उन्हें आवंटित की गयी भूमि (आवंटन अनेक एकड़ का होता है) के बाहर भूमि आवंटन और प्रचार–विज्ञापन–मत का प्रचार करना जैसे कुछ पहलुओं में बाधा डालते हैं।

उपग्रह चित्रण और परिवर्तित होते मानचित्रण के युग में भी संस्थागत धारणा को महत्त्व दिया जाता है। मेले का सुरक्षा प्रमुख, चार कुम्भ मेलों के आयोजन का अनुभवी होने के साथ ही प्रशासन के परम्परागत तकनीकों का जानकार होता है और प्रभावशाली लोगों के संपर्क में भी रहता है।

राज्य अपने राजनैतिक लाभ के लिए भी इस आयोजन में कार्य करने के लिए विशेष रूप से तत्पर होता है क्योंकि भारत जैसे बड़े लोकतंत्र में एक करोड़ वोट बहुत अधिक मायने रखते हैं।

इस महत्त्वपूर्ण चुनावी राज्य में कुम्भ का आयोजन बारह साल में एक बार होता है। किसी भी दुर्घटना के लिए राजनैतिक हानि बहुत भारी पड़ सकती है, इसलिए आयोजन की सफलता काफी अहम होती है। कुम्भ मेला भारत की धीमी गति से काम करने वाली नौकरशाही के लिए एक अपवाद है।

एक प्रबंधक ने बताया कि अनुमोदन जल्दबाजी में होते हैं और कभी–कभार मंजूरी के लिए आवश्यकताओं को नज़रअंदाज किया जा सकता है। कुम्भ मेला राज्य के अन्य दावेदारों के अधिकार दूसरों को देता है। कुछ अप्रत्याशित हमेशा घटित होता है। भारत के अन्य आयोजनों की तुलना में कुम्भ मेले की सफलता पर राज्य के एकाधिकार का स्पष्ट योगदान दिखाई देता है, लेकिन इस पर हम बाद में बात करेंगे।

चर्चा: एक तरीका

त्वरित गति से बनने वाला यह शहर कई प्रकार से अद्वितीय तो होता है, किंतु इसका पुनर्निर्माण चुनौतीपूर्ण होता है, लेकिन दूसरी प्रकार से बाधाओं की कमी इसे सुव्यस्थित बनाती है। शहर

कुम्भ मेला एक विशेष तौर पर नियुक्त प्रशासनिक कर्मियों सहित एक अद्धितीय परिस्थिति है, जिसका एक स्पष्ट उद्देश्य है कुम्भ मेले को सफल बनाना।

में इमारतों और नेतृत्व के पहलुओं के अवलोकन के लिए यह एक 'शुद्ध प्रयोगशाला' है। इन अवलोकनों में निम्नांकित कारक शामिल होते हैं· यदि राज्य स्पष्ट रूप से सेवाओं (भोजन, आवास आदि को अखाड़ों द्वारा प्रदान किया जाता है) को प्रदान करने का इरादा नहीं रखता, तब इन आवश्यकता को पूरा करने के लिए दूसरे कदम उठाए जाते हैं।

लेकिन यदि ऊपर वर्णित की गयी सेवाओं के अलावा राज्य अन्य सेवाएं प्रदान करने का प्रयास करता है तो अन्य सक्रिय कर्ता पीछे हट जाते हैं। पुराने लोग ही नए लोगों का रास्ता प्रशस्त करते हैं।

इस परिस्थिति में इस नई घटना में अखाड़ों द्वारा प्रदर्शित पुराने और कठोर सामाजिक रिश्ते सहायक होते हैं। आयोजक कुशल तथा चतुर होते हैं जो वरिष्ठ लोगों से सभी प्रकार के जोख़िमों और श्रेय को लेने के साथ ही सावधानी से भूमि आवंटन और उनके आवंटन से बाहर प्रचार–विज्ञापन–मत के प्रचार विनियमित करते हैं।

संस्थागत संस्मरणः सुरक्षा प्रमुख को चार कुम्भ मेलों का अनुभव था। वास्तव में संस्मरण को प्रौद्योगिकी में नहीं, बल्कि लोगों के दिमाग में बिठाया जा सकता है।

गैर-सरकारी संगठन और व्यावसायिक योगदान

दिशानिर्देशों और सीमाओं से अखाड़े और व्यवसाय स्पष्टतः संबंधित नहीं थे। इससे हमने यह सीखा कि व्यवसाय को अन्य स्थानों पर प्रयोग किया जा सकता है। इस तरह के मैदानी क्षेत्रों में सहयोग और बातचीत के आधार पर औपचारिकता के विपरीत अधिक परिष्कृत नगर नियोजन और सरकारी हस्तक्षेप के साथ एक ऐसे सांस्कृतिक संबंध को स्थापित किया गया था। इस संबंध की स्थापना अन्य संस्कृतियों से 'सर्वोत्तम कार्यप्रणालियों' के आधार पर की गयी थी।

एकमात्र उद्देश्य

यहाँ सभी का एक ही उद्देश्य था "तीर्थयात्रियों को बेहतरीन सुविधाएं मिलें जिसका उन्हें अच्छा अनुभव हो"। यह एक साधारण सी बात लगती है, लेकिन यह बहुत मुश्किल है कि किसी शहर के लिए प्रमुख रूप से एक ही उद्देश्य हो। उदाहरण के लिए, अगर हम सिंगापुर की बात करें तो यह अन्य ऐसे शहरों की तुलना में सफल शहर है जिसका एक सुस्पष्ट सार्वजनिक उद्देश्य है जिसके अनुसार यह बिना संसाधनों वाला एक छोटा सा द्वीप होकर भी एक व्यवसायिक देश के रूप में अपना अस्तित्व कायम रखे हुए है। लाओस जैसे शहर में, जहां अनेक प्रतियोगी विषय, अधिक संसाधन, और दिन–प्रतिदिन लोगों के बीच कम सहभागी उद्देश्य होते हैं, वहां व्यवसाय और सरकार बहुत कम विषयों पर किसी एक उद्देश्य पर ध्यान देने में और उसमें निवेश करने में समर्थ होती है।

एक विशेष प्रकृति की घटना

स्पष्ट रूप से कुम्भ मेला एक असामान्य घटना है। अनेक कारक इसे एक विशेष प्रकृति की घटना बनाते हैं। इनमें से कुछ कारकों को पहचाना जा सकता है और उनमें से कुछ का आशय समझ कर दोहराया जा सकता है, किंतु अन्य कारकों को उनकी कम उपयोगिता के कारण अवश्य परिवर्तित किया जाना चाहिए। उनमें से कुछ कारकों को यहां शामिल किया गया है:

> कुम्भ मेला कम अवधि वाला एक ऐसा अस्थायी आयोजन है जो विभिन्न व्यापक प्रत्याशित तिथियों के दौरान आयोजित होता है। इसका आशय है कि श्रेष्ठ प्रशासक और प्रबंधकों की पहचान करके उन्हें परियोजना सौंपी जानी चाहिए और फिर उनके परिणाम को देखकर उन्हें और कार्य दिया जाना चाहिए। लेकिन अधिकतर शहरों में यह नहीं होता। यद्यपि तेजी से बढ़ रहे अनौपचारिक क्षेत्रों में यह संभव हो सकता है।
>
> स्थानीय सरकार के पास औपचारिक और अनौपचारिक अधिकार और संसाधन होते हैं जिससे वह सशक्त भूमिका निभा सकती है। उसके कार्यों का लक्ष्य तीर्थयात्रियों को अच्छी सुविधाएं प्रदान करना है। ऐसा शरणार्थी शिविरों

या मौजूदा शहरों में होने वाले अनौपचारिक बस्तियों में देखने को नहीं मिलता। कुम्भ मेला क्षेत्र को किसी भी मजबूत बुनियादी संरचनाओं, इमारतों या अप्रबंधनीय सम्पत्ति अधिकारों के भार तले नहीं दबाया जा सकता। इसलिए आयोजक ऐसी संरचनाएं बनाते हैं जो पूर्व के ढांचे और दावों के बजाय अस्थायी हों।

योजना की अवधि, सेतुओं की श्रृंखला, सड़कों, विद्युत, अखाड़ों और सार्वजनिक सुरक्षा के आपसी तालमेल के कारण तर्कसंगत प्रतीत होती है। यहां एक ऐसा सुख होता है जो कि अधिकतर शहरों में नहीं होता। यह प्रक्रिया अन्य परिस्थितियों, जैसे लोगों का आवागमन और उनकी सुरक्षा, विद्युत सुविधा आदि में अच्छे से उपयोग की जाती है। इस क्रम में शेष काम को नागरिक समाज और व्यवसाय पूरा कर देते हैं।

यह शहर केवल बारह सालों के अंतराल (हालाँकि आने वाले सालों में छोटे मेले लगते हैं) पर बसता है। इसका आशय है कि यह आयोजन जनसंख्या, निवेश, व्यक्तित्व एवं विश्वास या अविश्वास का लगातार इतिहास नहीं रचता है। नेतृत्व के लिए ऐसा नहीं है कि आबादी धीरे–धीरे बढ़ रही है। तीर्थयात्री एक ज्ञात समय–सारिणी का पालन करते हुए स्वयं आते–जाते रहते हैं।

शरणार्थी शिविरों के विपरीत, लेकिन विश्व के अनेक हिस्सों में बसी मलिन बस्तियों एवं झुग्गियों की तुलना में कुम्भ मेले में व्यक्तिगत पहचान सुरक्षित रहती है। तीर्थयात्रियों को किसी भी अखाड़े के साथ जुड़ने की पूरी स्वतंत्रता होती है।

एक प्रमुख वर्गीकरण के अनुसार कुम्भ मेला एक वास्तविक शहर नहीं होता है। इसे अपने अस्तित्व के लिए कोई आर्थिक उद्देश्य, किसी उद्योग की मेजबानी या रोजगार पैदा करने की आवश्यकता नहीं होती है। इस आशय में इसका आर्थिक मॉडल बहुत कुछ अमेरिका के विशाल मेलों या व्यापारिक कार्यक्रमों के समान होता है। इनमें केवल लोगों के आवागमन, भूमि उपयोग और सार्वजनिक सुरक्षा पर जोर देने के कारण अंतर होता है। एक वास्तविक शहर में आगे चलकर संसाधन वितरण, भूमि उपयोग नीति और राजस्व पर विचार किया जाता है।

अवसर जो खो गए

कुम्भ मेले में सूचना प्रबंधन पर कोई चर्चा नहीं होती – एक ही स्थान पर और एक ही उद्देश्य के साथ इंसानों का यह सबसे बड़ा जनसमूह होता है। इस समुदाय को सिखाने और शिक्षण के अवसरों के साथ सूचना प्रबंधन की चर्चा के बिना ही यह आयोजन पूरा हो जाता है।

हमारी व्यापक सोच यह है कि यदि हमारे पास वास्तविक समय, संख्या, स्थान, व्यक्तिगत प्रोफाइल (रेखाचित्र) और व्यक्ति के स्वास्थ्य के बारे में जानकारी हो, तो व्यवस्था में क्या परिवर्तन कर सकते हैं?

भारत इतने विशाल समूह के रूप में जमा हुए लोगों से प्राप्त सूचना का उपयोग कर सकता है। इसे हम 'विशाल आंकड़ा कुम्भ या बिग डाटा कुम्भ' का नाम दे सकते हैं, जिसमें अधिकारियों को निरंतर परिवर्तित डाटा मिलता है, हालाँकि आंकड़ों के प्रबंधन और इसे आयोजित करने में कम से कम भूमिका निभानी होती है। हमारे कुछ विद्यार्थीगण पूछते हैं कि ''एक ही समय में एक ही स्थान पर एकत्र लोगों के इतने विशाल समूह को हम पूंजी में परिवर्तित क्यों नहीं कर पाते हैं? क्या हम उन्हें स्वच्छता, हाथ धोने, ब्रश करने की शिक्षा नहीं दे सकते हैं? और हम टीकाकरण कार्यक्रम क्यों नहीं चला सकते हैं?''

कुम्भ मेला प्रवेश शुल्क या निःशुल्क सेवा आदि की संकल्पना पर आधारित नहीं होता है। दूसरा पक्ष यह है कि इसका उद्देश्य धार्मिक होता है और सदियों से नदी के तट सभी के लिए निशुल्क उपलब्ध रहे हैं। हालांकि एक मामूली टिकट लोगों की उपस्थिति की गणना करने और राज्य की लागत के भुगतान या विकास में सहायक हो सकता है। इसके अतिरिक्त सैद्धांतिक रूप से विभिन्न दिनों में अलग–अलग मूल्यों के कारण पांच से अधिक मुख्य तिथियों में स्नान के लिए आने वाली भीड़ को बांटा जा सकता है।

इस तरह की नीति संपत्ति पर आधारित, अत्यधिक भेदभावपूर्ण होने के साथ ही कुम्भ मेला क्षेत्र में व्यक्तिगत समानता के विचार से अत्यधिक विरोधाभास वाली होगी। इसके अलावा अखाड़ों को अपनी सदस्यता बढ़ाने की रुचि पर भी खतरा दिखेगा। अनेक आधारों पर इस प्रकार की नीति आपत्तिजनक हो सकती है।

लेकिन यदि कुम्भ मेला इसी तरह इलाहाबाद में बारह, चौबीस, अड़तालीस या आगे भी 1200 वर्षों तक चलता रहे और भारत की आबादी बढ़ती रहे और नदियों पर भी दबाव बढ़ता रहे, तो कुछ इसी तरह की नीति को लागू किया जा सकता है।

2013 के कुम्भ मेले को 'हरित कुम्भ' के नाम से भी जाना जाता है। इस आयोजन में शहरीकरण के दुष्प्रभाव कम देखे गये। अनेक कार्यकर्ताओं की मेहनत से यहां पहले के मेले के मुकाबले ज्यादा अवशिष्ट पैदा नहीं हुआ और ना ही अधिक बर्बादी हुई। असल में यहां सुधार के लिए काफी स्थान था। व्यापक विद्युत ऊर्जा, पिट शौचालय के सार्वभौमिक उपयोग के साथ ही दो नदियों के किनारे लाखों लोगों का स्नान विशेष रूप से स्थायी नहीं था। इस दिशा में आगे भी कुम्भ मेला एक चुनौती भरा होगा।

यहां डूबना, आग लगना और मेला क्षेत्र के अंदर और बाहर भगदड़ आदि आपदाएं हुई थीं। लेकिन ये घटनाएं आयोजन के आकार और भारतीय रेलवे के संदर्भ में काफी कम थीं। यहां पर कोई उपद्रवी घटना (बाढ़, दंगे, इमारत या सेतु का गिरना या अकाल आदि) या सार्वजनिक स्वास्थ्य से जुड़ी गंभीर घटनाएं (हैजा, पेचिश, फ़्लू, सीवियर एक्यूट रेस्पिरेटरी सिंड्रोम या सार्स और मिडल ईस्ट रेस्पिरेटरी सिंड्रोम या एमईआरएस) नहीं घटीं।

व्यवसायी पर्यवेक्षकों की रुचि उपस्थिति आदि सांख्यिकी की शुद्धता में रहती है। शुल्क प्रणाली के अभाव में लोगों की वास्तविक उपस्थिति का पता नहीं लगाया जा सकता। इसीलिए आयोजक अक्सर प्रतीक्षा क्षेत्रों से गुजरने वाले लोगों की गणना करते हैं, घाट क्षेत्र में लोगों की

आवक–जावक को देखते हैं और प्रति अनुभाग के औसत समय को ध्यान में रखते हुए क्षेत्रफल घनत्व को भी मापते हैं। महत्त्वपूर्ण बात यह है कि यह भी नहीं पता होता है कि कब लोग जाते हैं और कितने लोग कितनी बार मेले में आते हैं। अधिकतर हर कोई कई बार आता है। आयोजकों की गणना के अनुसार लगभग दो करोड़ सैर (विज़िट) कुम्भ मेले में हुई थी।

निष्कर्ष

प्रत्येक बारह सालों के बाद एक महानगर बसता है, जो काफी कम समयावधि में विखण्डित भी हो जाता है। इसकी सफलता की सच्चाई के पीछे जटिल सरकार और प्रशासन की कमियों के बाद भी क्षमताओं का महत्त्वाकांक्षाओं के साथ मिलान है। यह इस बात का एक स्पष्ट उदाहरण है, जो उच्च स्तर की सुविधाएं प्रदान करते हुए इस तरह के क्षेत्र को स्थापित करता है, जहां अन्य संगठन भी सेवाएं प्रदान करने के साथ ही अपनी अस्मिता को बचाते हुए अपना व्यवसाय चलाते हैं।

हम भविष्य के मेलों और उभरते हुए विश्व में नए शहरों की वृद्धि और स्थापना दोनों के लिए पांच व्यापक सबक सीख सकते हैं। प्राथमिक स्तर पर ये सबक स्थानीय सरकारों और मेला क्षेत्र उपलब्ध कराने वालों के लिए है, तो द्वितीय स्तर पर ये सबक उन निजी व्यवसायियों और नागरिक समाज के लिए भी है जो नागरिकों के लाभ के लिए महत्त्वाकांक्षा और क्षमता के अंतराल को पाटने के लिए सेवाओं और संसाधनों का उपयोग सेतु की तरह करते हैं। पहला सबक तो यह है कि एक लक्ष्य को उजागर और प्रोत्साहित किया जाना चाहिए और प्रशंसा को सभी के साथ साझा किया जाना चाहिए। 2013 के इलाहाबाद कुम्भ मेले का मुख्य लक्ष्य तीर्थयात्रियों को अच्छी सुविधाएं प्रदान करना था। दूसके सबक का लक्ष्य, प्राथमिक लक्ष्य (कुम्भ मेले के संदर्भ में यह अच्छी सुविधाएं प्रदान करना था) को प्राप्त करने में सरकार की भूमिका से संबंधित है। इसका उद्देश्य ज़मीनी परिवहन मार्गों की व्यवस्था करना, भूमि आवंटन करना, कुछ स्तर पर विद्युत और जल की आपूर्ति करना, और उच्च स्तर की सुरक्षा मुहैया कराने के साथ ही आपदा को टालना और उसमें कमी करना शामिल है। तीसरा सबक अखाड़ों के मुख्य कर्ताओं, पुलिस, सार्वजनिक स्वास्थ्य और मुख्य तौर पर पूर्व मेला प्रशासन की संरचनात्मक संस्मरण के साथ सावधानीपूर्वक अनुबंध के साथ वैध अधिकार बनाए रखना है।

चौथा सबक है: क्या गैर–सरकारी कर्ताओं के योगदान को स्वीकारना और उन्हें ऊपर वर्णित सीमाओं के अंदर बहुत कुछ छूट देना है। पाँचवां और अंतिम सबक सफलता को निर्धारित करने और उसे दोहराने (इस स्थिति में तीर्थयात्रियों का अनुभव, बड़े पैमाने पर आपदाओं का घटित नहीं होना और प्रशासन की स्पष्ट क्षमता) का है।

ये दिशा–निर्देश भविष्य के कुम्भ मेलों और अन्य धार्मिक समारोहों के साथ ही अन्य अस्थायी, अल्पकालिक शहरों जैसे शरणार्थी शिविरों और विश्व भर में एवं दक्षिण एशिया में तेजी से बढ़ते शहरों में होने वाली अनौपचारिक बसावट के लिए उपयोगी हैं।

संचालन एवं संस्थागत संरचनाएं

बेन्जामिन शियरबार्थ, अलीख़ान मोहम्मद व विनीत दिवादकर

कुम्भ मेला कई मायनों में शहरी संगठन और शासन की एक शानदार मिसाल है। इसके पीछे जो संगठनात्मक मशीनरी होती है, उसमें सांस्थानिक पदानुक्रम और विविध बनावटें शामिल होती हैं। इस मेले के दौरान कुम्भ नगरी कहलाने वाली इस जगह को एक शहर के तौर पर परिचालित किया जाता है और केन्द्रीय, राज्य और जिला सरकारी एजेंसियां यहां अपने अस्थायी कार्यालय चलाती हैं। हर विभाग कुम्भ नगरी को सैक्टरों में बाँटता है और प्रतिनिधि अपने राज्य स्तर के गृह विभागों और जिला मैजिस्ट्रेट, दोनों को रिपोर्ट करते हैं, जिन्हें मेला अधिकारी कहा जाता है। माघ मेला प्रशासन या, कुम्भ मेला प्रशासन, कुम्भ का प्रशासन चलाने वाला संस्थानिक निकाय होता है। लेकिन इस प्रशासन को केवल एक स्थिर सांगठनिक स्थल भर कह देना इस विशाल कार्य की वास्तविकता को ठीक से नहीं दर्शा सकता। सच तो ये होगा कि अपने भौतिक साझीदार की ही तरह, संस्थानिक गठन भी अलग–अलग चरणों के दौरान बदलता रहता है।

कुम्भ मेला चार अलग–अलग चरणों से गुजरता है। ये हैं प्लैनिंग यानी योजना बनाना, कार्यान्वयन, निगरानी और इसे समेटना। संस्थानिक गठन नेतृत्व की शैली, अधिकार के स्तर और निर्णय लेने की रूटीन के हिसाब से बदलता रहता है। संस्थानिक सोच कई मायनों में उन कामों के हिसाब से निर्देशित होती है जोकि इसे करने होते हैं। कुम्भ की योजना बनाने और इसके परिचालन के बीच अधिकार क्षेत्र के हर दायरे में बड़ी विविधता होती है जो केन्द्र सरकार से लेकर स्थानीय सफाई कर्मी तक से संबंध रखती है। सिर्फ योजना वाले चरण में ही मेजबान राज्य उत्तर प्रदेश अपने 28 और 7 केन्द्रीय विभागों के साथ काम करता है। ये स्पष्ट है कि कुम्भ मेले के पीछे मौजूद सांगठनिक संगठन न केवल भारत के तेज गति से होते शहरीकरण के लिए, बल्कि शहरी विन्यास वाले अन्य स्थलों के लिए भी सबक मुहैया करा सकते हैं। सबसे मुश्किल या सफलता दिलाने वाले तथ्यों का अंतरण सबसे मुश्किल होता है। कुम्भ मेले की योजना बनाने और इसके लिए धन जुटाने के बड़े से प्रयास के अलावा सरकार जमीन को समतल बनाने, पक्की सड़कें बनाने, पॉन्टून सेतु बनाने और सीवरेज, पानी और बिजली के प्रावधान के लिए भी उत्तरदायी होती है। कुम्भ की तैयारी हो जाने के बाद ये सरकारी स्थल एक ऐसी जगह में बदल जाता है, जो आकर्षक भी होती है और संयुक्त गवर्नेंस पर आधारित भी। इस संदर्भ में गवर्नेंस की अनुमति देने का अर्थ होगा साझेदारियों में शामिल होने की इच्छा और योग्यता, और ऐसे गैर–सरकारी संगठनों को कार्य देना जो निजी और गैर–लाभकारी क्षेत्रों से हों। इसलिए

धातु की प्लेटों से बनने वाली सड़कों के मामले में प्रशासन पहले एकदम स्पष्ट दिशा–निर्देश बनाता है और फिर इसके अंदर अनौपचारिक नेटवर्क बनाने की इजाजत देता है।

इस नगरी को स्थापित करने और इसे चलाने के दौरान जो कमाल की रफ्तार और कार्यकुशलता दिखाई गई, वह आपस में साझा कोडों (Codes) और कई पीढ़ियों के ज्ञान और महारत से प्राप्त समझ का परिणाम हैं। अनुभव से प्राप्त ये आत्मविश्वास ही इस बात के लिए उत्तरदायी है कि आधिकारिक आदेशों से पहले ही ठेकेदार सामान को लाने ले–जाने लगते हैं।

ज्यादा स्थायी प्रकृति वाली सरकारी संरचनाओं के बीच वाले स्थानों को गैर–सरकारी पक्ष सबसे पहले 12 अखाड़ों को लीज पर देकर प्रोग्राम करते हैं। इस प्रोग्रामिंग में ग्रिड के अंदर रहने वाले स्थानों का स्थानिक ले–आउट, टैंट निर्माण की सब–कांट्रैक्टिंग, खाद्य वस्तुओं की सप्लाई, खोया–पाया विभाग और अन्य कार्य शामिल हैं। इसके अलावा औपचारिक और अनौपचारिक प्रकार की अनेकों दुकानें लगाई जाती हैं और वे अपने स्थानीय सप्लाई नेटवर्क पर निर्भर करती हैं। समय–समय पर बदलने वाली स्थितियों का समय रहते सामना करने के लिए, हर चरण में अलग–अलग आधारों पर निर्णय लिए जाते हैं। अक्सर ही ऐसा होता है कि कुम्भ के निगरानी और समीक्षा वाले चरण में, जिसका नेतृत्व मेला अधिकारी करते हैं, प्लैनिंग वाले चरण की रूटिन को बदल दिया जाता है ताकि ज्यादा लचीलापन हासिल किया जा सके। 2001 में पहली बार मोबाइल फोन, मोटरसाइकिलों और घोड़ों का इस्तेमाल व्यापक तौर पर किया गया, ताकि संचार और प्रतिक्रिया तेजी से हों और इनमें लचीलापन भी रहे।

इसमें कोई शंका नहीं है कि 2024 के कुम्भ मेला में डिजिटल तकनीकों की उपलब्धता और उनके इस्तेमाल में और प्रगति होगी। भारत आमतौर पर जिस तरह तेजी से होते अपने शहरीकरण को व्यवस्थित कर रहा है, वह कुम्भ मेले में नजर आने वाले प्रभावीपन से काफी कम कार्यकुशल है। विकास और आपदा राहत प्रणालियां समय से पीछे हैं। प्रशासन से जुड़ी संरचनाओं के बारे में अधिक खोज–खबर तथा मैपिंग से और लाभ मिल सकता है। कुम्भ यानी पवित्र स्नान पीढ़ियों से जुड़े ज्ञान के सिलसिले में प्रतीकात्मक और भौतिक, दोनों ही रूपों में भारतीय मानस के साथ गहराई से जुड़ा है। संगम में स्नान करने को केवल एक धार्मिक दायित्व के तौर पर ही नहीं देखा जाता, यह एक बड़ी उपलब्धि भी है। गौरव के इस अहसास का शहरीकरण के संकट वाले स्थानों में ज्यादा रोल नहीं है। इतना ही नहीं, कुम्भ जैसे प्रतिष्ठित कार्य के लिए जिस तरह पैसे की परवाह न करते हुए बेहतरीन और प्रतिष्ठित अधिकारियों को काम पर लगाया जाता है, वह एक ऐसी लग्ज़री है जो ऐसे सभी स्थानों को उपलब्ध नहीं होती है।

लेकिन फिर भी कुछ ऐसे सबक हैं जो सीखे जा सकते हैं। कुम्भ मेला के आयोजन से जुड़े सभी पक्षों से उम्मीद की जाती है कि उन्हें श्रद्धालुओं के प्रति परम सम्मान का प्रदर्शन करना चाहिए। अपने निजी हठ और पहचान की जगह उन्हें गरिमा और सांस्कृतिक सहिष्णुता का परिचय देना चाहिए। एक सम्मिलित उद्देश्य के कारण सरकार साझेदारियां कर पाती है, अधिकारों को सौंप पाती है और गैर–सरकारी पक्षों के साथ एक ऐसा गठजोड़ कर पाती है जो सक्रिय, लचीला और प्रतिक्रियात्मक होता है।

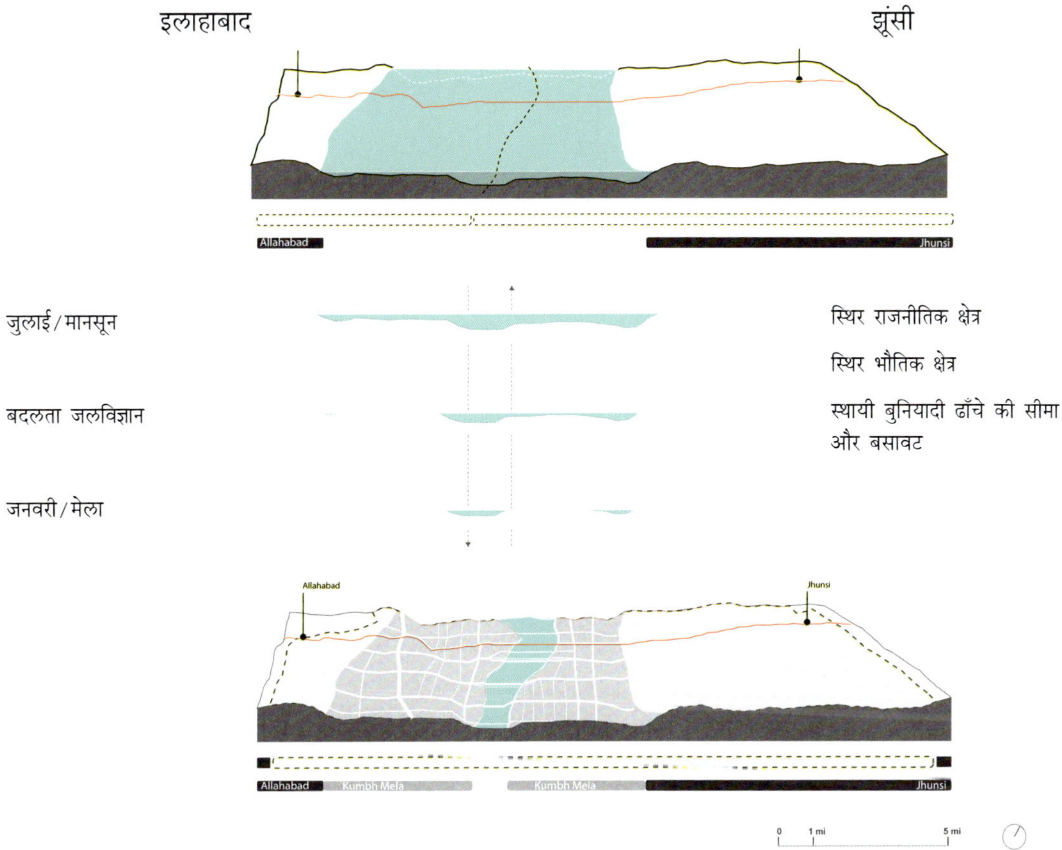

गतिशील राजनीतिक क्षेत्र
गतिशील भौतिक क्षेत्र

परिवर्तनशील कुदरती क्षेत्र और लचीली राजनीतिक सीमाएं

मानसून चक्र के बदलाव की प्रक्रिया और मेले के लिए भूमि आवंटन की आवश्यकता को ध्यान में रखते हुए, मेला एक्ट, प्रशासन को कुम्भ मेले की उचित स्थापना और प्रबंधन के लिए कानूनी अधिकार और निर्णय लेने की क्षमता प्रदान करता है।

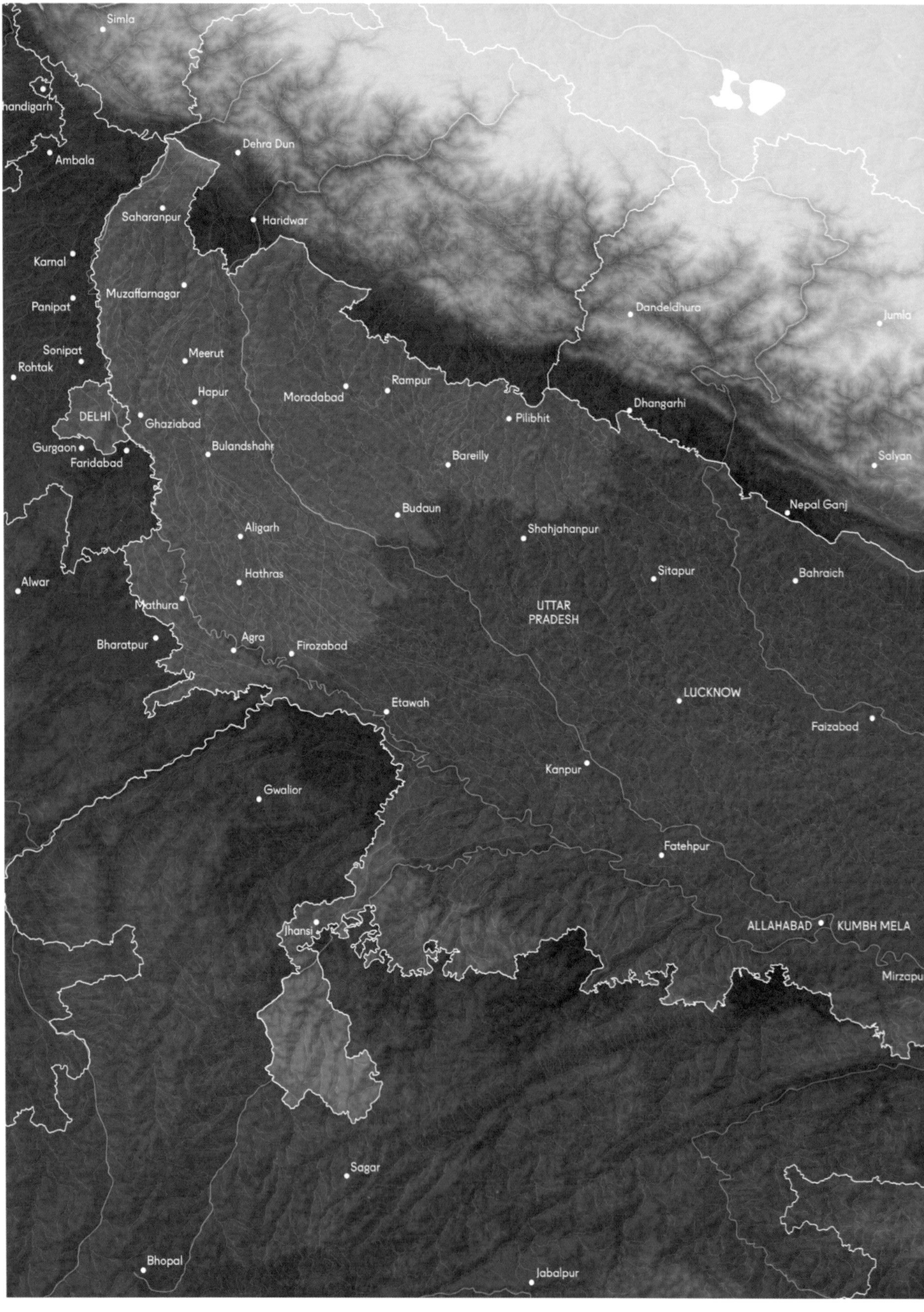
Simla
handigarh
Ambala
Dehra Dun
Saharanpur
Haridwar
Karnal
Muzaffarnagar
Panipat
Sonipat
Rohtak
Meerut
Dandeldhura
Jumla
Moradabad
Rampur
Hapur
DELHI
Ghaziabad
Pilibhit
Dhangarhi
Gurgaon
Faridabad
Bulandshahr
Bareilly
Salyan
Nepal Ganj
Budaun
Aligarh
Shahjahanpur
Sitapur
Bahraich
Alwar
Hathras
Mathura
UTTAR
PRADESH
Bharatpur
Agra
Firozabad
LUCKNOW
Etawah
Faizabad
Kanpur
Gwalior
Fatehpur
Jhansi
ALLAHABAD
KUMBH MELA
Mirzapur
Sagar
Bhopal
Jabalpur

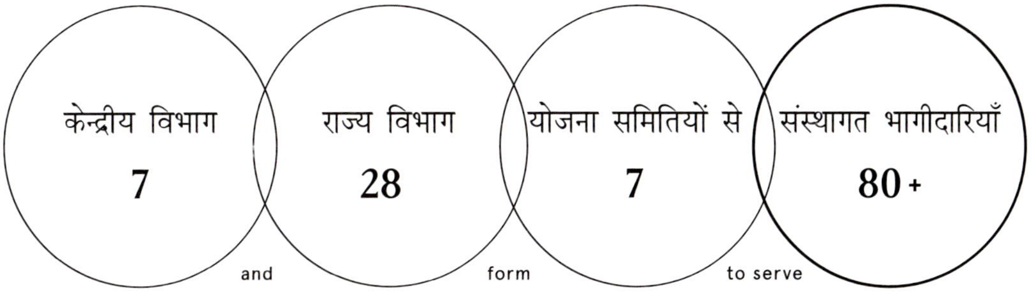

प्रशासनिक कर्मी

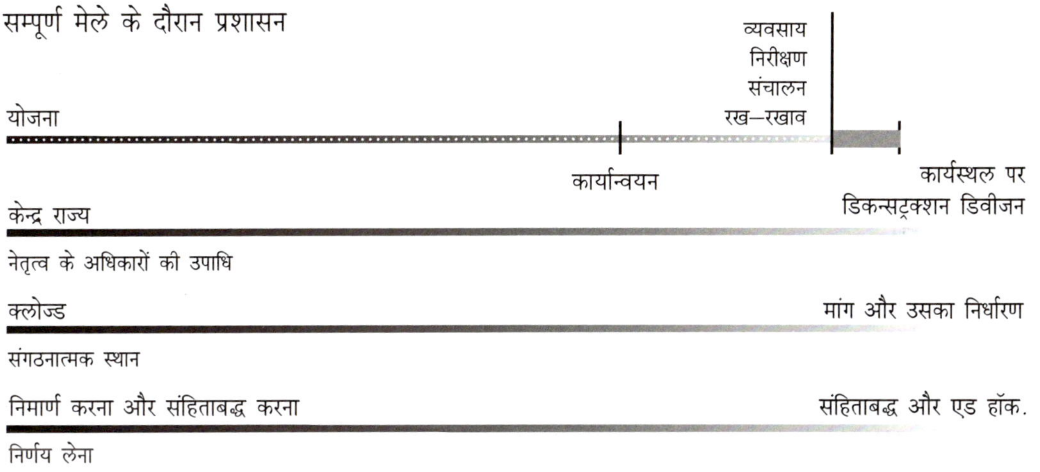

शासन और उसका अधिकार क्षेत्र

मेले से पहले तक, इसकी सात योजना समितियाँ अपने गठन बैठकों की संख्या तथा प्राधिकार के स्तरों पर, एक–दूसरे से सर्वथा भिन्न थीं। मोटे तौर पर, योजना से कार्यान्वयन तक के चरणों में, प्राधिकार के प्रयास मुख्यत: कुम्भ– स्थल की गतिविधियों तथा तीर्थयात्रियों के प्रति, स्पष्ट रूप से केन्द्रित होते चले गए। नियोजन के स्तर पर, यद्यपि अनेकों संस्थाओं की भागीदारी थी परन्तु इनमें से चार ही प्रमुख थे, जिनके पास न्यूनतम तीन सम्पर्क सूत्रों वाली अन्य संस्थाओं की तुलना में 60 प्रतिशत अधिक सम्पर्क सूत्र केन्द्रित थे। ये संस्थायें थीं, प्रशासन तथा नगर विकास से सम्बन्धित राज्य विभाग, मंडल आयुक्त, तथा पुलिस महानिरीक्षक, इलाहाबाद प्रभाग; योजनाओं से जुड़े, जैसे कि विभिन्न स्थानों तथा संदर्भों में भूमिकाओं के आबंटन तथा विस्तार आदि, समस्त निर्णय इन्हीं नोडल संस्थाओं द्वारा लिए गए। मेले के दौरान सर्वाधिक सम्पर्क सूत्रों से सम्पन्न 'मेला अधिकारी' को भी मेले से पूर्व सीमित सूचनायें ही उपलब्ध करायी गयीं।

मध्य (भारत)

प्रधानमंत्री

केन्द्रीय विभाग

- पर्यावरण एवं वन विभाग
- संचार एवं सूचना प्रौद्योगिकी विभाग
- गृह विभाग
- रेल विभाग
- रक्षा विभाग
- संस्कृति विभाग
- पोस्टर्स

राज्य (उत्तर प्रदेश)

राज्य प्रशासन
मुख्य मंत्री + मुख्य सचिव

राज्य सरकार के विभाग

- सूचना एवं पब्लिक रिलेशन
- विद्युत एवं सूचना प्रौद्योगिकी
- संस्कृति
- उद्यान
- आवास
- वित्त
- ऊर्जा
- सड़क

- खाद्य एवं नागरिक आपूर्ति
- प्रदूषण नियंत्रण
- लोक निर्माण
- चिकित्सा (होम्योपैथी)
- परिवहन
- योजना
- सेतु
- न्याय
- जल

- शहरी विकास
- चिकित्सा एवं स्वास्थ्य
- होम गार्ड्स
- नागरिक सुरक्षा
- आर्युवेद
- सिंचाई
- पर्यटन
- वन
- ऊर्जा
- डेरी

संभाग (इलाहाबाद)

संभागीय आयुक्त

स्थल (कुम्भ नगरी)

मेला अधिकारी — **नगर निगम आयुक्त**

- योजना सहायक
- निर्माण सहायक
- प्रबंध सहायक

14 सेक्टर के न्यायाधीश

मेला अधिकारी = जिला न्यायाधीश कुम्भ = मेला अधिकारी = पर्व अधिकारी इसमें जिला न्यायाधीश कुम्भ के अलावा एक जिला न्यायाधीश भी होता है।

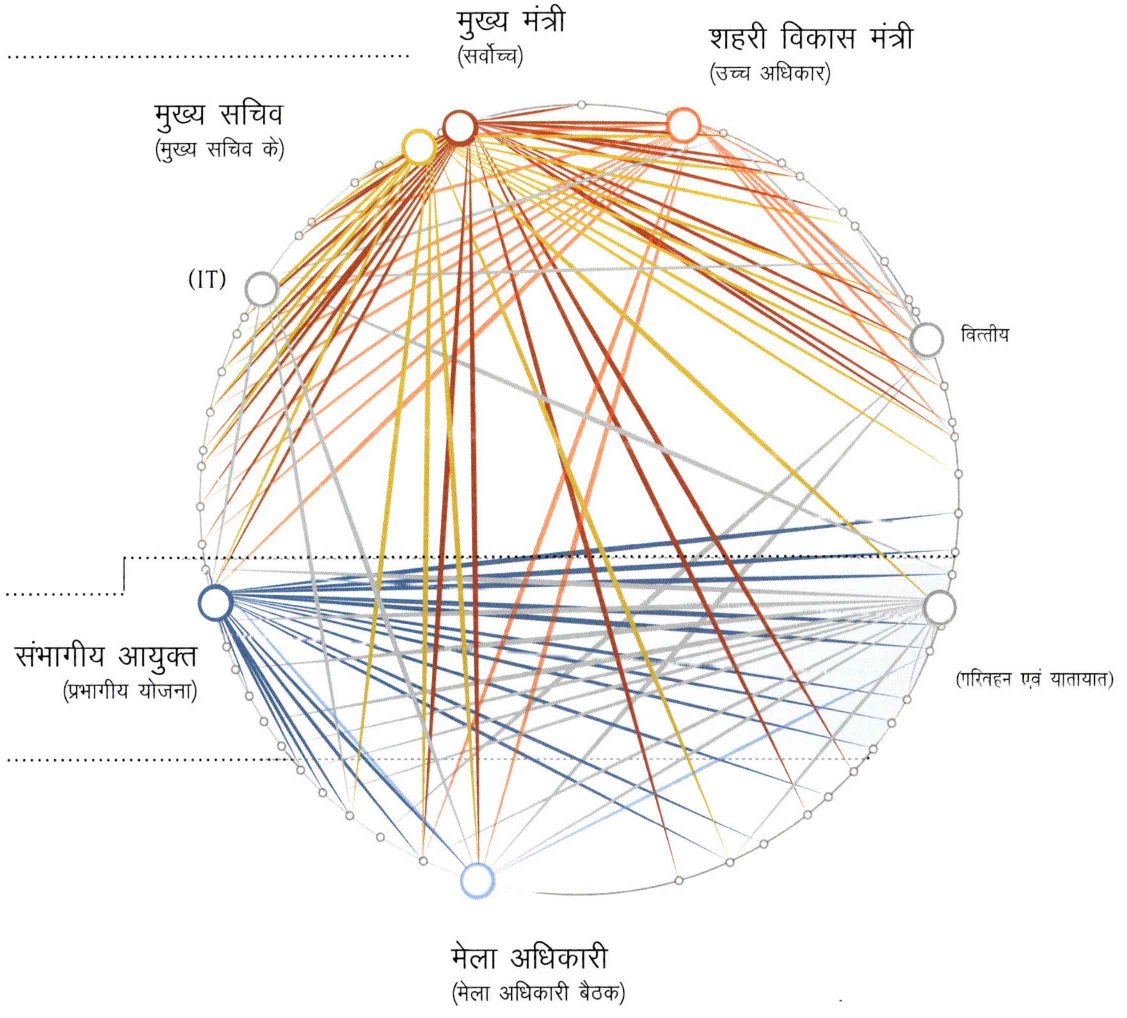

मुख्य मंत्री
(सर्वोच्च)
शहरी विकास मंत्री
(उच्च अधिकार)
मुख्य सचिव
(मुख्य सचिव के)
(IT)
वित्तीय
संभागीय आयुक्त
(प्रभागीय योजना)
(परिवहन एवं यातायात)
मेला अधिकारी
(मेला अधिकारी बैठक)

ANI
NWS

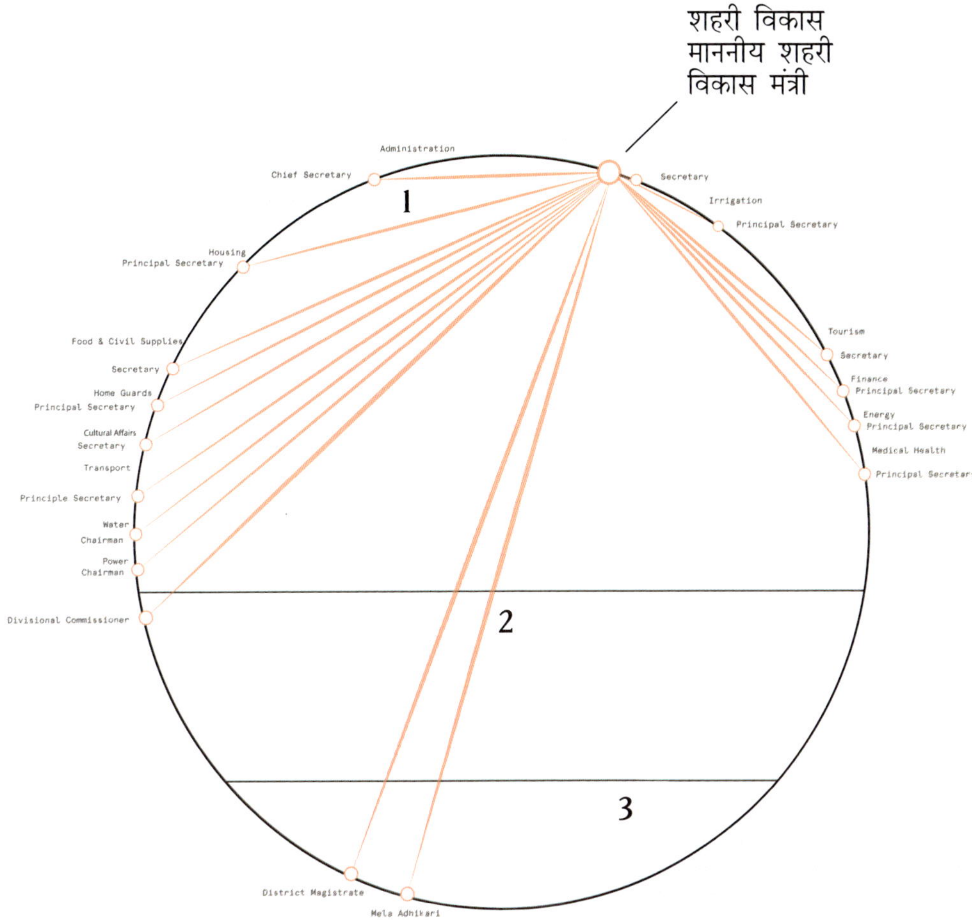

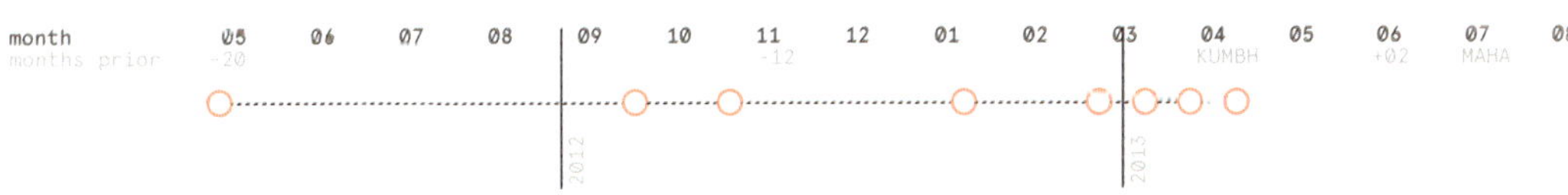

मास्टर प्लान और बजट की तैयारी

हाई पॉवर कमिटी कुम्भ के मास्टर प्लान और बजट में संशोधन करके उसे अमल में लाने की सलाह देती है: कमिटी विभागीय तैयारियों की देखरेख करने के साथ ही विभाग की ओर से आये किसी भी प्रस्ताव को मंजूरी देती है या उसमें संशोधन करती है। माननीय शहरी विकास मंत्री की अध्यक्षता में हाई पॉवर कमिटी कुम्भ मेले के लगने से लगभग दो साल पहले से मिलकर ही योजना बनाने में जुट जाती है। तैयारियों की जिम्मेदारी सम्भालने वाले विभाग अक्टूबर, 2010 से ही यानी कि कुम्भ के 27 महीने पहले ही अपने अपने प्रस्ताव तैयार करने शुरू कर देते हैं।

शीर्ष ऊर्जा समिति

राज्य (1)
संभाग (2)
स्थल (3)

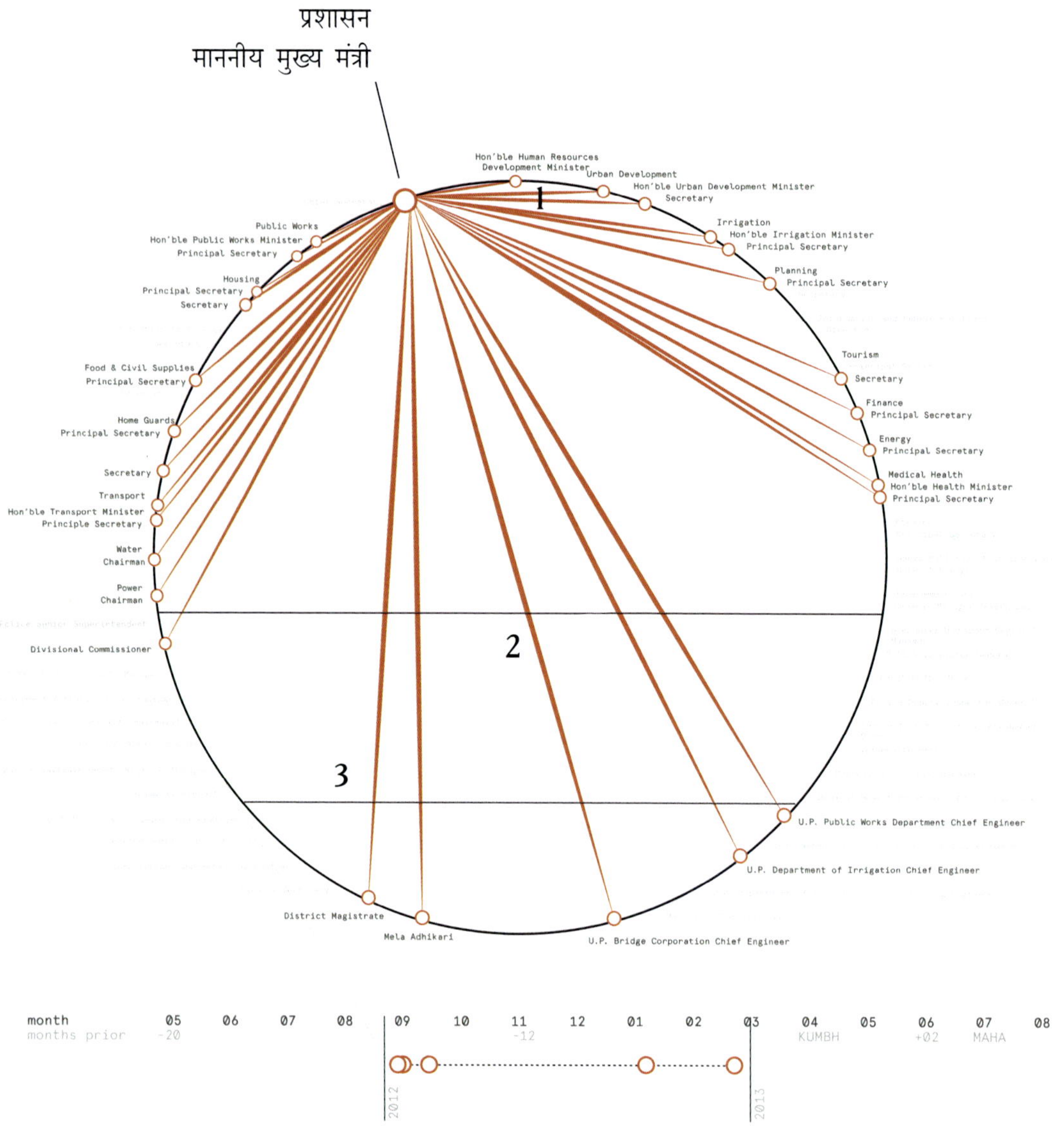

मास्टर प्लान और बजट को मंजूरी

शीर्ष समिति

राज्य (1)
संभाग (2)
स्थल (3)

शीर्ष समिति मास्टर प्लान और बजट को मंजूरी देती है। इस समिति के सदस्य कुम्भ के लगभग एक साल पहले ही मिलना–जुलना शुरू कर देते हैं और समिति साईट पर चल रहे काम की निगरानी रखती है। हाई पॉवर कमिटी के विपरीत, शीर्ष समिति महत्वपूर्ण पदों जैसे कि विभिन्न विभाग के चीफ इंजीनियर जैसे अधिकारियों को साईट पर बुलाती है।

प्रशासन
मुख्य सचिव

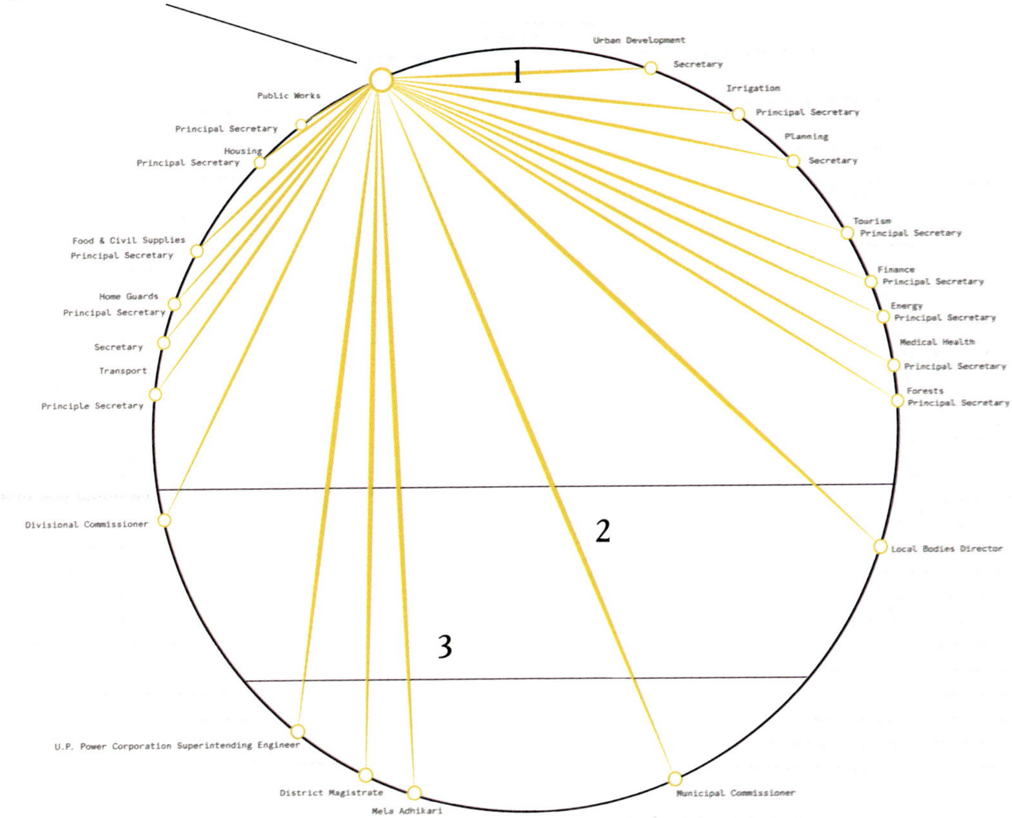

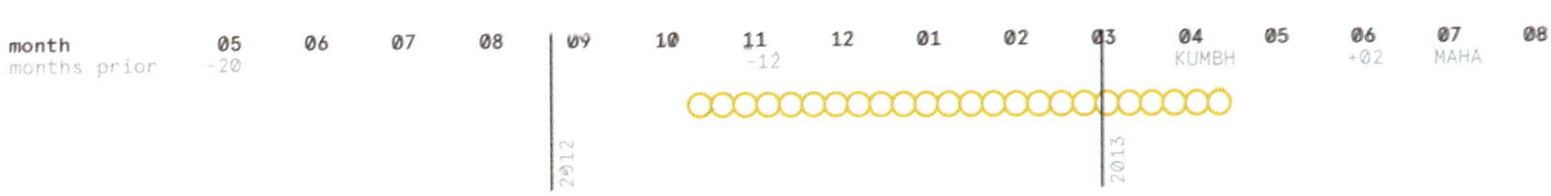

योजनाओं की समीक्षा करना और तालमेल बैठाना

मुख्य सचिव की समिति नियोजन प्रक्रिया की समीक्षा करने और विभिन्न विभागों के सुझावों में तालमेल बैठाने के लिए सप्ताह में दो बार बैठक करती है। उच्च समिति की तरह ये भी अपने सदस्यों को काफी हद तक एक ही विभाग से लेते हैं।

मुख्य सचिव की समिति

राज्य (1)
संभाग (2)
स्थल (3)

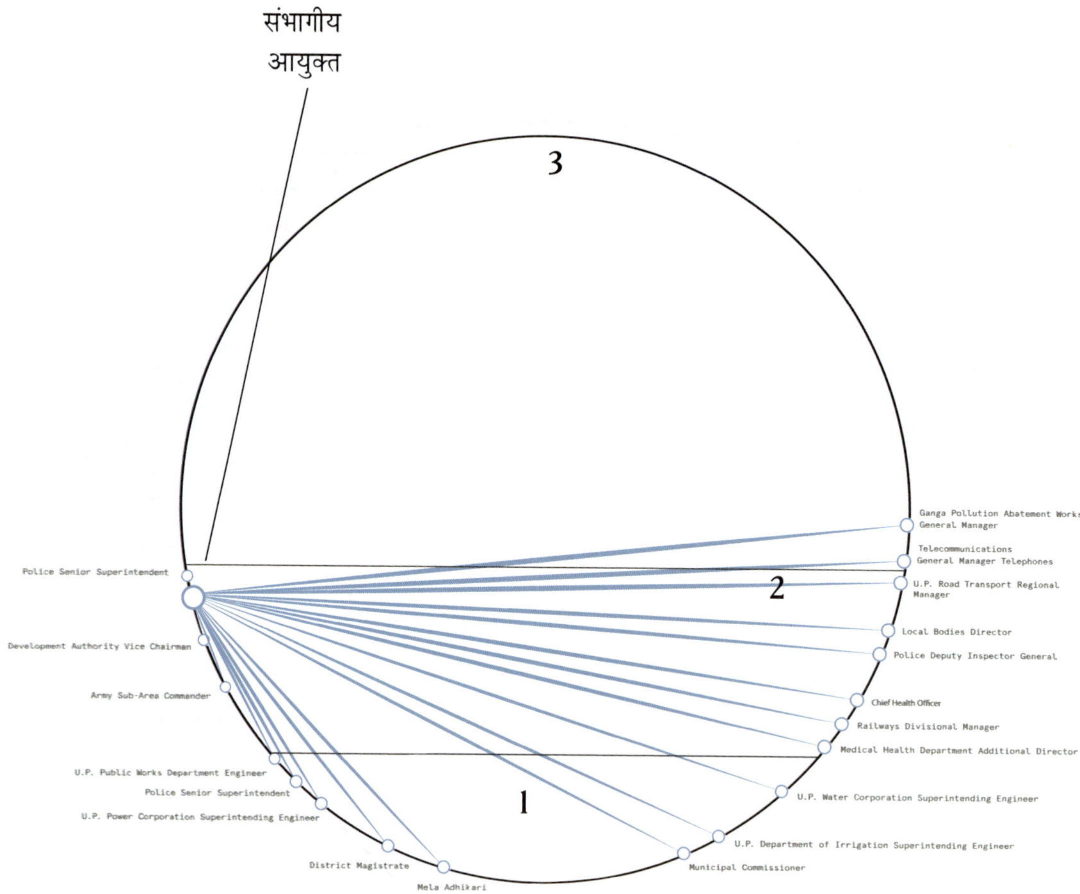

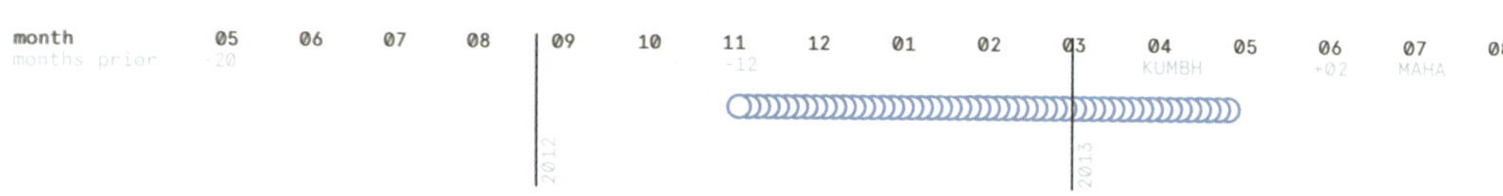

योजनाओं का पालन

प्रभागीय योजना

राज्य (1)
संभाग (2)
स्थल (3)

संभागीय योजना समिति उच्च समितियों द्वारा बनाई गयी योजनाओं और फैसलों को लागू करती है। ये स्थानीय स्तर पर भी योजनाओं और समाधान का सुझाव देते हैं। हर दिन की गतिविधियों पर अच्छे और प्रभावी ढंग से निगरानी करने के लिए कमिटी एक सामान्य ढांचा बनाये रखती है। कमिटी के अध्यक्ष होने के नाते प्रभागीय आयुक्त प्रभागीय या साईट के अधिकतर लोगों को हर हफ्ते मिलने के लिए बुलाता है।

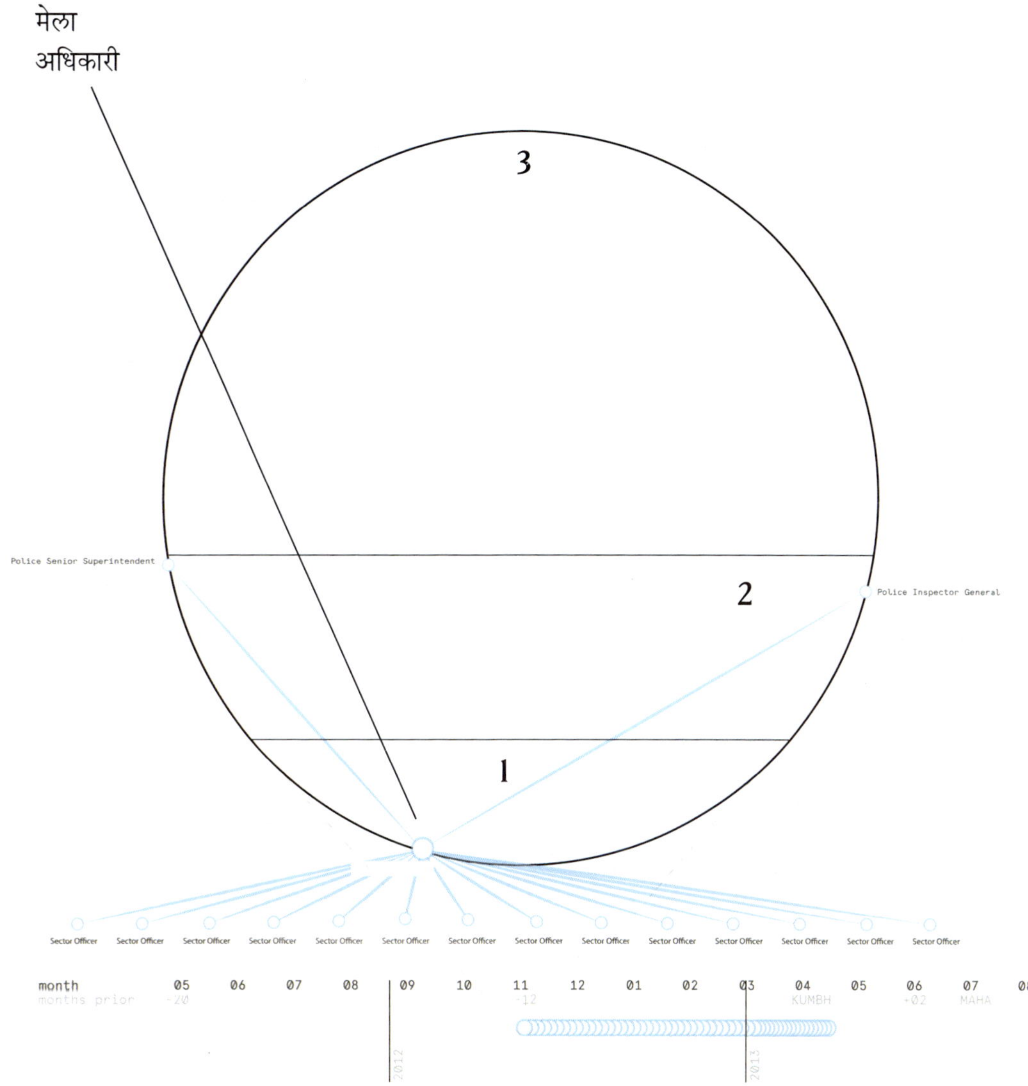

योजनाओं की समीक्षा और उन पर अमल

साईट पर मेला अधिकारी की यकीनन सबसे बड़ी भूमिका होती है। उनकी जिम्मेदारी पिछले वर्ष दिसम्बर से ही शुरू हो जाती है, अर्थात कुम्भ लगने के एक वर्ष से भी पहले। फिर मेला अधिकारी मई के बीच में टीम में शामिल होता है। वहाँ से, उनकी टीम, जिसमें पुलिस के प्रतिनिधि और साथ ही 14 सेक्टर के मजिस्ट्रेट होते हैं, हर हफ्ते (और स्नान शुरू होने के 4 दिन पहले से रोज़ाना) योजनाओं और बाकी मामलों पर बातचीत करने के लिए मिलते हैं।

मेला अधिकारी की बैठक

राज्य (1)
संभाग (2)
स्थल (3)

Little
Chandan

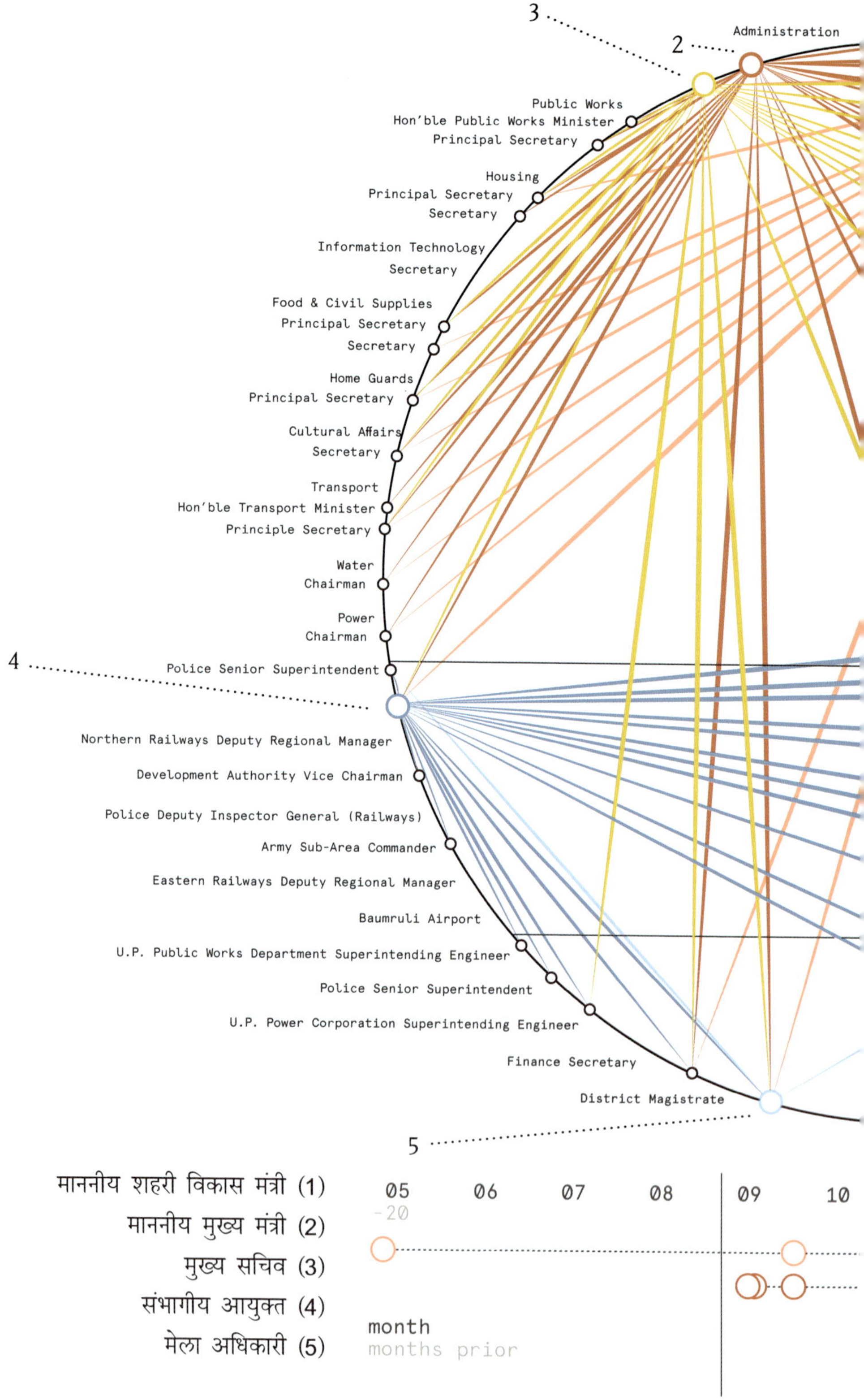
3
2
Administration
Public Works
Hon'ble Public Works Minister
Principal Secretary
Housing
Principal Secretary
Secretary
Information Technology
Secretary
Food & Civil Supplies
Principal Secretary
Secretary
Home Guards
Principal Secretary
Cultural Affairs
Secretary
Transport
Hon'ble Transport Minister
Principle Secretary
Water
Chairman
Power
Chairman
4
Police Senior Superintendent
Northern Railways Deputy Regional Manager
Development Authority Vice Chairman
Police Deputy Inspector General (Railways)
Army Sub-Area Commander
Eastern Railways Deputy Regional Manager
Baumruli Airport
U.P. Public Works Department Superintending Engineer
Police Senior Superintendent
U.P. Power Corporation Superintending Engineer
Finance Secretary
District Magistrate
5
माननीय शहरी विकास मंत्री (1)
माननीय मुख्य मंत्री (2)
मुख्य सचिव (3)
संभागीय आयुक्त (4)
मेला अधिकारी (5)
05
06
07
08
09
10
-20
month
months prior

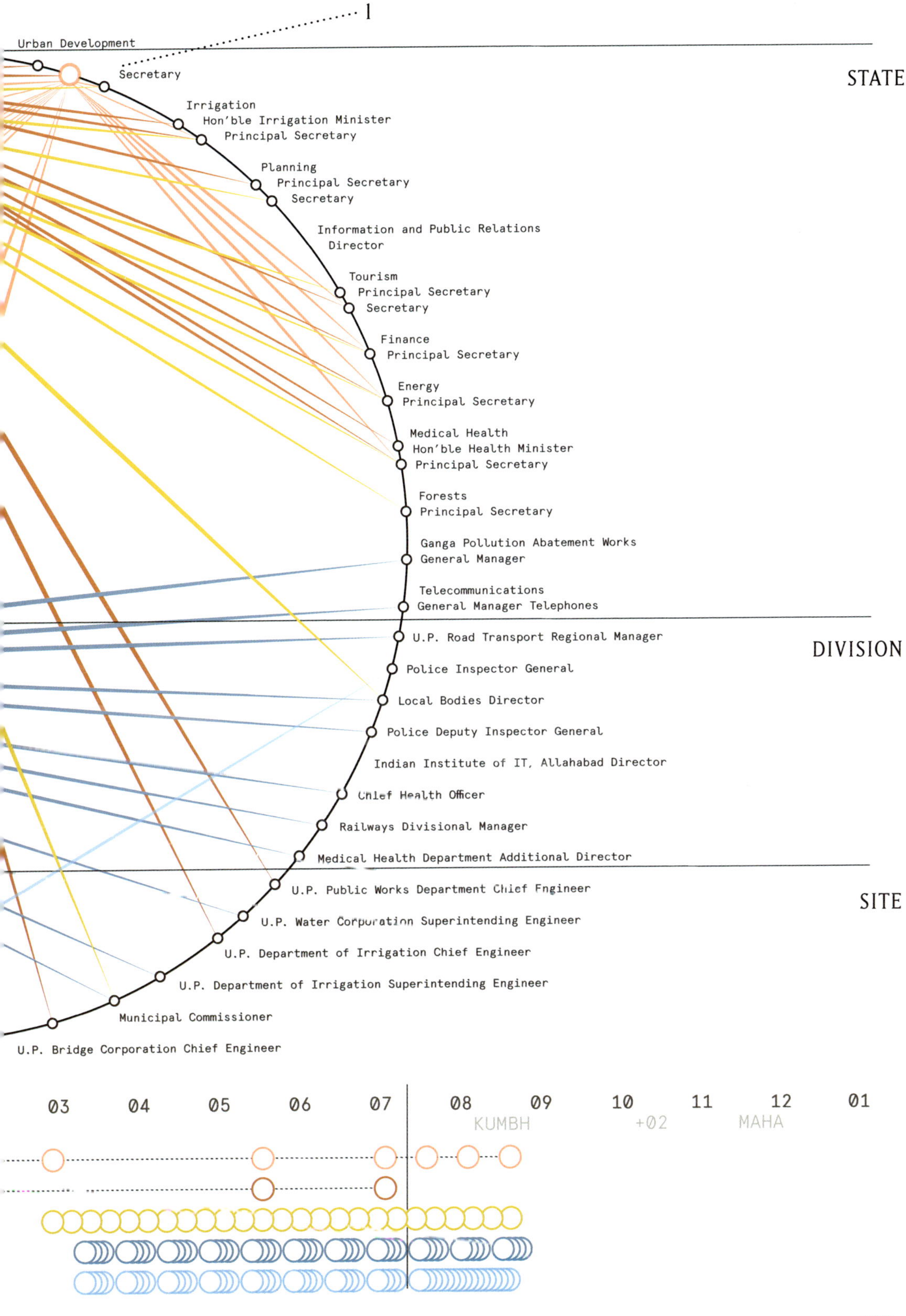
1
Urban Development
Secretary
STATE
Irrigation
Hon'ble Irrigation Minister
Principal Secretary
Planning
Principal Secretary
Secretary
Information and Public Relations
Director
Tourism
Principal Secretary
Secretary
Finance
Principal Secretary
Energy
Principal Secretary
Medical Health
Hon'ble Health Minister
Principal Secretary
Forests
Principal Secretary
Ganga Pollution Abatement Works
General Manager
Telecommunications
General Manager Telephones
DIVISION
U.P. Road Transport Regional Manager
Police Inspector General
Local Bodies Director
Police Deputy Inspector General
Indian Institute of IT, Allahabad Director
Chief Health Officer
Railways Divisional Manager
Medical Health Department Additional Director
SITE
U.P. Public Works Department Chief Engineer
U.P. Water Corporation Superintending Engineer
U.P. Department of Irrigation Chief Engineer
U.P. Department of Irrigation Superintending Engineer
Municipal Commissioner
U.P. Bridge Corporation Chief Engineer
03
04
05
06
07
08
09
10
11
12
01
KUMBH
+02
MAHA

लल्लूजी
ठेकेदार
कुम्भ मेला के अधिकृत

निर्धारित बैठकें अनिर्धारित बैठकें

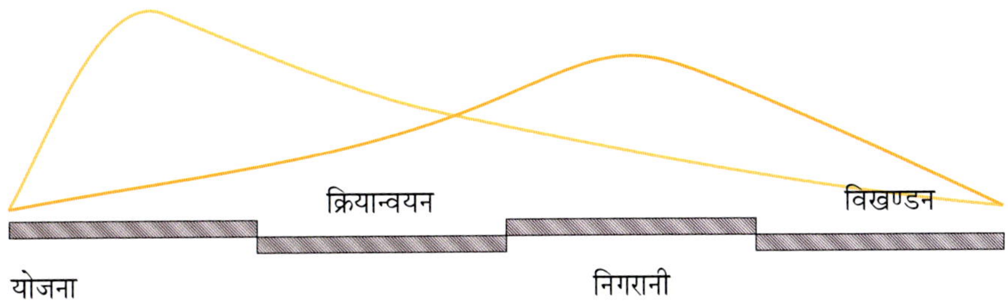

निर्धारित बैठकें: ऐसी बैठकें हैं जो नियत समय पर होंगीं, और जिनसे ऐसी बैठकों का मार्ग प्रशस्त होगा जो ऐसे असंभावित मुद्दों के सामने आने पर होंगीं जिन पर नेतृत्व को ध्यान देने की जरूरत होगी।

टेलिफोन मन्त्रणा मोबाईल फोन

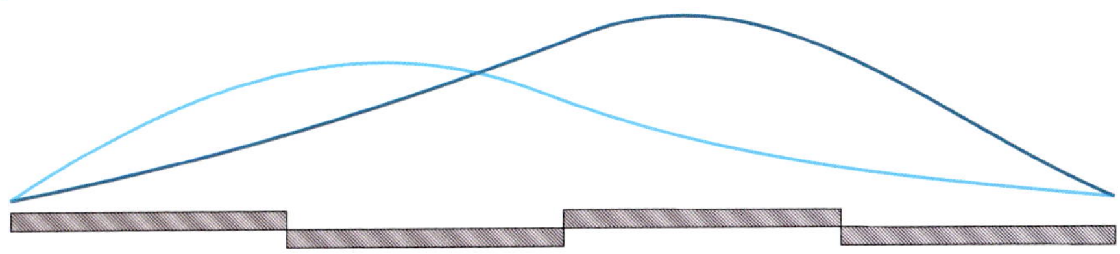

अधिकतर मीटिंग स्वत: होती है जब मेलाकर्मी एक–दूसरे से मिलते हैं। दूरस्थ मीटिंग मोबाईल फोन तकनीक की वजह से सामान्यत: होती रहती है।

आपस में मिलने पर होने वाली मीटिंग, दूरस्थ मीटिंग

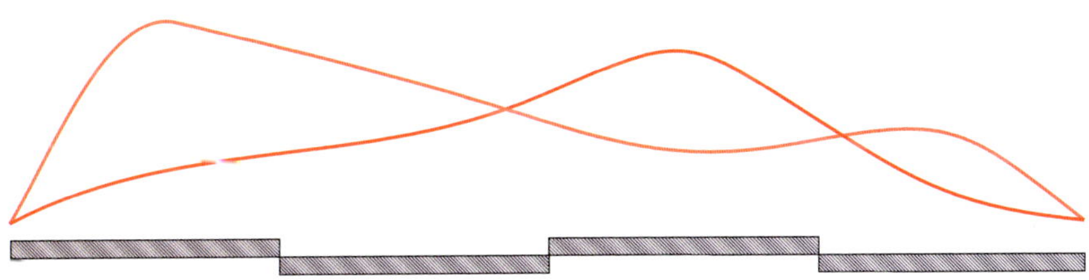

मोबाईल फोन के प्रयोग और संचार की तेज़ी से कुम्भ मेले का विकास हुआ है। इससे छोटे–मोटे निर्णय लेने के लिए शीर्ष अधिकारियों से मशविरा करने की आवश्यकता कम पड़ती है।

सीधा संचार फाईलों के द्वारा संचार

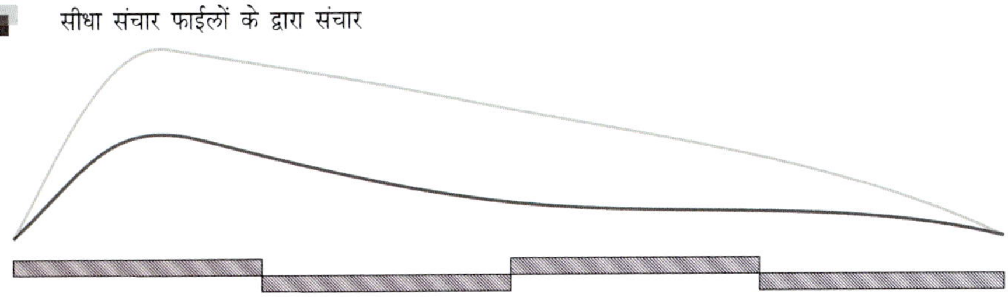

संविदात्मक निर्णय बातचीत के आधार पर नहीं होते। ऐसे निर्णयों के लिए कागज़ी औपचारिकता पूरी करनी होती है। इससे जवाबदेही और निर्णय लेने में आसानी होती है।

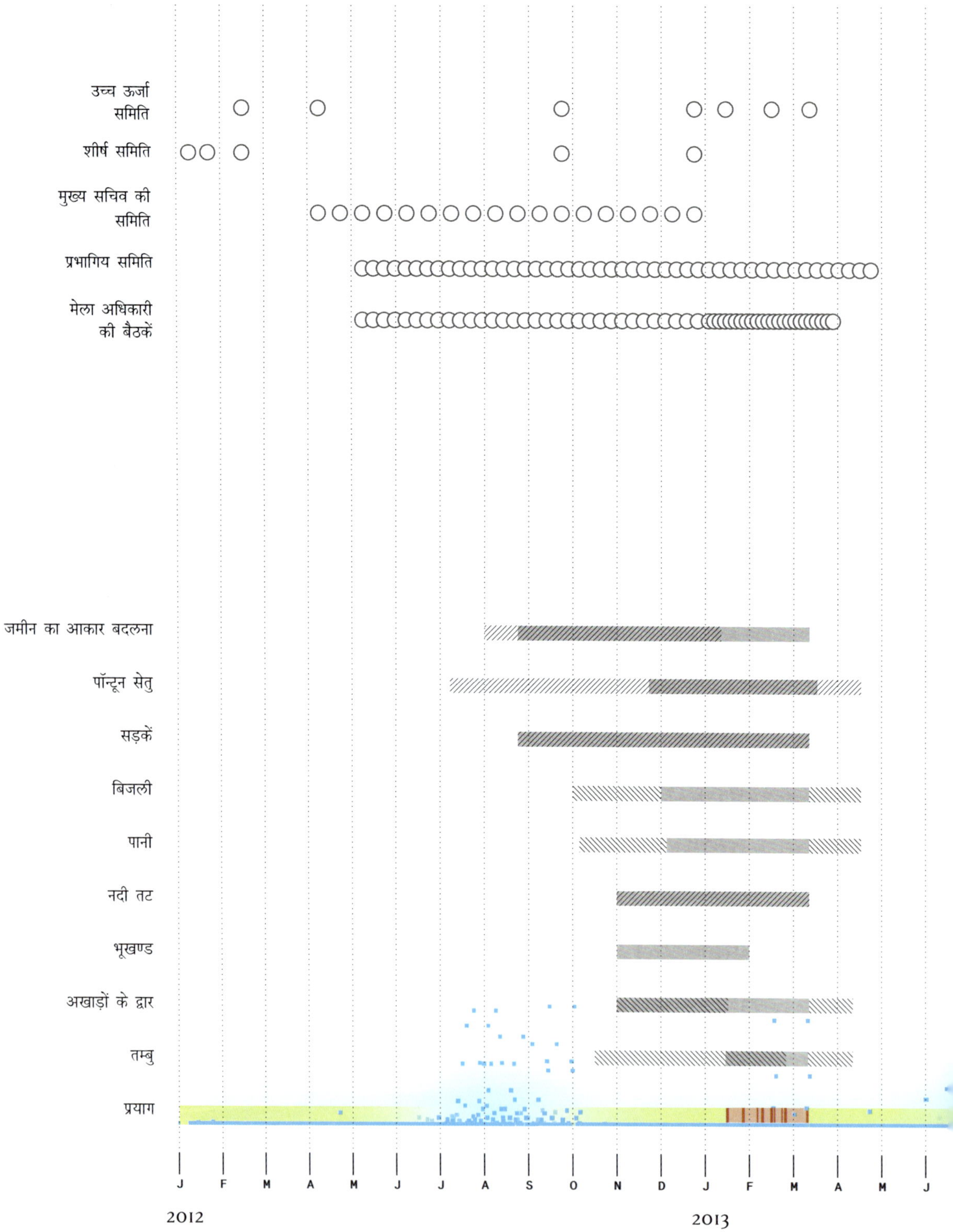

उच्च ऊर्जा समिति
शीर्ष समिति
मुख्य सचिव की समिति
प्रभागिय समिति
मेला अधिकारी की बैठकें
जमीन का आकार बदलना
पॉन्टून सेतु
सड़कें
बिजली
पानी
नदी तट
भूखण्ड
अखाड़ों के द्वार
तम्बु
प्रयाग
J F M A M J J A S O N D J F M A M J
2012
2013

स्वास्थ्य

केन्द्र और राज्य सरकारें बजट बनाती हैं और धन उपलब्ध करवाती हैं। राज्य सरकार और मेला प्रशासन योजना बनाते हैं। सरकारी इंजीनियर और जिला न्यायाधीश हर सैक्टर में इन योजनाओं को लागू करवाते हैं। ठेकेदार चिकित्सालय और हस्पताल बनाते हैं। अस्पतालों और उत्तर प्रदेश स्वास्थ्य कार्यक्रमों से डॉक्टर और सहायक स्टाफ भर्ती किये जाते हैं। 9,000 से अधिक सफाईकर्मी गलियों, शौचालयों और संडास को साफ करने के लिए भाड़े पर लाये जाते हैं।

आवंटन

अखाड़े योजनाओं का मूर्तरूप देने के लिए तोल–मोल करते है। नियोजक और सर्वेक्षक मानचित्र तैयार करने के लिए समानान्तर काम करते हैं। अखाड़े शिविर बनाने के लिए ठेकेदारों को अनुबंधित करते हैं और ये खर्चा प्रशासन द्वारा उठाया जाता है।

सड़कें और पॉन्टून सेतु

राज्य और केन्द्र सरकार धन उपलब्ध करवाती हैं। सरकार और मेला प्रशासन योजनाएं बनाते हैं। सरकारी इंजीनियर और जिला न्यायाधीश हर सैक्टर में इन योजनाओं को लागू करवाते हैं। ठेकेदार मज़दूरों को अनुबंधित करते हैं और सड़कें तथा पॉन्टून सेतु बनाने के लिए माल खरीदते हैं।

बिजली

संघीय सरकार 30 प्रतिशत धन उपलब्ध करवाती है और सरकारी इंजीनियर और जिला न्यायाधीश हर सैक्टर में इन योजनाओं को लागू करवाते हैं। अक्सर इरा काम के लिए वे ठेकेदारों को लगाते हैं, मज़दूरों को अनुबंधित करते हैं और बिजली के ग्रिड तथा सब स्टेशन बनवाने के लिए गाल खरीदते हैं।

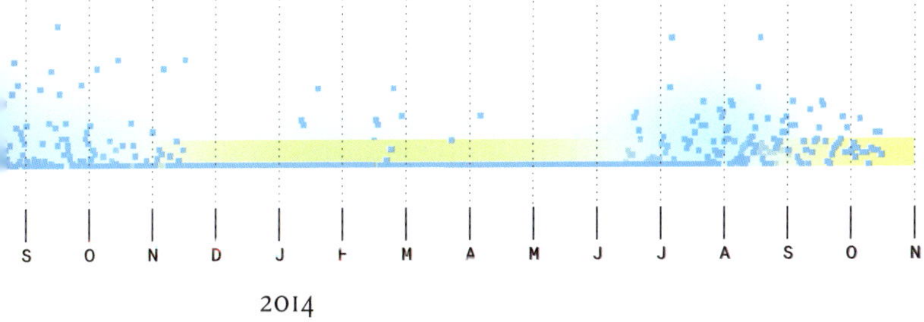

हार्वर्ड विश्वविद्यालय

FV फील्ड विजिट

W वर्कशॉप

मील पत्थर

उत्सव

RESEARCH SEMINAR

RESEARCH LAB

योजना+ प्रशासन

समिति की बैठकें

450

400

350

बुनियादी ढाँचा

300 निर्माण/विखण्डन

कार्यक्षमता

250

200

150

100

प्रयाग में

50

धार्मिक कार्यक्रम

कृषि

MM 0 वर्षा

राज्य स्तर के संस्थान

पर्यटन विभाग

अनुमानित आबादी का आकार पूर्व के कुम्भ मेले
आबादी में 20 प्रतिशत की बढ़त पर आधारित है,
सैक्टरों में संशोधन करने पर बल देता है।

उत्तर प्रदेश ऊर्जा विभाग

प्रभागीय एवं स्थल स्तर के संस्थान

कुम्भ प्रशासन

इलाहाबाद कमीशनर जो कि पुलिस और व्यवस्था के प्रभारी है, मेला अधिकारी की नियुक्ति करते हैं।

मेला अधिकारी

योजनाओं को लागू करवाने और निर्माण कार्यों के लिए उत्तरदायी होते हैं।

3 सहायक मेला अधिकारी की सहायता करते हैं।

14 सैक्टरों के न्यायाधीश प्रत्येक सैक्टर के निर्माण और भूमि आबंटन जैसे कार्यों के लिए उत्तरदायी होते हैं।

योजनाकार

कुम्भ मेले की प्रत्येक प्रशासनिक योजना के लिए बुनियादी ढाँचा और स्थान का खाका तैयार करते हैं।

सार्वजनिक

निजी

प्रभागीय एवं स्थल स्तर के निजी कर्मचारी

अमीन

बिजली के ग्रिड, सड़कों और भूमि आबंटन सहित शहर को चिन्हित करते हैं।

बाह्य

अखाड़े

12 लोगों के नेतृत्व वाली एक परिषद्

- निर्णय लेती है कि कौन और कितने लोग शिविर में रहेंगे
- भूमि आबंटन के लिए लॉबी बनाते हैं।
- शिविरों का खाका तैयार करते हैं।
- बिजली की मांग की जानकारी प्रशासन को देते हैं।

पण्डों के शिविर

अन्य धार्मिक समूह

- अखाड़ों के बाद जमीन प्राप्त करते हैं।
- बिजली की मांग रखते हैं।
- भूमि आबंटन के लिए लॉबी बनाते हैं।
- शिविरों का खाका तैयार करते हैं।

सामान्य ठेकेदार

Local Asse

अखाड़ों के लिए रियायती दर पर शिविर बनाते हैं।

लालू जी जो कि प्रभावी ठेकेदार हैं।
13 अलग–अलग कंपनियाँ इनके नीचे काम करती हैं।
कहा जाता है कि अस्पतालों और शिविरों की कुंभ नगरी यही बनाते हैं।
स्थानिय कंपनियाँ उन खास संचार तकनीकों जिनकी वे आदि होती हैं, उनसे शिविरों का निर्माण करती हैं, और वे अक्सर सही साबित होती हैं।

संस्थागत

वन विभाग

निर्माण में प्रयुक्त होने वाली लकड़ी देता है।

उत्तर प्रदेश जल निगम

ये विभाग मुख्य इंजीनियर के अधिकार में होता है और यह तीन मुख्य विभागों में बँटा होता है।

लोक निर्माण विभाग

पॉन्टून पुल बनाने और मार्गों की संकेत पट्टियाँ बनाने के लिए उत्तरदायी होता है। लोक निर्माण विभाग द्वारा मुख्य इंजीनियर की नियुक्ति की जाती है और कार्य–स्थल पर सहायक इंजीनियरों के काम का प्रबंधन करता है।

स्वास्थ्य और स्वच्छता

ये विभाग मुख्य इंजीनियर के अधिकार में होता है और यह तीन मुख्य विभागों में बँटा होता है।

उत्तर प्रदेश के अस्पतालों, जन स्वास्थ्य केन्द्रों, चिकित्सालयों से, डॉक्टरों, नर्सों और सहयोगी स्टाफ को कुम्भ मेले में लगाया जाता है।

पेयजल और पानी की निकासी

3 कार्यकारी इंजीनियर
16 सहायक इंजीनियर
23 जूनियर इंजीनियर

नेहरू प्रौद्योगिकी संस्थान

जाँच के लिए तीसरी पार्टी के तौर पर उत्तरदायी।

स्थानीय श्रमिक समूह

9,000 श्रमिक प्रतिदिन सफाई और मल साफ करने के लिए लगाये जाते हैं। अकुशल श्रमिकों को 250 रुपये प्रतिदिन पर रखा जाता है।

स्वयं नियोजित

सबक

आकस्मिक महानगर से उपजे सबक: परावर्तनीयता और खुलेपन की झलक

राहुल मेहरोत्रा और फिलीप वेरा

पूरी दुनिया में ही शहरों की भौतिक बनावट में विकास एवं बदलाव हो रहा है। परिस्थिति के अनुरूप बदलाव के अतिरिक्त टेक्नोलॉजी और सामाजिक संस्थानों ने भी शहरों के आकार को प्रभावित किया है। आज मानवीय गतिविधियों में बदलाव, प्राकृतिक आपदाओं की अधिकता और आर्थिक संकट, पूंजी के प्रवाह और उसके आवंटन में परिवर्तन लाते हैं। इसके कारण शहरों को अधिक लचीला होने की आवश्यकता है ताकि वो आंतरिक और बाहरी दबावों का सामना कर और उन्हें सुसंगठित कर सकें। इस दौर में ये परिवर्तन और अप्रत्याशित बदलाव परावर्तनीयता सामान्य शहरी लक्षण हैं जो शहरी विकास की निरंतरता के संदर्भ से जुड़े महत्त्वपूर्ण घटक हैं। कुम्भ मेले से मिले सबक स्पष्ट रूप से इन्हीं लक्षणों से मेल खाते हैं। यहां दुनिया के सबसे विशाल जनसमूह से बना अस्थायी शहर एक ऐसी चरम मिसाल बन जाता है जो हमें स्थायी शहरों के विषय में पुनः सोचने पर बाध्य करता है। इस निबंध में कुम्भ मेले से जुड़े इस अस्थायी और विशाल नगर के दो महत्त्वपूर्ण लक्षणों पर ध्यान केन्द्रित किया जा रहा है। समकालीन जगत में इसके शिल्प, शहरी डिजाईन और योजना स्वयं में उदाहरण हैं।

रिवर्सिबिलिटी/परावर्तनीयता

कुम्भ मेला शहर निरंतरता या स्थायित्व के विचार को चुनौती देता है। ये शहरी डिजाइन को विपरीत प्रक्रिया के रूप में सोचने के लिए बाध्य करता है। इस शहर की सक्रियता और विशालता की अद्भुत तस्वीरें आश्चर्यचकित कर देती हैं। कुम्भ मेले की सबसे बड़ी विशेषता केवल कम अवधि में इसका निर्माण ही नहीं, अपितु शीघ्रता से विखण्डित होने की योग्यता भी है। कुम्भ मेला भविष्य के शहरों के निर्माण की प्रक्रिया में परावर्तनीयता के बेहतर उपयोग के विषय पर सोचने का प्रश्न उठाता है। कुछ ही हफ़्तों में दुनिया के सबसे बड़े जनसमूह के लिए सड़कें, पॉन्टून सेतु, रहने और आध्यात्मिक बैठकों के लिए कॉटन टैंट बन जाते हैं। इस अल्पकालीन शहर की सामाजिक गतिविधियाँ किसी पूर्ण विकसित स्थायी शहर के समान ही होती हैं। अचानक बने इस मेगासिटी में लगभग 5 से 7 मिलियन लोग 55 दिनों के लिए आते हैं। इसके अतिरिक्त एक

करोड़ लोग भी स्नान वाली पांच मुख्य तिथियों में चौबीस घंटे के स्नान चक्रों के लिए इकट्ठे होते हैं। इस उत्सव की समाप्ति के बाद इस पूरे शहर को उतनी ही तेजी से समाप्त भी कर दिया जाता है जितनी तेजी से बनाया गया था। इस विखण्डित शहर के अवशेषों को अतिरिक्त निर्माण–कार्यों में पुनः प्रयोग में ले लिया जाता है।

कुम्भ मेला की तस्वीरों को देखे बिना ये विश्वास करना मुश्किल है कि आधुनिक उपकरणों से युक्त इतने बड़े और पेचीदा मेगासिटी को इतने कम समय में बनाया जा सकता है। पहले इस तकनीकी ज्ञान और परावर्तनीयता के न होने के कारण ऐसा शहर बना पाना कठिन माना जाता था। इसलिए कुम्भ मेला उचित योजना और कार्यान्वयन के परिणामस्वरूप अस्तित्व में आनेवाले एक पूर्ण अस्थायी शहर का अभूतपूर्व उदाहरण है। इस 55 दिनों तक लाखों लोगों का आवास बनने वाले शहर की समस्याएं और समाधान दोनों ही अस्थायी हैं। इस अस्थायी समस्या और समाधान के सम्बन्ध को भावी शहरों के निर्माण में इस्तेमाल कर सकते हैं।

परावर्तनीयता का निरीक्षण भौतिक और अभौतिक, दो विरोधाभासी दृष्टिकोणों से किया जा सकता है। एक पहलू शहर की भौतिक परावर्तनीयता से जुड़ा है जो कुम्भ मेले के अस्तित्व को और दूसरा राजनैतिक और संस्थानिक संरचना को संभालता है। स्थायी बस्तियों के संदर्भ में, शहरी प्रक्रियाओं से जुड़े संस्थानों के निर्माण में अधिक समय लगता है और संरचनाओं में लचीलापन भी नहीं होता। लेकिन कुम्भ मेले की एक लचीली, अस्थायी प्रबंधन प्रणाली बनाई जाती है, जो ज्यादा स्थायी संरचना के लिए एक सरोगेट के तौर पर काम करती है। कुम्भ व्यवस्था प्रणाली राज्य स्तर पर पहले से मौजूद शहरी प्रबंधन संस्थान से जुड़ जाती है। राज्य के कुशल प्रशासक 12 महीने की लघु अवधि के लिए एक साथ काम करते हैं। इस उत्सव के दौरान कुम्भ मेला की संस्थानिक संरचना एक ऐसे स्वायत्त शहर का रूप ले लेती है जिसे अलग–अलग अस्थायी सरकारी एजेंसियां चलाती हैं। शहर के विकास को चार मुख्य चरणों में बांट दिया जाता है जो इसके प्रशासन की प्रकृति को प्रभावित करते हैं। पहले चरण का प्रयोग योजना के आरंभ में किया जाता है। यह चरण कुम्भ मेला भौतिक क्षेत्र से बाहर आयोजित किया जाता है। इसमें स्थानीय से राष्ट्रीय स्तर तक के सरकारी प्राधिकरण शामिल होते हैं। दूसरा चरण कार्यान्वयन का होता है जो साइट वाले क्षेत्र में नदियों के जल स्तर के ऊंचे होने और घटने की स्थिति में होता है। प्रबंधन संस्थापन का तीसरा चरण है, और ये वही अवधि होती है जब ये शहर सक्रिय होता है। इसमें न केवल लोगों की भारी भीड़ को संभालने की चुनौती होती है, बल्कि इसमें नदी के जलस्तर पर भी दृष्टि रखनी पड़ती है। एक दिन में इसके कोण में 30 फुट तक का अंतर भी आ सकता है। इस प्रक्रिया का अन्तिम चरण है विखण्डन, जो कुम्भ मेले के अंतिम स्नान दिवस के बाद आरंभ होता है। मानसून के दौरान गंगा में बाढ़ आने से पहले इस क्षेत्र को कुछ हफ्तों के लिए खेती के लिए इस्तेमाल किया जाता है।

शहर के प्रशासन का कार्यान्वयन एक अस्थायी एवं लचीली सांगठनिक संरचना द्वारा किया जाता है। विविध पदानुक्रमों में संचार के दो अलग–अलग लिंक काम करते नजर आते हैं। जब बैठकों और शहर के विकास से जुड़े अलग–अलग परिस्थितियों में हर सदस्य के अधिकार

स्पष्ट हो जाते हैं और अधिकारों और सम्पर्कों के बीच के सम्बन्ध तैनाती के चरणों के हिसाब से अलग–अलग होते हैं। योजना के चरण में अंतःक्रियाएं छोटी विभागीय बैठकों में निश्चित की जाती हैं, जिनका अधिकार अधिकतर राज्य के प्रतिनिधियों का होता है। इस प्रक्रिया में उत्तर प्रदेश राज्य ने 28 विभागों के साथ–साथ राष्ट्रीय सरकार के सात अलग–अलग केन्द्रीय विभागों को भी शामिल किया है।

कार्यान्वयन वाले चरण में शासकीय प्रणाली अधिक क्रियाशील हो जाती है। वह अलग–अलग स्तरों पर ऐसे विधान सभा क्षेत्रों को स्पष्ट रूप से दर्शाती है जिन्हें साइट पर दिखाया जाता है। इस चरण में विभिन्न स्तरों से प्राप्त सूचनाओं को एकत्रित कर योजना को कार्यान्वित करने हेतु शीघ्र निर्णय लिया जाता है। इस अल्पकालीन नगर के सक्रिय होते ही संरचना की क्रियाशीलता अपने चरम पर पहुँच जाती है। प्रशासन के उच्चाधिकारियों द्वारा पहले से लिए जा चुके निर्णयों का कार्यान्वयन कुम्भ के राज्य और क्षेत्रीय स्तर पर किया जाता है। हर शाम इस उत्सव के दौरान कुम्भ प्रशासन की बैठकें होती हैं और इसमें प्रशासनिक ढांचे के हर स्तर से जुड़े अधिकारी हिस्सा लेते हैं। इससे प्रशासन को इस शहर के लिए किसी आकस्मिक आवश्यकता को पूरा करने या किसी अप्रत्याशित घटना का सामना करने की क्षमता मिलती है। जब पूरी प्रक्रिया समाप्त हो जाती है तो प्रायः प्रशासकों को पहले से मौजूद सरकारी ढांचे में पदोन्नत या पुनः नियुक्त किया जाता है। इतने विशाल उत्सव को आयोजित करने वाला सांगठनिक ढाँचा भी उस अस्थायी शहर की भाँति ही लुप्त हो जाता है। मानसून के दौरान मौसमी बाढ़ के कारण नदी इस पूरे इलाके को पानी से भर देती है।

परावर्तनीयता भी एक ऐसा मुख्य तत्त्व है जो शहर के भौतिक विन्यास को बनाये रखता है। कार्यान्वयन संबंधी रणनीति में साधारण तकनीक वाली निर्माण विधियों का इस्तेमाल किया जाता है जिसके फलस्वरूप अद्भुत इमारतों को आकार मिलता है। उत्सव के समाप्त होते ही शहर के निर्माण की प्रक्रिया को पलटने की संभावना भी रहती है। इस निर्माण में प्रयुक्त सामग्री को क्षेत्रीय और स्थानीय स्तर पर विभिन्न स्थानों और उद्योगों में पुनः प्रयोग में लाया जा सकता है। कुम्भ के दौरान भवनों के निर्माण में पुनर्गठजोड़ की बुनियादी तकनीक अपनायी गयी। लगभग 6 से 8 फुट लम्बे किसी डंडे की मदद से अलग–अलग एन्क्लोजर बनाए जाते हैं, इनसे छोटे तम्बू ही बनते हैं। इन संरचनाओं से थिएटर, स्मारक, मंदिर, अस्पताल आदि विभिन्न सामाजिक संस्थानों का निर्माण होता है।

इन सब के लिए एक सी ही निर्माण सामग्री होती है। ढांचे के लिए बांसों और बाकी जगह को ढंकने के लिए नालीदार चादरों और कपड़ों का इस्तेमाल किया जाता है और इस तरह की सरल निर्माण प्रणाली से न केवल उस जगह पर इन संरचनाओं को जोड़ना, इनमें परिवर्तन करना और इन्हें यहां से हटाना संभव होता है, बल्कि हर घटक और चीज का वितरण भी आसान हो जाता है। एक व्यक्ति या व्यक्तियों का कोई समूह हर सामग्री को इस तरह उपलब्ध कराता है कि उसे भारी मशीनरी के बिना भी उठाया और ले जाया जा सकता है। ये चीजें छोटी और इतनी हल्की होती हैं कि बड़ी तेजी से इस बस्ती के हर कोने तक ले जाई और वितरित की

जा सकती हैं, जिससे निर्माण और पुनर्निर्माण का काम बड़ी शीघ्रता और कुशलता से होता है। इतना ही नहीं, इस क्षेत्र के विभिन्न हिस्सों में ऐसी संरचनाएं बनाने और इनमें फेर–बदल करने में भी सुविधा होती है। हर चीज़ को सरलता से बनाना और हटाना भी संभव हो पाता है।

स्नान वाले अंतिम प्रमुख दिवस के बाद पूरी कुम्भ नगरी विखंडित होने लगती है। पिछले चक्र के दौरान ये अंतिम स्नान 17 फरवरी, 2013 को था। इस अवधि में तीन दिन तक भारी वर्षा के कारण कुछ अखाड़े, आश्रम और कल्पवासियों ने समय से पूर्व ही जाने का निश्चय किया। बारिश की वजह से सैक्टर–7 और 8 में जलभराव से टैंट भीग गए, लेकिन ज्यादातर लोगों ने इस स्थान को 20 से 26 फरवरी के बीच ही छोड़ा। 10 मार्च को स्नान के अंतिम दिवस पर कुछ ही श्रद्धालुओं ने स्नान में हिस्सा लिया। इस समय तक ये शहर लगभग खाली हो गया, बस कुछ सरकारी संरचनाएं ही यहाँ शेष रह गई थीं, इनमें से अधिकतर बिजली बोर्ड की संरचनाएं थीं। अब भी बहुत से आगंतुक एक या दो दिन के लिए यहां आ रहे थे।

कुम्भ की समाप्ति पर श्रद्धालु कार, ट्रक या ट्रैक्टर से अखाड़ों के शिविर और आश्रमों का सामान लेकर चले गये। हर धार्मिक समूह के मुख्य आयोजक और उनके अनुयायी आखिरी दिन तक यहीं टिके रहे। जब कोई धार्मिक समूह कुम्भ से रवाना होने वाला होता है तो शिविर को बनाने वाले ठेकेदार से सम्पर्क करता है। यदि कैम्प निर्माण के लिए स्वयं पैसा दिया हो, तो वे इस काम को निजी तौर पर करते हैं। यदि कैम्प का निर्माण कुम्भ मेला प्रशासक की राशि से कराया गया था तो ये काम सैक्टर मजिस्ट्रेट के माध्यम से होता है। तय दिनों पर ट्रक और कामगार आकर टैंट, प्लाईवुड और बाड़ बनाने वाली स्टील की शीटों के अलावा कैम्प की शेष सभी चीजों को भी ले जाते हैं। विखण्डन के पश्चात सारी सामग्री गिनकर स्टोर करने और क्षतिग्रस्त चीजों को अलग छांटने के लिए कम्पाउंड में ले जाई जाती है। इसके बाद अलग–अलग चीजों को ट्रकों में भरकर टैंट सप्लायरों को भेजा जाता है। हर ट्रक में एक अलग तरह की सामग्री होती है।

कुम्भ के समाप्त होने के उपरान्त सामान्य संरचनाओं के एक बड़े हिस्से को भी अलग–अलग कर दिया जाता है। उदाहरण के लिए, गंदे पानी और जल–आपूर्ति वाले पाइपों को खोद कर जल निगम ठेकेदारों द्वारा सभी टैप कनैक्शन को हटा दिया जाता है। इसी तरह टैंटों को भी हटा कर उनकी सामग्री को अलग–अलग करके मूल सप्लायरों को लौटा दिया जाता है। टैप कनैक्शन, मोटर और पाइप जल निगम स्टोर को लौटाए जाते हैं। इन चीजों को उत्तर प्रदेश जल निगम की अन्य परियोजनाओं में पुनः प्रयोग किया जाता है। इसके बाद एक मीटर लम्बे पाइप को ट्यूबवैल्स की ऊंचाई बढ़ाने के लिए एक अटैचमैंट के तौर पर वैल्ड कर दिया जाता है ताकि उनमें नदी का पानी न भर जाए।

सामान्य बुनियादी सुविधाओं का कुछ हिस्सा साइट पर ही रहता है। सीवरेज पिट्स पर से बांस की संरचनाएं हटा दी जाती हैं और इन्हें कैमिकल्स से ट्रीट करके रेत से ढंक दिया जाता है। ऐसा ही जलाशयों के साथ भी किया जाता है। रेत के बोरों और शौचालयों जैसी दूसरी संरचनाओं को हटा दिया जाता है। शौचालयों का निर्माण कुम्भ मेला प्रशासन करता है और

जिन्हें हटाना अनिवार्य होता है। सफाईकर्मी मल आदि को हटाते हैं। सेरेमिक शीट्स को मुख्य हैल्थ स्टोर में ले जाया जाता है। ईंटों और बांस को अलग–अलग ठेकेदारों को बेच दिया जाता है जो इनका इस्तेमाल दूसरी जगहों पर करते हैं। बिजली से जुड़ी संरचनाओं के साथ भी यही होता है, तारों को हटा कर लपेटा जाता है, पोल खोल दिए जाते हैं और धातु की चीजें स्टोरेज में रखी जाती हैं। विशेष इलैक्ट्रिसिटी बोर्ड हर पंजीकृत वस्तु की एक डिजिटल इन्वैंट्री रखती है।

इसके बाद अलग–अलग सैक्टर की सड़कों और पॉन्टून को अलग–अलग किया जाता है और इस इलाके में परेड ग्राउंड, रेलवे यार्ड के नजदीक और झूसी में बस स्टैंड के पास तीन प्रमुख स्टोरेज लोकेशनों पर लाया जाता है। सेतुओं को पहले रेलिंग, फिर प्लेट और सबसे आखिर में जॉइस्ट और पॉन्टून के टुकड़ों में अलग–अलग किया जाता है। राज्य सरकार विखण्डन के पश्चात् अलग–अलग जिलों की ज़रूरतों के आधार पर सेतुओं और सड़कों की सामग्री को रखने के स्थान का निर्णय लेती है।

कच्ची सड़कों वाले गांवों में जहां बाढ़ आती रहती है, इस सामग्री का उपयोग किया जाता है।

मेला खत्म होने के बाद केवल निर्माण सामग्री का ही पुनः उपयोग नहीं होता, बल्कि कचरे को भी एक संसाधन के तौर पर यहां से हटाया जाता है। इलाहाबाद और इसके आसपास के इलाकों से बहुत से सफाईकर्मी सामुदायिक रसोइयों से बचे कोयले को ईंधन के तौर पर इस्तेमाल करते हैं। रेत के उन बोरों को खाली करते हैं जिनसे रस्सी बनाने के लिए घाटों का निर्माण किया गया था। बेकार लकड़ी या बांस को भी आग जलाने के लिए ले जाते हैं। सफाईकर्मी इस जगह पड़ी लगभग हर चीज़ को ले जाते हैं जिससे ये जगह पूरी तरह साफ हो जाती है।

सारी चीजें यहां से हट जाने के बाद भी नदी के जलभराव वाले हिस्से में विन्यास और इस शहर की निशानियां नजर आती हैं, जैसे कि ईंटें और इस्तेमाल न हो सकने वाले शौचालय और यज्ञ की वेदियां। बड़ी प्रतिमाओं को तो ले जाया जाता है, लेकिन ईंटों से बनी उनकी चौकियां यहीं रह जाती हैं। शिवलिंग और अन्य छोटी–छोटी पवित्र प्रतिमाओं को भी यहाँ से नहीं ले जाया जाता। रेत के बोरों और बांस जैसी जैविक सामग्री को वक्त के साथ धीरे–धीरे खत्म होने के लिए यहीं छोड़ दिया जाता है।

विखण्डन से जुड़ी गतिविधि समाप्त हो जाने पर ये जगह फिर से अपने प्राकृतिक स्वरूप को पा लेती है। आसपास के गांवों के लोग खीरे और कद्दू जैसी मौसमी सब्जियां लगाने के लिए यहां क्यारियां बनाने लगते हैं। मिट्टी ज्यादा उपजाऊ बनाने के लिए तम्बुओं के फर्श पर बिछी घास को जलाया जाता है। आसपास छोटे–छोटे कुएं बनाए जाने से खेती वाली ये जगह काफी समृद्ध हो जाती है। सैक्टर–5 में मौजूद अंत्येष्टि स्थल में भी घास–फूस उगने लगती है और नदी का किनारा फ़िर से हरा–भरा हो जाता है।

उपरोक्त प्रक्रियाओं के वर्णन से स्पष्ट है कि परम्परागत शहर निर्माण के तरीकों को बदलने के सबसे अनोखे अवसर कुम्भ की सरल और कम तकनीक वाली तरकीबों से हासिल

होते हैं। कुम्भ की विशेषता केवल छोटी सी अवधि में निर्माण ही नहीं, बल्कि इसे शीघ्र और बड़े कार्यकुशल ढंग से हटाना भी है। कुम्भ में बनाई जाने वाली संरचनाओं में भवन निर्माण की सरल तकनीकों के कारण अधिक लचीलापन देखने को मिलता है। इन संरचनाओं को बनाने के लिए डंडों आदि को रस्सी से बांधा जाता है या फिर इनमें कीलें ठोकी जाती हैं, जिस कारण इनके प्रयोग की संभावनाएं अधिक हो जाती हैं। एक विशेषता ये भी है कि इसका इस्तेमाल अलग–अलग स्थितियों में किया जा सकता है और किसी भी पल उनमें परिवर्तन की क्षमता रहती है। तम्बुओं को बनाने, यहां बाड़ लगाने और कई मीटर ऊंचे स्मारकों के निर्माण से जुड़ी दूसरी जगहों पर दोबारा इस्तेमाल किया जा सकता है।

निर्माण का ये तरीका हमारी समकालीन निर्माण सभ्यता के विपरीत है। प्रश्न यह उठता है कि तत्कालीन प्रयोग के पश्चात् ऐसी वस्तुओं का कैसे उपयोग किया जाए? आजकल भवन निर्माण लम्बे समय तक उपयोग की दृष्टि से बनाये जाते हैं। अक्सर इन्हें बनाते समय इनमें परिवर्तन की आवश्यकता का ध्यान नहीं रखा जाता। इन संरचनाओं को बनाने के लिए एक बेहद स्पष्ट तकनीक विकसित की है, जिनके माध्यम से ज्यादा पेचीदा और कार्यकुशल निर्माण प्रक्रियाओं को अंजाम दिया सकता है, लेकिन इन संरचनाओं को खोलने और हटाने के कार्यकुशल तरीकों के संबंध में बहुत कम सोचा गया है। हम कुम्भ मेला से ये सीख सकते हैं कि सबसे गैर–वहनीय परम्पराएं निर्मित इमारतों के निर्माण पर निर्भर नहीं करतीं। ये इस बात पर निर्भर करती है कि हम पहले से निर्मित जगह को नया रूप देने में कितने अकुशल हैं। दुर्भाग्य से स्थायी संरचनाओं को गिराये बिना शहर के विकास और नई जरूरतों के लिए जगह हासिल नहीं की जा सकती। संक्षेप में डिज़ाइन से जुड़ी संकल्पना के एक अभिन्न हिस्से के रूप में अलग–अलग करने से जुड़ी रणनीतियों को शामिल करने की कमी और निर्माण से जुड़े नियम समकालीन शहरी इलाके के लचीले और वहनीय रूप को बाधित करते हैं।

एक ऐसे परिप्रेक्ष्य में, जहाँ निर्माण परिवेश की रचना में डिजिटल यंत्रों का प्रवेश अवश्यम्भावी सा दिखने लगा है, न्यूनतम तकनीक की रणनीति अपनाकर संभवतः हम इस परिवेश से जुड़ी विभिन्न शाखाओं में, पूर्वनिर्मित स्थान (constructed space) को पुनः पारिभाषित कर पायें। तकनीक से जुड़े तत्वों में कटौती से अस्थायी नगरों के निर्माण का मार्ग सुगम हो सकता है। कुम्भ नगरी के निर्माण के गहन अध्ययन से हम बहुत कुछ सीख सकते हैं। वर्तमान में प्रारूपण (design) से जुड़ी ऐसी कितनी गलतफहमियाँ हैं जिन्हें चुनौती दी जा सकती है।

ग्रहणशीलता

कुम्भ नगरी प्रारूपण के उस विचार को चुनौती देती है जो रैखिक आपादमस्तक, अति दृढ़संकल्पी, संतुलित, एकाग्रित एवं प्रकरणबद्ध प्रयासों को प्रमुखता देती है। जब संदर्भ समकालीन नगरों के नागरीय प्रश्नों को सम्बोधित करने का हो, तब चार्ल्स बाल्दहेम के 2010 में प्रकाशित लेख "On Landscape Ecology and Other Modifiers to Urbanism" का उल्लेख स्वाभाविक है,

जिसमें वो अपूर्णता (incompletion) तथा स्थानिक–लौकिक ग्रहणशीलता (Spatial-temporal) को केन्द्रीय भूमिका में स्थान दिलाने की वकालत करते हैं। इसी सन्दर्भ में जब अस्थायी नागरीय प्रबलता (urban intensity) तथा स्थायी रूप से प्राप्त हो चुके घनत्व की चर्चा साथ–साथ की जाने लगी है, तब इस बात की प्रबल सम्भावना है कि नगरीकरण की प्रक्रिया में ध्यान 'न्यायसंगत तथा संकीर्ण' समाधानों से हटकर एक ऐसे समाधान पर केन्द्रित हो जाएगा जो अधिक व्यापक तथा ग्रहणशील हो। इसी कारण से आज हम यह सोचने के लिए विवश हैं कि विविध स्तरों पर अतिरंजित परिस्थितियों में आखिर वो कौन सा नगर–प्रारूप है जो हमारे लिए सर्वाधिक उपयुक्त हो सकता है।

पिछले कुछ दशकों में तकनीक ने रचनाकारों को आकृति (form) तथा पदार्थों (matter) को नियंत्रित करने की एक ऐसी क्षमता प्रदान कर दी है जिसके विषय में पहले सोचा भी नहीं जा सकता था। मानचित्रण की तकनीक से हम बेहतर पूर्वानुमान कर सकते हैं तथा ऐसी जटिलताओं को भी भाँप सकते हैं जो नैसर्गिक या कृत्रिम कार्य–प्रणालियों को प्रभावित करने की क्षमता रखती हैं। सम्भावनाओं का एक नया संसार प्रकट होने से विशेष कर डिजिटल डिज़ाईन तथा रचना के क्षेत्र में किसी भी नगर के विकास के प्रारूप एवं प्रदर्शन के पूर्वानुमान की क्षमता हमें प्राप्त हो गयी है। कुछ भी सृजित कर सकने की महत्त्वाकांक्षा के साथ यह तकनीक हमें अभौतिक तथा कागज़–विहीन परिकल्पना के इर्द–गिर्द प्रारूपण तथा नियोजन की अपनी प्रक्रिया को पुनर्निर्मित करने का अवसर भी प्रदान करती है, ताकि कार्य का पूर्वानुमान लगाकर एक विशिष्ट प्रारूप तैयार किया जा सके।

कुम्भ मेले के कुछ पहलू हमें यह भी बताते हैं कि रचना–प्रारूप को एक अपूर्ण, वृत्त्य तथा अंसतुलित प्रक्रिया के रूप में समझना कितना महत्त्वपूर्ण तथा लाभकारी हो सकता है। कुम्भ की रचना, नियंत्रण तथा विखण्डन की प्रक्रिया हमें यह समझने का अवसर प्रदान करती है कि कुछ परिदृश्य ऐसे भी हैं जिसमें कोई नगर अपने अपूर्ण और ग्रहणशील तंत्र में भौतिक संवाद (material discourse) की विविध लौकिकताओं को भी समाविष्ट कर लेता है।

रिचर्ड सेन्नेट के लिए, किसी नगर की 'ग्रहणशीलता' से तात्पर्य उस अवस्था से है जो अपूर्णता लिए हो, गुमराह करती हो, विरोध का पक्ष सामने रखने वाली हो तथा किसी निश्चित रेखा पर आश्रित न हो। कुम्भ नगरी के रूप गें हमारे समक्ष जनसामान्य के लिए एक प्रोजेक्ट है। साथ ही इसके मार्गदर्शन की नीतियाँ भी आदर्शों के रूप में लोगों के ही सुपुर्द कर दी जाती हैं कि वो इन्हें स्वयं ही सवंर्द्धित, परिवर्तित तथा व्यवहृत बना सकें। कुम्भ मेला एक ऐसी परियोजना है जो किसी निश्चित योजना की भाँति पारिभाषित नहीं होती, न ही यह भवनों तथा भू–खण्डों को एक निश्चित परिभाषा में बाँधती है। यह संकल्पना एवं मानचित्र के मध्य अमूर्त जैसा कुछ है। यह विभिन्न घटकों के मध्य एक सम्बन्ध जैसा है जो रूप बदलते कछार पर वैचारिक रूप से नगर की रचना हो जाने के बाद से ही समय के साथ–साथ व्यवस्थित और विशिष्ट होता चला जाता है। ज़मीनी स्तर पर अखाड़ों, यहाँ निवास करने वालों आगन्तुकों के मध्य होने वाले अनेकों चरणों के समझौतों के बाद ही भौतिक रूप से यह नगर मूर्त रूप ले पाता है। ये

समझौते तब तक चलते रहते हैं जब तक कि स्थानिक स्तर पर किसी निष्कर्ष पर नहीं पहुँचा जाता। रूप बदलती भौगौलिक परिस्थितियों तथा विभिन्न तत्त्वों के मध्य संवाद के पश्चात् अन्ततः यह नगर मूर्त रूप ले पाता है।

ज़मीनी स्तर पर नगर–परियोजना के पूर्ण हो जाने पर नगरी के अदंर वर्तमान सीमायें दिखाई देने लगती हैं। ये सीमायें निर्दिष्ट स्थान, प्रकृति एवं व्यवहार सबमें भिन्नता लिए होती हैं और अनेक वैज्ञानिक अभिव्यक्तियों को जन्म देती हैं। नगरीय पैमाने पर 'ग्रहणशीलता' तथा 'सीमित' की तुलना करने हुए रिचर्ड सेन्नेट एक अन्तर को सामने रखते हुए कहते हैं कि एक सीमित बंद नगर में दीवारों एवं अहातों की भरमार होती है, जबकि एक खुले नगर में सीमा रेखाएं तथा पारदर्शी विभाजक बड़ी संख्या में होते हैं। इस मामले में बड़ी दीवारों के स्थान पर भाँति–भाँति की पतली चादरें अत्यंत परिष्कृत विभाजन प्रदान करती हैं। ये संरचनायें पूरी तरह से भेद्य भी होती हैं और विभाजित करने में सक्षम भी होती हैं। ये संरचनायें कुम्भ में मात्र विभाजक की ही भूमिका नहीं निभाती, अपितु ये तो वो छिद्रित परतों वाली खड़ी हुई सीमायें होती हैं, जो एक अस्थायी, लेकिन प्रभावी स्थानिकता को पारिभाषित करते हुए सम्पर्कों एवं सम्बन्धों की मध्यस्थता करती हैं। कुम्भ मेले की ये छिद्रित सीमायें ही यहाँ के स्थूल योजनागत ढाँचे को स्थान अधिग्रहण एवं आन्तरिक संस्थाओं को सम्प्रदाय सम्बन्धी प्रबल भावना से युक्त एक मूर्त रूप प्रदान करती हैं।

इस अस्थायी नगर में सार्वजनिक, निजी और पवित्र स्थान एक जगह मिले हुए भी लगते हैं और अलग भी। उदाहरण के लिए, इस पर्व के दौरान जिस तरह भोजन का आयोजन हुआ, उससे स्थानों को अलग–अलग पहचानने में आसानी हुई। कुम्भ मेले की अस्थायी सड़कों के किनारे गिनी–चुनी दुकानें, स्टॉल और सड़कों पर सामान बेचने वाले नजर आए। गलियों में जहां कुछ छोटे–मोटे चाय और शैम्पू बेचने वाले नजर आए, वहीं धार्मिक वस्तुएं और दूसरी चीजें बेचने वाले बड़े चौराहों पर ही दिखे। खाने का व्यापार करने वाले बड़े स्टोर पूरी तरह अनुपस्थित थे। ये आश्चर्य की बात है कि कुम्भ मेले जैसे विशाल आयोजन की सीमाओं के अंदर व्यापार की कोई व्यवस्थित प्रणाली नहीं थी। धार्मिक संगठन, श्रद्धालु और आगंतुक अपने साथ खाना लाते हैं और इसमें से ज्यादातर खाना बड़े–बड़े तम्बुओं में मुफ़्त बांटा जाता है जिनमें लोग कतारों में बैठकर एक साथ भोजन ग्रहण करते हैं। इस बस्ती की सीमाओं से बाहर, स्थायी शहर की सीमा पर खाने की चीजों से लेकर कपड़े तक के कारोबार के लिए बाजार सजे थे। इन चीजों को बेचने वाले लोगों से बात करके हमें पता चला कि यहां स्टॉल कई साल से किराये पर लगाए जाते हैं और वही लोग अलग–अलग मेलों में छोटे कारोबार चलाते रहते हैं। इनमें से अधिकतर लोग उत्तर प्रदेश के ही आसपास के शहरों से आते हैं। काफी सामान झूसी बाजार से लाया जाता है। इसके अलावा चीजों की बिक्री के लिए रास्तों के साथ–साथ कुछ छोटे स्टॉल बहुत जल्दी लगा लिए जाते हैं। दिलचस्प बात ये है कि इस तरह का बाजार हर कहीं नजर नहीं आता। ये केवल उन गिनी–चुनी सड़कों पर ही नजर आता है जहां बड़े अखाड़े हैं या जो इस अस्थायी शहर की प्रमुख सड़कों का एक हिस्सा हैं। कुम्भ मेले में आने वाले ज्यादातर लोगों

के पास ज्यादा पैसा नहीं होता, शायद इसीलिए उन पर ऐसी धार्मिक यात्रा के दौरान खरीदने का दबाव भी नहीं होता।

कुम्भ मेला स्थान पर रहने वाले 30 लाख लोगों को अपना भोजन लंगर में मिलता है। (ऐसे विशाल सामुदायिक भोज का आयोजन हर अखाड़े द्वारा दिन में तीन बार किया जाता है।) हमारे कुछ साक्षात्कार (इंटरव्यू) के अनुसार मेले के सबसे व्यस्त दिनों में एक लाख से अधिक श्रद्धालु दिन में तीन बार भोजन ग्रहण करते हैं। हर अखाड़े और आश्रम के अपने स्वयंसेवक होते हैं जो इन लंगरों के लिए खाना पकाने, इन्हें व्यवस्थित करने और सामान का इंतजाम करने में मदद करते हैं।

वे अपने क्षेत्रीय संसाधनों का इस्तेमाल करते हुए, अपने प्रतिनिधियों को एक सप्ताह में कई बार इलाहाबाद, झूसी और नैनी के बाहरी हिस्सों में मौजूद होलसेल बाजारों में स्थानीय खेतों से आने वाली ताजा सब्जियों को खरीदने के लिए भेजते हैं। लंगर के भोजन में श्रद्धालुओं द्वारा चढ़ावे के रूप में सब्जियाँ, चावल और आटे की थोड़ी–थोड़ी मात्राओं को भी शामिल करते हैं। यद्यपि मेला प्रशासन अनाज, चावल और तेल के लिए दुकानों की व्यवस्था करता है, लेकिन अखाड़े और आश्रम पंजाब, कश्मीर और भारत के अन्य हिस्सों से चावल, आटे और जलावन की लकड़ी का अपना स्टॉक साथ लेकर आते हैं। हर अखाड़ा अपने आप में एक ऐसी आत्मनिर्भर संस्था होती है जो अपने सदस्यों और मेहमानों को सेवाएं उपलब्ध कराती हैं।

कुम्भ मेले की सीमाओं के निर्धारण मात्र छिद्रित संरचनाएं ही नहीं, अपितु अखाड़ों के पवित्र स्थलों को निर्दिष्ट करती पताकायें भी होती हैं। ये वो अभौतिक सीमांकन होते हैं, जो पूर्ण रूप से अलग नियमों को पारिभाषित करते हैं। परम्पराओं के अनुरूप पताका के आस–पास के घेरे में ही पंथ विशेष के लिए स्थान की व्यवस्था की जाती है। ये पताकायें शिविर के केन्द्र में स्थित होने के कारण सड़कों से साफ़ दिखाई देती हैं। पताकायें विभिन्न अखाड़ों की पहचान बताती हैं और सबसे बड़ी पताका सर्वाधिक प्राचीन तथा विशाल 'जूना अखाड़े' का प्रतीक होती है। गुरु और भक्तों के शिविर पताकाओं के आस–पास ही लगाए जाते हैं। प्रमुख गुरु के निवास की व्यवस्था प्रवेश मार्ग से पताका तक पहुँचने वाले मार्ग पर की जाती है। किसी भी गुरु का महत्त्व उसके भक्तों की संख्या पर निर्भर करता है और मेले में इस आधार पर हुए स्थल आवंटन से भी यह बात स्पष्ट रूप से दिखती है। प्रमुख स्थानों वाला स्थल अधिक विशिष्ट गुरुओं को दिया जाता है ताकि वो अपने भक्तों की बड़ी संख्या के साथ संवाद कर सकें। जब भक्तों की भीड़ उस निर्धारित स्थान से भी अधिक हो जाती है, तब एक नये उपनगरीय अखाड़े का निर्माण किया जाता है, जिसकी अपनी सीमायें होती हैं और अपनी पताका भी होती है।

सेक्टरों के अन्दर भी, महत्व के आधार पर ही अखाड़ों की व्यवस्था की जाती है। सर्वाधिक प्राचीन और विशाल 'जूना अखाड़ा' को सबसे महत्त्वपूर्ण स्थान दिया जाता है। महानिर्वाणी तथा निरंजन अखाड़े भी इसके समीप ही स्थित होते हैं। इन धार्मिक अखाड़ों से गुजरते हुए कुम्भ की एक अत्यंत रोचक, परन्तु जटिल विशेषता सामने आती है। वो विशेषता यह है कि कुम्भ के प्रत्येक नए संस्करण में होने वाले अभूतपूर्व परिवर्तनों के बाद भी इन अखाड़ों की

स्थानिक रूपरेखा पूर्ववत् ही बनी रहती है, संरचनाओं तथा स्थानिक एवं आन्तरिक समीकरणों को भी पूर्ववत् बनाये रखा जाता है। रिचर्ड सेन्नेट के विचारों को आगे बढ़ाते हुए यह कहा जा सकता है कि कुम्भ नगरी को एक ऐसे खुले नगर के रूप में देखा जा सकता है जिसमें सही अर्थों में विकास दिखे, न कि विलोप दिखाई देता है।

कुम्भ मेले में संरचनात्मक विवरण या मास्टर प्लान की परिगणना, नियोजन या विखण्डन के विभिन्न चरणों तथा स्तरों पर ग्रहणशीलता नज़र आती है। हम अनुभव करते हैं कि यह विराट आयोजन इतनी सुदृढ़ता और लचीलेपन के साथ उस उदार विचार से प्राप्त होता है कि वो लोगों की बातचीत, अधिकारियों के व्यावहारिक अनुभव, श्रद्धालुओं, कल्पवासियों तथा संतों के आध्यात्मिक अनुभव, सबको अपने आप में समाविष्ट किये रहता है। इतनी प्रवाही ग्रहणशीलता उस अन्तर्निहित आत्म–विश्वास का परिणाम है जिसे समान धार्मिक उद्‌देश्यों से बल प्राप्त होता है। रिचर्ड सेन्नेट के शब्दों में "कुम्भ नगरी अन्य 'बंद' नगरों से उस अर्थ में भिन्न और लचीली है कि यह एक "निम्नतम बिन्दु से अस्तित्व में आया हुआ लोगों का नगर" है। कुम्भ मेला प्रारूपण तथा नियोजन की वर्तमान कार्यप्रणाली को इस आधार पर चुनौती देता है, कि उसके द्वारा प्रयोग में लाए गए अपूर्ण एवं तात्कालिक उपायों पर निर्भरता के तत्त्व किस भाँति निर्माण के मूल तत्त्व बन सकते हैं।

ग्रहणशीलता यह भी दर्शाती है कि किस प्रकार किसी नगर को साकार किया जा सकता है। संरचनात्मक उपाय, चरम स्तर पर सामान्य समाधानों से शक्ति पाते हैं, जो सम्मिश्रण के लिए सदैव तत्पर दिखते हैं। उदाहरण के लिए, इस्पात की वो पट्‌टिकाएं जिन्हें चार लोग उठा कर कहीं भी लगा सकते हैं। बाँस के ढाँचों पर चढ़ाए जाने वाले, हाथ से सिले, कपड़ों के तम्बुओं की सरलता, जो किसी भी रंग–रूप में सजकर इस महानगर का हिस्सा बन जाते हैं। अधिकतर मामलों में भारी मशीनरी और कुशल विशेषज्ञों की आवश्यकता ही नहीं पड़ती। सम्मिश्रण के माध्यम से, 'कम भवनों' की रणनीति को केन्द्र में रखकर विशुद्ध रूप से विजातीय सरंचनाओं की व्यवस्था की जाती है। तकनीक का चुनाव अधिकतम लचीलेपन को ध्यान में रखकर किया जाता है। सुदृढ़ता किसी भी परिप्रेक्ष्य में लागू हो सकने वाले अनिश्चित उपायों के प्रयोग से विशिष्ट एवं निश्चित लक्ष्य प्राप्त करने की क्षमता से आ सकती है। कुम्भ मेले की प्रत्येक 'कम भवन वाली तकनीक' एक मूलभूत मॉड्यूल की पुनरावृत्ति तथा पुनः सम्मिश्रण पर आधारित होती है, जिनमें एक सहज जुड़ाव होता है। सामान्यतः बहुत सारे डण्डों को मिलाकर छोटे–बड़े तम्बुओं की संरचनाओं के रूप में सामने आती हैं। थियेटर्स, भवन, उपासनागृह और अस्पताल आदि जैसी विभिन्न सामाजिक संस्थायें इसी तरह से अस्तित्व में आती हैं। इस निर्माण का मूल आधार बाँस की बल्ली होता है जिस पर लहरदार धातु और कपड़ों की चादरें लपेट कर संरचनाओं को अंतिम रूप दिया जाता है।

भवन–निर्माण तंत्र की सरलता न सिर्फ स्थल पर होने वाले संयोजन विन्यास व्यवस्था या विखण्डन की प्रक्रिया को प्रकट करती है, बल्कि यह संभार तंत्र (Logistics) तथा वितरण के माध्यमों को भी सुगम बनाती है। निर्माण सामग्रियों को बिना किसी भारी–भरकम मशीनरी की

सहायता के एक स्थान से दूसरे स्थान तक शीघ्रता से ले जाना सुगम होता है। इससे निर्माण और विखण्डन दोनों ही सुगम हो जाते हैं तथा यह क्षेत्र की भौगोलिक परिस्थितियों में आसानी से अवशोषित भी हो जाती है। अतः यह रणनीति मात्र कुम्भ मेले के लिए ही नहीं, अपितु क्षेत्रीय अर्थव्यवस्था के लिए भी लाभकारी है।

पर्व की समाप्ति पर विखण्डित नगर के घटकों को पुनर्चक्रित या पुनः प्रयुक्त कर लिया जाता है। धातुओं या प्लास्टिक की वस्तुएँ या तो गोदामों में संग्रहित कर ली जाती हैं या अन्य मेलों व स्थानीय निर्माण कार्य में फिर से उपयोग में लायी जाती हैं। बाँस, पुआल आदि जैविक वस्तुएँ क्षरित होने के लिए स्थल पर ही छोड़ दी जाती हैं। बाढ़ के पानी से पोषित होकर कुम्भ स्थल फिर से कृषियोग्य भूमि में परिवर्तित हो जाता है। अगले मेले अर्थात् ग्यारह वर्षों तक यह मानसून चक्र ऐसा ही चलता रहता है। नियोजन, नगर–प्रारूपण, स्थल प्रयोग तथा निर्माण सम्बन्धी ये ग्रहणशील उपाय अन्य अल्पकालिक बस्तियों, शरणार्थी शिविरों, आपदा राहत शिविरों तथा अन्य भावी नगर–प्रारूप या पुनः प्रारूपण परियोजनाओं में भी लागू किये जा सकते हैं।

एक रणनीति के तौर पर वृद्धि सम्बन्धी प्रारूपण (incremental design) के नए तरीकों को अपनाने के सन्दर्भ में हाल में कुछ चिन्तन देखा गया। नगरीय मापदण्ड के स्तर पर इसमें अभी और अनुसंधान की आवश्यकता है। नई तकनीकों से पूर्ण नियंत्रण की जिज्ञासा को व्यावहारिक और वैचारिक प्रयासों ने चुनौती दी है। नैसर्गिक उत्क्रम माप के सन्दर्भ में अपूर्णता एवं वृद्धि आधारित प्रारूपण को अधिक प्रभावी रणनीति के रूप में स्थापित होने में मदद मिली है। वृद्धि–आधारित गृह–नियोजन के अनुभवों को अधिक स्थायी नगरों पर भी लागू किया जा सकता है।

सूक्ष्म भेद युक्त लौकिकता की ओर

कुम्भ मेले के अध्ययन से अब यह बात स्पष्ट होने लगी है कि संस्थागत एवं तकनीकी परम्पराओं के एक आवश्यक घटक के रूप में लौकिकता को प्रभावी ढंग से लेखबद्ध करना आवश्यक हो गया है। लौकिक भू–खण्ड की खोज नागरीय परिस्थितियों में स्थायित्व की परम्परागत मान्यता को चुनौती देकर इस विमर्श को जन्म दे सकती है। यह अब चर्चा का विषय हो सकता है कि नगरों का भविष्य अब भवनों के पुनर्विन्यास तथा आधारभूत संरचनाओं पर कम, किंतु लचीली तकनीक, सामग्री तथा सामाजिक एवं आर्थिक भू–खण्ड की कल्पना की क्षमता पर अधिक निर्भर करता है। इसका अर्थ यह हुआ कि हमें कुछ ऐसे नगरों या कम से कम उसके कुछ हिस्सों को ऐसा प्रारूप देना होगा जिसकी रणनीति कल्पित लौकिक मापदण्ड और समाधान के निकटवर्ती सम्बन्ध से उपजी हो।

कालिस्की के अनुसार,''समकालीन पूर्णकालिक नगरों में लौकिक पक्ष का अभाव दिखता है''। कुम्भ मेले के निर्माण एवं इसके अधिभोग से नगरीकरण के रूप को यह उक्ति सिद्ध करती है। कुम्भ मेला स्थानिक निर्माण का एक लचीला मॉडल प्रस्तुत करता है। यह लौकिक, चक्रीय, निरंतर समृद्ध होने वाला और पर्यावरण परिवर्तन के साथ सामंजस्य स्थापित करने वाला है।

साथ ही इस पवित्र भौगोलिक क्षेत्र के साथ उनका संपर्क भी कराता है। जनसंख्या के वेग तथा उसकी सघनता से उत्पन्न दबाव का आकलन किया जाता है और इस बात का ध्यान भी रखा जाता है कि स्थानिक तौर पर किसी धार्मिक परम्परा को मिटाया या अवरुद्ध न किया जा सके। इस नगर की रचना ही इस तरह की जाती है कि इसमें मानवीय अनुभव साकार हो सकें और इसके केन्द्र में इसका धार्मिक तत्त्व भी विद्यमान रहे।

कुम्भ नगरी के निर्माण तथा विखण्डन के बाद मन में एक प्रेरणादायक विचार आता है कि प्रारूपण के चरण में ही विविध लौकिक तत्त्वों की पूर्वकल्पना करके उन्हें समाविष्ट किया जाना चाहिए। वास्तुविदों तथा नियोजकों को मास्टर प्लान में दर्शायी गयी संरचना में आरम्भ से ही परिवर्तन को एक सक्रिय तत्त्व के रूप में स्थान देना चाहिए। परिवर्तन सर्वव्यापी है और ऐसे संदर्भों की सूक्ष्म विवेचना से यह ज्ञान प्राप्त होता है कि प्रत्येक नगर किसी न किसी रूप में आन्तरिक पुनर्निरूपण (internal reformulation) की निरंतर प्रक्रिया से होकर गुज़रता ही है। निरंतर विखण्डन की प्रक्रिया चलती ही रहती है। प्रत्यक्ष या परोक्ष रूप से इसके घटक अलग–अलग गति से क्षीण पड़ते जाते हैं, साथ ही भौगौलिक परिस्थितियाँ भी अलग–अलग गति से बदलती हैं। प्रारूप में निहित परिवर्तनग्राह्यता लचीले सुनम्य एवं क्षीण संरचनाओं के निर्माण में सहायक सिद्ध होती है।

कुम्भ नगरी से उस नगरीकरण की ओर अग्रसर होना सीख सकते हैं, जिसमें निर्मित पर्यावास की क्षणभंगुरता परिवर्तन के बुद्धिमतापूर्ण प्रबन्धन को एक आवश्यक तत्त्व माना जाता है। इस मामले में परिवर्तन की विभिन्न परतों को प्रबन्धित किया गया तथा उन पर समझौते किए गए। स्थिर एवं स्थायी परिस्थितियों में भी योजना बनाते समय लचीले प्रारूपण को अपनाया जाना चाहिए।

परिष्कृत तकनीक के पक्ष को तो इस अध्ययन में भली–भाँति रेखांकित किया ही गया है। यहाँ रहते हुए जिन अनुभवों को जिया गया या महसूस किया गया, वे वास्तव में अद्भुत हैं। एक पहाड़ी की चोटी पर खड़े होकर विराट अल्पकालिक, दूर तक पसरे कुम्भ नगरी की छटा निहारना स्वयं में एक सुखद अनुभव था। दूर से यह अनुमान लगाना असम्भव था कि यह एक अल्पकालिक नगर नियोजन, अभियांत्रिकी और निर्माण का एक ऐसा उदाहरण है जो कुछ ही महीनों में बनाया गया और उससे भी कम समय में विखण्डित किया जाएगा। हम वहाँ निस्तब्ध खड़े निहारते और सोचते रहे कि कैसे इस अल्पकालिक नगर को, इसके शिविरों को, इसकी सड़कों को और इसकी संरचनाओं को समझें और इसका चित्रण करें। हम हत्प्रभ थे यह सोच कर कि किस प्रकार मूलभूत तत्त्वों की सहायता से किसी सामान्य नगर की एक प्रवाही प्रतिलिपि सृजित की जा सकती है। तभी किसी ने अखाड़े से जुड़ी शिविर–प्रमुख साध्वी से एक प्रश्न पूछा, ''यह समस्त भू–खण्ड जिस पर यह नगर बसा है, क्या सचमुच बाढ़ के पानी में डूब जाता है? और हमने पूछा ''क्या बरसात के मौसम में नदी तट तक पहुँचना सचमुच मुश्किल है?'' उन्होंने तुरन्त उत्तर दिया ''हाँ'' यह हमारा सौभाग्य है कि कुम्भ मेले के समय माँ गंगा पीछे हट जाती है, ताकि हम बैठ सकें उनकी गोद में।''

व्यक्ति विशेष चित्र

गाइल्स प्राईस

सांख्यिकी

क्षेत्र

1,936.56
हैक्टेयर्स

सेक्टर

14

पार्किंग स्थल

99

पुलिस थाने

30

राज्य पुलिसकर्मी

12,461

केन्द्रीय अर्धसैनिक बल

40

सीसीटीवी कैमरे

85

परिवर्तनीय साइनबोर्ड

30

फायर स्टेशन

30

सड़कों की लम्बाई

156
किलोमीटर

पॉन्टून सेतु

18

पानी के लिये पाइप
लाइनों की लम्बाई

550
किलोमीटर

पानी के नल

20,000

चालू हालत में पानी के नलकूप

40

प्रतिघंटा बिजली की
किलोवॉट खपत

30
मेगावाट एम्पीयर

बिजली की सप्लाई
क्षेत्र की लम्बाई

770
किलोमीटर

स्ट्रीट लाइट्स

22,000

बिजली के निजी कनैक्शन

130,000

बिजली के सबस्टेशन

73

एलोपैथिक अस्पताल

14

होम्योपैथिक अस्पताल

12

आयुर्वेदिक अस्पताल

12

अस्पताल के बिस्तर

370

व्यक्तिगत शौचालय

35,000

सार्वजनिक शौचालय

340

ट्रेन्च पैटर्न

7,500

गैर–पारम्परिक शौचालय

1,000

अस्थायी बस स्टेशन

5

क्षेत्रीय बसों की संख्या

892

स्थानीय बसों का इस्तेमाल

3,608

अनुमानित तीर्थयात्री

120,000,000

तीर्थयात्रियों का पचपन दिनों का निवास (अनुमानित)

5,000,000

रेलवे स्टेशन

7

मेले के लिए रेलगाड़ियों की संख्या

750

त्योहार के दौरान खोये लोगों की संख्या (अनुमानित)

200,000

ग्रन्थसूची संदर्भिका

अबुबकर इब्राहिम एट अल. जनसभा के साथ जुड़े संक्रामक रोगों की रोकथाम के लिए "वैश्विक परिप्रेक्ष्य" *लैंसेट संक्रामक रोग* 12.1 (2012): 66–74

एगमबेन, जियोर्जियो और डैनियल हेलर–रोज़न। *होमो सेसर सर्वश्रेष्ठ सत्ता और नग्न जीवन* स्टैनफ़ोर्डः स्टेनफोर्ड विश्वविद्यालय प्रेस, 1998

एगीयर, मिशेल और डेविड फर्नबाश, *अवांछनीय चीज़ों का प्रबन्धनः शरणार्थी शिविरों और मानवीय सरकार के प्रबंध* कैम्ब्रिजः राजनीति, 2011

अलघ, योगेंद्र के "दक्षिण एशिया में पानी और खाद्य सुरक्षा" जल *संसाधन विकास की अंतराष्ट्रीय पत्रिका* 17.1 (2001): 23–36

आयागरी, ऐ., एट अल. "महाकुम्भ मेले में हैजो की रोकथाम के लिये टेलीमेडिसीन का उपयोग, प्रयाग, उत्तर प्रदेश, भारतः एक उत्साहवर्धक अनुभव" *टेलीमेडिसीन पत्रिका और ई स्वास्थ्यः अमेरिकी टेलीमेडिसीन* संघ की आधिकारिक पत्रिका 9.1 (2003): 89–94

बैब लॉरेन्स ए. "हिन्दू धर्म में संवाद की झलक *मानव विज्ञान अनुसंधान पत्रिका* 37.4(1981): 387–401, मुद्रण

बागची, सी, और एस. सी. बनर्जी "कुम्भ मेला (1966): पर्यावरण की स्वच्छता और अन्य संबंधित उपायों के पहलू" *इन्डियन जर्नल ऑफ पब्लिक हेल्थ* 11, न. 4 (1967): 180–84

अन्य मूल्यांकन इन्डियन जनरल ऑफ पब्लिक हैल्थ, 11, न. 4 (1967): 180–84

बालराजन वाई. एस. सेल्वराज, और एस. वी. सुब्रमण्ययम. *"भारत में स्वास्थ्य की देखभाल और समानता" द लैंसेट* 377,9764 (2011): 505–15

बैंक्स ए लैस्ली "भारत में धार्मिक मेले और त्योहार" *द लैंसेट* 277,7169 (1961): 162–63

बेलिनकोन, सेरिगो. "स्यूदाद एफ़िमेरास" *क्वाड्रन्स ड'आर्कटेकटयूरा आई* अरबन्सम 234 (2002): 12 ff.

बेटनकोर्ट, लुईस एम. ए. एट. अल. "शहरों में विकास, नवपरिवर्तन स्केलिंग (प्रवर्धन) और जीवन की गति" *नेशनल एकेडमी ऑफ साइंसेज़ की कार्यवाही* 104.17 (2007): 7301–06.

भारद्वाज, सिन्दर मोहन. *"प्रयाग और कुम्भ मेला" पुराण* 19.1 (1977): 81–179.

– *भारत में हिन्दू तीर्थ स्थानः सांस्कृतिक भूगोल का एक अध्ययन।* वर्कले; यूनिवर्सिटी ऑफ कैलिफोर्निया प्रेस, 1973.

भारने, विनायक. "ऐनोटनटेड सिटीज़." *उभरते एशियाई शहरः सहवर्ती भद्रता और शहरीकरण* (2013): 17.

बिशप, पीटर और लेस्ली विलियम्स. *द टेम्परेरी सिटी. न्यूयार्कः* रुटलेज, 2012 प्रिंट

बोनाज़ोली, जियोर्जियो. "प्रयाग और कुम्भ मेला" पुराण 19 (1977): 81–159.

ब्रिक ग्रेग ए. *भूमिगत जुड़वां शहर, मिनीपोलिसः* मिनेसोटा विश्वविद्यालय प्रेस, 2009

ब्राउन रोजर लाइन, *घोस्ट डान्सिंग ऑन द क्रेकर सर्किटः दक्षिण अमेरिकी में त्योहारों की संस्कृति* जेकसनः मिसिसिपी विश्वविद्यालय प्रेस,1997

ब्राइसेसन, ए. डी. "कॉलरा, द फिल्किरिंग फ़्लेम." *चिकित्सा की रॉयल सोसाइटी की कार्यवाही* 70.5 (1997): 363–65

बर्कले जूनियर, फ्रेर्डिक एम, और एडबर्ट बी. एच एस यू. *"राम जानकी मन्दिरः मानव भगदड़ की समझ" द लैंसेट* 377.9760 (2011): 106–07.

बरिस, स्कॉट, इट अल "स्वस्थ शहरी प्रशासन के लिये उभरती रणनीतियाँ." *शहरी स्वास्थ्य की पत्रिकाः न्यूयॉर्क अकादमी की मेडिसीन बुलेटिन* 84, एस यू पी पी एल.1 (2007): 154–63.

चंदोला, टी. "कम मध्यम और उच्च आय वाले देशों में शहरी स्वास्थ्य के स्थानिक और सामाजिक निर्धारक" *लोक स्वास्थ्य* 126.3 (2012): 259–61.

चटर्जी सुरंजन "संन्यासी के नए प्रतिबिंब, फकीर और किसानों का विग्रह" *आर्थिक और राजनीतिक साप्ताहिक* 19.4 (1984): 2–13

चौहान, अंजलि. भारतीय कॉरपोरेट महिलाएं और कार्यक्षेत्र में संतुलन'' *अंत: विषय सामाजिक विज्ञान की अंतरराष्ट्रीय पत्रिका* 5.4 (2010): 183–96.

''द डिसेन्ट ऑफ गोड्सः कुम्भ मेले में सांस्कृतिक इतिहास की सृजना'' *समाज में धर्म और अध्यात्म की अंतरराष्ट्रीय पत्रिका* 1.3 (2011): 37–46.

चौहान, मुक्तिराजसिंह जी. ''वास्तु शास्त्रः भारत की पवित्र स्थापत्य कला'' *पुरातत्व ऑनलाइन*, 2005, http:// archaeologyonline.net/ artifacts/vastu-shastra (अंतिम आगमन 10 फरवरी, 2015)

छाछी, शीबा. ''गृहस्थ, तपस्वी और राजनीतिज्ञः कुम्भ मेले में महिला साधु'' *इंडिया इंटरनेशनल* सेंटर त्रैमासिक 29.3/4 (2002): 224–34.

चीयू रिबैका एल. एच. ''एशिया में शहरी आवास नीति के मुद्दे'' *शहरी नीति और अनुसंधान* 26.3 (2008): 245–47.

चीयू, अर्नेस्ट.''प्रगतिशील शहरों में उपेक्षित बुजुर्गः हांगकांग में बुजुर्ग लोगों के शहरी पुनर्विकास और आवास की समस्या'' *आवास, सिद्धांत और समाज* 18.3–4 (2001): 158–66.

क्रोफोर्ड, मारग्रेट, मिशेल स्पीक्स, और राहुल मेहरोत्रा *एवरीडे अरबेनिसम: मारग्रेट क्रोफोर्ड बनाम मिशेल स्पीक्स वोल्यूम* 1 शहरीकरण पर मिशिगन डेटाबेस. एन आरबरः मिशिगन विश्वविद्यालय ए. एल्फ्रेड टोबमेन वास्तुकला कॉलेज; न्यूयार्कः डिस्ट्रीब्यूटेड आर्ट प्रेस, 2005

डेरीयन, स्टीवन जी. ''*गंथक और इतिहास में गंगा*, दिल्लीः मोतीलाल बनारसीदास, 2001.

डेसमेट, क्लोस, इट अल. ''*भारत का स्थानिक विकास'' विज्ञान की क्षेत्रीय पत्रिका* (2013): एन. पी.

देवी, इन्दिरा, और दिलीप कुमार रॉय. ''*कुम्भ: भारत का अनंतकालीन त्यौहार* (1955) मुम्बईः भारतीय विद्या भवन, 2009

डोरोन, आसा. ''एनकाउन्टेरिंग द 'अदर्स': वाराणसी शहर में तीर्थयात्री, पर्यटक और नाविक'' *द आस्ट्रेलियेन जनरल ऑफ एन्थ्रोपोलॉजी* 16.2 (2005): 157–78.

दूबे, डी. पी. प्रयाग, *कुम्भ मेला स्थल: लौकिक और पारम्परिक विस्तार*, नई दिल्लीः आर्यन बुक्स इन्टरनेशनल, 2001.

–''कुम्भ मेलाः भारत के विशालतम तीर्थ मेले का उद्भव और उसकी *ऐतिहासिकता'' ज्योग्राफिकल जनरल ऑफ इंडिया* 33.4 (1987): 469–92.

– ''प्रयाग में माघ मेला'' *पुराण* 30.1 (1988): 60–68

ड्यूका, थियोडोर, इट अल ''ट्रोपीकल मेडिसीन पर एक व्याख्यान'' *द लैंसेट* 144.3706 (1894): 561–64.

इब्राहिम, शहुल एच., इट अल, पैन्डैमिक एच1 एन1 एन्ड 2009 हज़'' *साइन्स* 326.5955 (2009): 938–40

इशावैरीया, पिलर. संवहक वास्तुकला और अप्रत्याशित परिवेश. बार्सीलोनाः लिक्स इन्टरनेशनल, 2004

एक, डायना एल. *भारत: एक धार्मिक भूगोल, न्यूयार्क:* हारमनी बुक्स, 2012

– ''भारतीय 'तीर्थ': क्रॉसिंग इन सेक्रेड ज्योग्रॉफी'' *धर्म का इतिहास* 20.4(1981): 323–44.

फ़ा–हियान. बौद्ध धर्म राज्यों का अभिलेख: बीइंग एन अकाउन्ट बाई द चाइनीज़ मौन्क फ़ा–हयान ऑफ हिस ट्रेवैल्स इन इन्डिया एन्ड सिलोन जेम्स लैगी द्वारा अनुवादित ऑक्सफोर्डः क्लेरेन्डोन प्रैस, 1886

फ़िशर, जुली ई, और रिबैका कात्ज़ ''द इन्टरनेशनल फ़्लो ऑफ़ रिस्कः *नागरिक जीवन में स्वास्थ्य* संचालन 4.2 (2011): द.च

फ्रैंक जार्जिया. द मेमोरी ऑफ द आइज़ः *पिलग्रीम्स टू लिविंग सेन्टस इन क्रिश्चियन एन्टीक्यूटी* बर्कलेः कैलिफोर्निया विश्वविद्यालय प्रेस 2000.

फ्रुईन, जॉन जे. ''*जनसमूह आपदा के कारण और रोकथाम'' जनसमूह सुरक्षा के व्यावहारिक उपाय* (1993).99–108.

गोल्ड, एन ग्रोडजिन्स फ्रूटफुल जर्नी. *राजस्थानी तीर्थयात्रियों के तरीके* बर्कलेः कैलिफोर्निया विश्वविद्यालय प्रेस, 1990.

गुप्ता, सुधीर, एन्ड जोसफ डब्लू ऐल्डर इलाहाबाद मेलाः *द पीपल एन्ड देयर ग्रेट फेयर*. मेडिसीनः सेन्टर फॉर साउथ एशिया, यूनिवर्सिटी ऑफ विसकॉनसिन–मेडिसन, 2009.

हेबरमेन, डेविड एल. रिवर ऑफ लव इन एन ऐज ऑफ पॉल्यूशनः द *यमुना रिवर ऑफ नार्दन इन्डिया*. बर्कलेः कैलिफोर्निया विश्वविद्यालय प्रेस, 2006.

हाल्ब्वाक्स मॉरिस, *ऑन कलेक्टिव मेमोरी शिकागो:* शिकागो विश्वविद्यालय, प्रेस 1992.

हार्स्नॅर, सोन्ड्रा एल. वांड्रिग विद साधुसः *हिन्दू हिमालय में तपस्वी* ब्लूमिंगटनः इन्डियाना विश्वविद्यालय प्रेस, 2007.

हेबनर, जैक और डेविड ओसर्बन, *कुम्भ मेला: विश्व में विश्वास के अधिनियम*, ला जोलाः गणेश संस्करण, 1990.

हैलबिंग, डर्क, एन्डर्स जोहन्सन और हबीब ज़ेन अल–अबीदीन,''जनसमूह आपदा की गतिशीलताः एक आनुभविक अध्ययन'' *भौतिक समीक्षा* ई 75.4, अप्रैल 18,2007,

हरबर्ट, एच, ''हैजा प्रकोप हरिद्वार मेले का वास्तविक इतिहास'' *द लैंसेट* 146.3752(1895): 201–02.

हर्ज़, मैनुअल, और ई टी एच–स्टूडियो बेसल. शिविर से शहर तकः *पश्चिमी सहारा के शरणार्थी शिविर* ज़्यूरिखः लार्स म्यूलर, 2013

हौलिक, जुलियन क्रेनडेल, गंगाः *एक यात्रा गंगा नदी* में, वाशिंगटनः शियरवाटर बुक्स, 2008.

''हाऊ द मीडिया कवर्ड द मेलाः डिड जर्नलिस्ट्स एन्ड फोटोग्राफस हेव अ नैरो डेण्थ ऑफ फिल्ड?'' *हिन्दुइज़्म टुडे*, जून 30,2001:31.

हॉविट, पीटर, इट अल ''वैश्विक स्वास्थ्य के लिए प्रौद्योगिकियाँ'' द *लैंसेट* 380.9840 (2012): 507–35.

हुसैन, इकबाल, ''हिन्दू धार्मिक स्थल और प्रथायें, सत्रहवीं सदी के प्रथम चरण में *मध्य एशियाई यात्री द्वारा वर्णित'' मध्यकालीन भारत* 1 (1992): 141–53

भारतीय सेन्ट्रल प्रदूषण नियंत्रण बोर्ड, इड, *कुम्भ–२००१ प्रयाग (इलाहाबाद) के दौरान पर्यावरण अध्ययन*, पर्यावरण और वन मंत्रालय, भारत सरकार, 2003.

जैकबसन, कनट ए. *दक्षिण एशियाई धर्म–प्रदर्शनः दक्षिण एशिया में धार्मिक जुलूस और प्रचार* दक्षिण एशिया धार्मिक शृंखला न्यूयार्कः रुटलेज, 2008

जेलेकिक, एम , और डी. गान्स. ''शरणार्थी शिविरः वर्तमान परिस्थिति की आपदा, मेट्रोपोलिस ऑफ ट्रमॅारो'' *वास्तुशिल्प डिज़ाईन* 2 (2004): 82–86

जॉन, टी. जेकब, इट अल. ''भारत में संक्रामक रोगों की चुनौती'' *द लैंसेट* 377.9761 (2011): 252–69

कौशिक, सुधांशु और विशम्भर दत्त जोशी, ''कुम्भ मेला, 2010 के अन्तर्गत शिवालिक तलहटी में स्थित मनसा देवी और चंडी देवी में ठोस अपशिष्ट के उत्पादन का तुलनात्मक अध्ययन'' *ग्रीन पैजेस* (अप्रैल, 2001). http://www.cco-web.com/ edi/110408.html (अंतिम दौरा फरवरी 10, 2015).

काम एन. जी, मी. ''सरकार से शासन तक? पॉलिटिक्स ऑफ प्लानिंग इन द फर्स्ट डैकेड ऑफ द हांगकॉंग स्पेशल एडमिनिस्ट्रेटिव रिजन'' *नियोजय के सिद्धांत* और *व्यवहार* 9.2 (2008): 165–85.

केन, पांडुरंग वामन *धर्मशास्त्र का इतिहासः प्राचीन और मध्यकालीन* भारत में धार्मिक और नागरिक कानून वॉल्यूम. 6. पूनाः भन्डारकर ओरियन्टल अनुसंधान संस्थान, 1930.

केलर मिकेला, इट अल ''वैश्विक संक्रामक रोग निगरानी हेतु असंरचित परिणाम आधारित विवरण का उपयोग'' *उभरते संक्रामक रोग* 15.5 (2009): 689–95.

केलर, माइकेला, कलार्क सी. फ्रीफेल्ड और जॉन एस ब्राउनस्टेन, ''भू पदच्छेद महामारी ऑनलाइन सूचना हेतु स्वचलित शब्दावली अन्वेषण'' *बी. एम. सी. जैव सूचना विज्ञान* 10 (2009): 385.

खान, कामरान, जैद ए. मेमिश, इट अल. ''मक्का में व्यापक जनसमुदाय के वैश्विक लोक स्वास्थ्य निहितार्थ, सऊदी अरेबीया इफ्लुएंजा महामारी के दौरान'' *जर्नल ऑफ ट्रेवेल मेडीसिन* 17.2 (2010): 75–81

खान, कामरान, क्लाक सी. फ्रीकेल्ड, इट अल ''सामूहिक जनसमूह में संक्रामक रोगों की खतरे से निपटने की तैयारीः द केस ऑफ द वेनकुअर, 2010 ओलम्पिक विन्टर गेम्स'' *कनैडियन मेडिकल एसोसिएशन जर्नल* 182.6 (2010): 579–583

किंग, आन्ना एस, एवं स्पालडिंग सिमपोसियम ऑन *इन्डियन रिलीज़न भारतीय धर्म: रेनीसेन्स एण्ड रिन्यूअल: द स्पालडिंग पेपर्स ऑन इन्डिक स्टड़ीज* लन्डनः इक्वीनोक्स पब्लिकेशन्स, 2006.

क्लूफ्फेल, एच. ''द सिम्युटेशन ऑफ क्राउड डाइनेमिक्स एट वेरी लार्ज इवेन्टस–केलीब्रेशन, इम्पीरेकल डाटा एण्ड वेलीडेशन'' *पेडिस्ट्रियन एण्ड इवेकुमेशन डाइनेमिक्स* 2005, नटाली वालड

इट अल इ डी एस बर्लिनः स्प्रिन्गर, 2007:285–96.

कोच, केटी. अमंग मिलियन्स, अ ब्लैंक स्लेट, "*हार्वर्ड गजट*, फरवरी 22, 2013, http://news.harvard.edu/gazette/story/2013/01/insideindias-pop-up-city (अंतिम विजिट 10 फरवरी, 2015)

–"इनसाइड इंडियाज पॉप अप सिटी" *हार्वर्ड गजट*, 21 जनवरी, 2013, http://news.harvard.edu/gazette/story/2013/02/mapping-a-megacitys-mtabolism (अंतिम विजिट, 10 फरवरी, 2015)

–"मैपिंग ए मेगासिटी मेटाबोलिज्म" *हार्वर्ड गजट*, 5 फरवरी, 2013, http://news.harvard.edu/gazette/story/2013/02/mapping-a-megacitys-metabolism (अंतिम विजिट 10 फरवरी ,2015)

–"सैविंग द मदर रिवर" *हार्वर्ड गजट*, 14 फरवरी 14,2013, http://news.harvard.edu/gazette/story/2013/02/saving-the-mother-river (अंतिम विजिट 10 फरवरी, 2015)

–"ट्रैकिंग डिज़ीस इन ए टेन्ट सिटी" *हार्वर्ड गजट*, मार्च 1,2013, http://news.harvard.edu/gazette/story/2013/03/tracking-disease (अंतिम विजिट 10 फरवरी, 2015)

कोल्फ, डी. एच. ए."संन्यासी ट्रेडर–सोल्जर्स" *इन्डियन इकोनोमिक एण्ड सोशल हिस्ट्री रिव्यू* 8.2 (1971): 213–18.

कूलहास, रेम "प्रिज़रवेशन इस टेकिंग अस" *फ्यूचर एन्टिरियर* 1.2 (2004): 1–3.

कुमार, ए. के. शिवा, इट अल "फाइनेंनसिंग हेल्थ केयर फॉर ऑलः चैलेन्जेस एण्ड ऑपरचुनिटी" *द लैंसेट* 377.9766 (2011) 668–79.

लैनेर्ड सुज़ैन एच. क्रोहर्स्ट, हेनरी एल. *लैनेर्ड एण्ड पॉल बर्ट, लिवेबल सिटीज़: पीपल एण्ड प्लेसेजः सोशल एण्ड डिज़ाईन प्रिन्सीपल्स फॉर द फ्यूचर ऑफ़ द सिटी.* न्यूयार्क गोन्डोलियर प्रेस, 1987.

लिन, यानलू, और ब्रूनो डी मिड्यूलर "द रोल ऑफ की स्टेकहोल्डर्स इन द बॉटम–अप प्लानिंग प्रोसेस ऑफ गुवानजो, चाइना, "*जर्नल ऑफ अरबनिज़्मः इन्टरनेशनल रिसर्च ऑन प्लेसमैकिंग एण्ड अरबन सस्टेंबिलिटी* 4.2 (2011): 175–90.

लॉक फेल्ड, जेम्स जी, गॉड्स गेटवेः *आइडनटिटी एण्ड मीनिंग इन ए हिन्दू पिलग्रिमेज प्लेस* ऑक्सफोर्डः ऑक्सफोर्ड यूनिवर्सिटी प्रेस, 2010.

– "द कंस्ट्रक्शन ऑफ द कुम्भ मेला" *साउथ एशियन पॉपुलर कल्चर* 2.2 (2004): 103–26.

लाइन्च केविन *वॉट टाइम इज़ दिज़ प्लेस?* कैम्ब्रिज एम आई टी प्रेस, 1972.

मेक्लीन, कामा *पिलग्रिमेज एण्ड पावरः द कुम्भ मेला इन इलाहाबाद*, 1765–1954 ऑकसफार्डः ऑक्सफोर्ड यूनिवर्सिटी प्रेस 2008.

– "काफ़्लिक्टिंग स्पेसिसः द कुम्भ मेला एण्ड द फ़ोर्ट ऑफ़ इलाहाबाद" *साउथ एशियाः जर्नल ऑफ साउथ एशियन स्टडीज़* 24.2 (2001): 135–59.

–"सीइंग बीइंग सीन, एण्ड नॉट बीइंग सीनः पिलिग्रिमेज, टूरीज़्म, एण्ड लेएर्स ऑफ लुकिंग एट द कुम्भ मेला" *क्रॉस करन्टस* 59.3 (2009): 319–41.

मेक्लिन कामा "मैकिंग द कोलोनियल स्टेट वर्क फॉर यूः द माडर्न बिगनिंग्स ऑफ द एन्सियंट कुम्भ मेला ऑफ़ इलाहाबाद" *द जर्नल एशियन स्टडीज़* 62.3 (2003): 873–905.

माहेश्वरी सौरम एन्ड पूर्णिमा सिंह "साइकोलोजिकल वैलबीइंग एण्ड पिलग्रिमेजः रिलिज्यसीटी, हैप्पीनेस एण्ड लाइफ सेटिसफेक्शन ऑफ अर्ध कुम्भ मेला पिलग्रिमेज (कल्पवासीस) एट प्रयाग, इन्डिया" *एशियन जर्नल ऑफ सोशल साइकोलोजी* 12.4 (2009): 285–92.

मैककोनेल, जॉन "मास गैदरिंग्स हैल्थ सिरीज़" द लैंसेट इनफैशीयस डिज़ीज़स 12–1 (2012): 8–9.

मैककोनेल, जॉन, एण्ड ज़ियाद मेमीश "द लैंसेट कॉनफ्रेन्स ऑन मास गैदरिंग्स मेडीसिन" *द लैंसेट इनफेक्शियस डिज़ीज़स* 10:12 (2010): 818–19.

मैक्म्यूलन, आर "अन्डरस्टैनडिंग हिन्दुइज़्मः द कुम्भ मेला" *बुलैटिन ऑफ़ द क्रिश्चियन इंस्टीट्यूट ऑफ रिलीजियस स्टडीज़* 28.1 (1999): 24–32

मेहरोत्रा राहुल "नेगोशियेटिंग द स्टेटिक एण्ड काइनेटिक सिरीज "द इमीग्रेन्ट अरबनिज़्म ऑफ मुम्बई" *अदर सीरीज़, अदर वर्ल्ड्सः अरबन इमेजिनिरीस इन अ ग्लोब्लाइज़िंग एज* (2008): 113–40.

मेहता, वेद. पोर्ट्रेट ऑफ़ इन्डिया न्यूयार्कः फरार, स्ट्रोस एण्ड गिरोक्स, 1970.

मेलिस, लिज़बेथ पेरासाइट पैराडाइज़: *अ मेनीफ़ेस्टो फ़ॉर टेम्परी आर्कीटेक्चर एण्ड फ़ेल्क्सीबल अरबनज़्मि* नयी युईटगीवर्स पब, 2003.

मेमीश, ज़ियाद ए., इट अल. ''इमरजन्स ऑफ मेडीसिन फॉर मास गैदरिंग्सः लेसन्स फ्राम द हज'' *द लैंसेट इनफेक्शियस डिज़ीज़* 12.1 (2012): 56–65.

– ''द हजः क्म्युनिकेबल एण्ड नॉन क्म्युनिकेबल हेल्थ हज़ार्ड्स एण्ड करण्ट गाइडेन्स फॉर पिलग्रिम्स'' http://www.eurosurveillance.eu/images/dynamic/EE/V15N39/art19671.pdf (अंतिम विजिट 10 फरवरी, 2015)

माइन्स, मैटीसन, पब्लिक फेसेस, प्राइवेट वॉइससः *कम्युनिटी एण्ड इन्डिविजुएलिटी इन साउथ इन्डिया बर्कले:* यूनिवर्सिटी ऑफ कैलिफोर्निया प्रेस, 1994.

मिश्रा, जे. एस. *महाकुम्भः द ग्रेटेस्ट शो ऑन अर्थ*, न्यू देहलीः हरानन्द पब्लिकेशन्स, 2004.

मौरीस, विलीयम्स ''मेनीफ़ेस्टो ऑफ द सोसाइटी फॉर द प्रोटक्शन ऑफ़ एनशियन्ट बिल्डिंग्स'' *हिस्टोरिकल एण्ड फिलोसफिकल इशुज़ इन द कनज़रवेशन ऑफ कल्चरल हैरिटेज* (1877): एन.पी.

मौरीसन, डैन ''ए रिवर रन्स थ्रू इट'' द ओपीनियन्स पेजेस इन्टरनेशनल न्यूयार्क टाइम्स, मई 21,2012, http://latitude.blogs.nytimes.com/2012/05/21/ganges-cleanup-will-cost-tens-of-billions-of-dollars-but-is-a-great-idea (अंतिम विजिट 10 फरवरी, 2015)

– ''इन्डिया स्टेम्स टाइड ऑफ पॉल्युशन इनटू गंगाज़ रिवर'' *नेशनल जियोग्राफ़िक*, नवम्बर 23, 2011, http://news.nationalgeographic.com/news/2011/11/111123-india-ganges-river-pollution (अंतिम विजिट फरवरी 10, 2015)

नैबियन, नाशिद और कार्लो रत्ती *लिविंग आर्क्रीटेक्चर* केम्ब्रिज, 2011.

– ''वरच्युल स्पेसः द सिटी टू कम'' *इनोवेशन: पर्सपेक्टिव फॉर द रास्ट* सेन्चुरी, मेडरिडः बी बी वी ए, 2010.383–97.

नारायण, बद्री, केदार नारायण और क्रिस्टोफर एन बरचेट *कुम्भ मेला एण्ड द साधुजः द क्वेस्ट फॉर इममोरटेलिटी* वाराणसीः पिलग्रिम्स पब्लिकेशन्स, 2010.

नवलाखा, गौतम. ''ए शो ऑफ हिन्दू पावर'' *इकोनोमिक एण्ड पॉलिटिकल वीकली* 24.13 (1989): 658.

नेशनल रिवर कनज़रवेशन डायरेक्ट्रेट, *इडी स्टेट्स पेपर ऑन रिवर गंगा: स्टेट ऑफ इनवायरन्मेन्ट एण्ड वाटर क्वालिटी* आल्टरनेट हाइड्रो एनर्जी सेन्टर/इन्डियन इंस्टीट्यूट ऑफ टेक्नोलोजी, रुड़की, 2009, http://www.moef.nic.in/sites/default/files/Status%20Paper%20-Ganga_2.pdf (अंतिम विजिट 10 फरवरी, 2015)

न्यूहॉस, फेबियन, *स्टडीज़ इन टेम्पोरल अरबनिज़्मः द अरबनटिक एक्सपेरीमेन्ट*, बर्लिनः स्प्रिन्गर, 2011.

नोरा, पियरे ''बिटविन मेमोरी एण्ड हिस्ट्रीः लेस लुईक्स डी मेमोयर'' *रिप्रेज़ेन्टेशनस* 26 (1989): 7–24

''नार्म्स इन एबसेन्स'' *इकोनोमिक एण्ड पोलीटिकल वीकली* 36.4 (2001): 252–53

पटेल, विक्रम, इट अल. ''क्रोनिक डिज़ीज़स एण्ड इनजरिस इन इन्डिया'' *द लैंसेट* 377.9763 (2011): 413–28

पॉल, विनोद कुमार इट अल. ''रिप्रोडक्टिव हैल्थ, एण्ड चाइल्ड हैल्थ एण्ड न्यूट्रीशन इन इन्डियाः मीटिंग द चैलेन्ज'' *द लैंसेट* 377.9762 (2011): 332–49.

पिंच, विलियम आर. वॉरियर *ऐस्सेटिक्स एण्ड इन्डियन इम्पायरर्स, कैम्ब्रिज, कैम्ब्रिज* यूनिवर्सिटी प्रेस, 2006.

प्रधान, एस. ''संगम अट्रैटेक्टस यंग एण्ड ओल्ड'' *रेडिफ न्यूज़*, 10 जनवरी, 2001.

प्रोजेक्ट मैनेजमैन्ट इंस्टीट्यूट, इडी ''परफेक्ट मिक्स ऑफ प्लानिंग, टीमवर्क और कमिटमेन्ट'' *मैनेज इन्डिया* 3.1 (2011): एन. पी.

राव, मोहन, इट अल ''ह्युमन रिर्सोज फॉर हैल्थ इन इन्डिया'' *द लैंसेट* 377.9765 (2011): 587–98.

रज़ा, गौहर, व सुरजीत सिंह ''कल्चरल डिसटेन्स बिटविन पीपल वर्ल्डव्यू एण्ड साइन्टीफिक नॉलेज इन द ऐरिया ऑफ पब्लिक हैल्थ'' *जेसीओएम* 3 (2004): 4.

रज़ा, गौहर, व सुरजीत सिंह, और भारवी दत्तः ''पीपल्स एटीट्यूड टू साइन्टिफिक नॉलेजः द कान्टेक्स्ट ऑफ कल्चर'' *जर्नल ऑफ साइन्टिफिक एण्ड इन्डस्ट्रियल रिसर्च* 54.2 (1995): 108–21.

रैड्डी के श्रीनाथ, इट अल ''टूवर्ड्स अचीवमेन्ट ऑफ यूनिवर्सल हैल्थ केयर इन इन्डिया बाई 2020. ए कॉल टू ऐक्शन'' *द लैंसेट* 377.9767 (2011): 760–68.

रिंगलर, क्लोडिया, जोशीम वॉन ब्रोन और मार्क डब्लू रोज़ग्रान्ट ''वॉटर पॉलिसी एनालिसिस फॉर द मॅकान्ग रिवर बेसिन'' *वाटर इन्टरनेशनल* 29.1 (2004): 30–42.

रोथर्फाक, जॉन ''गॉड विद एन ऐलीफैन्ट हैडः पिलग्रिमेज टू इन्डिया'' *प्रेरी शूनर* 62.3 (1988): 92–103.

राइडिन, यवोन इट अल ''शैपिंग सिटीज़ फॉर हेल्थः काम्पलेक्सिटी एण्ड द प्लानिंग ऑफ अरबन इनवायरनमेन्ट इन द ट्वेन्टी फर्स्ट सैन्चूरी'' *द लैंसेट* 379.9831 (2012): 2079–2108.

''सैनेट्री रिफार्म इन इन्डिया'' *द लैंसेट* 171.4408 (1908): 582–84. ओरीजिनली पब्लिश्ड एज वॉल्यूम 1, इश्यू 4408

स्कारडीनो, बेरी, 1945– विलियम एफ स्टर्न, एण्ड ब्रूस, 1941 वेब एफेमेरल सिटीः साइट लुक्स एट हाउस्टन, फर्स्ट ईडी. ऑस्टीनः यूनिवर्सिटी ऑफ टेक्सास प्रेस, 2003.

स्कार्ल इलियट डी., पियतरो गरऊ, और ग्रेबियला केरौलीनी, ''द ट्वेन्टी फर्स्ट सेन्चुरी हेल्थ चैलेन्ज ऑफ स्लम्स एण्ड सिटीज़'' *द लैन्सेट* 365. 9462 (2005): 901–03.

सरवाइलो, पीटर पॉल आरबॅन एण्ड ग्रेस रुमानटियर ''प्रिडिक्टिंग पेशेन्ट प्रेजेनटेशन रेट्स एट मास गैदरिंग्स युज़िंग मशीन लर्निंग'' एट्थ इंटरनेशनल कान्फ्रेंस ऑन इनफॉरमेशन सिस्टम्स फॉर क्राइसिस रिस्पांस एण्ड मैनेजमेन्ट (आई एस सी आर ए एम) 2011, लिस्बन, पुर्तगाल.

शर्मा. विनय *हेल्थ फॉर ऑल दो अफ्रोंडबिलीटी एण्ड प्रोफिटेबिलीटी विद पब्लिक स्पीरिचुअल* पार्टनरशिप, http://www.adbi.org/files/2010.12.11.cpp.sess2.5.sharma.paper.health.affordability.pdf (अंतिम विजिट 10 फरवरी, 2015)

– ''मोटीवेशन एबजॉरब्स मैगनीट्यूडः एन एनालिसीस ऑफ हेल्थ केयर सर्विसेज़ ऑफ कुम्भ मेला'' (2009): 1

शर्मा, विजय, सुशील भादूला, एण्ड बी.डी. जोशी. ''इमपैक्ट ऑफ मास बाथिंग ऑन वाटर क्वालिटी ऑफ गंगा रिवर ड्यूरिंग महा कुम्भ–2010'' *नेचर एण्ड साइन्स* 10.6 (2012): 1–5.

सिंघल, शालीन, ग्रेम नीवैल और थी किम नगुयेन. ''द सिग्नीफीकेन्स एण्ड परफारमेन्स ऑफ इन्फ्रास्ट्रक्चर इन इन्डिया'' *जर्नल ऑफ प्रापर्टी रिसर्च* 28.1 (2011): 15–34.

सिन्हा सुरजीत और बैधनाथ सरस्वती, *एसेटिक्स ऑफ काशीः एन एन्थ्रोपोलिजीकल एक्सप्लोरेशन,* एन के बोस मेमोरियल फाउन्डेशन, 1978.

सुभय, सालेह. *पिलिरीन्येज अ अल मक्यो इट अ मिडीनः प्रिसिडि डी अन अपेरक स आई इस्लामिसम एट सुवि डे कनसिडेरेशन्स जनरल्स ऑ प्वाईट डे व्यूई सेनिटार्य एट डी अन एपेन्डिस सर ला सरकॉनसिशन* इम्पर. नेशनल,1894.

स्टीफन, रॉबर्ट, इट अल ''नॉन कम्युनिकेबल हेल्थ रिस्क्स ड्युरिंग मास गैदरिंग्स'' *द लैंसेट इनफिक्शियस डिज़ीज़* 12.2 (2012): 142–49.

स्टील, एलेक्ज़ेन्डर, ''द गंगाज़' नेकस्ट लाईफ'' द न्यू यार्कर, जनवरी 19,1998, http://www.newyorker.com/magazine/1998/01/19/the-ganges-next-life (अंतिम विजिट 10 फरवरी, 2015)

ठाकवे, साराह, इट अल. ''शुड सिटीज़ होस्टिंग मास गैदरिंग्स इनवेस्ट इन पब्लिक हैल्थ सर्वीलान्स एण्ड प्लानिंग? रिफ्लेक्शन्स फ्राम ए डैकेड ऑफ मास गेदरिंग्स इन सिडनी, आस्ट्रेलिया'' *बीएम सी पब्लिक हैल्थ* 9.1 (2009): 324.

टिल, जेरेमी, *आर्कीटेक्चर डिपेन्डस* कैम्ब्रिज, मसाचुशेट्सः एम आई टी प्रेस, 2009

टोमासी, लुइगी ''होमो वाइटरः फ्राम पिलग्रिमेज टू रिल्जिीयंस टूरिज्म वाया द जर्नी'' विलियम एच. स्वाटोस एण्ड लुइगी टोमासी, इडी एस. *फ्राम मिडीएवल पिलग्रिमेज टू रिलीजियस टूरिज़्म द सोशल एण्ड कल्चरल इकोनोमिक्स ऑफ पिटी.* सान्टा बारबराः प्रेगर, 2002: 1–24.

अंगर, एलन, एण्ड ली डब्ल्यू रिले, ''स्लम हैल्थः फ्राम अन्डरस्टैन्डिंग टू एक्शन'' *पीएल ओ एस मैडिसन* 4.10 (2007): ई 295.

अरी, जे, *ग्लोब्लाइजिंग द टूरिस्ट गेज़,* ग्रेज़ः लेनस्सटर यूनिवर्सिटी, 2001

वेल, लॉरेन्स जे, एण्ड सैम बास वार्नर. *इमेजिंग द सिटीः कन्टीन्यूइंग स्ट्रगल्स एण्ड न्यू डाइरेक्शन* न्यू

ब्रुन्सविकः सेन्टर फॉर अरबन पॉलिसी रिसर्च, 2001

विज, मोनिका "आर एस एण्ड जीआईएस बेस्ड–रिस्क असैस्मेन्ट, प्रीपेयरडीएनएस एण्ड प्रिवेन्शन ऑफ क्राउड डिस्आस्टरसः *ए केस स्टडी ऑफ रिलीजियस पिलग्रिमेज इन इन्डिया,–*" http://cipa.icomos.org/fileadmin/template/doc/KYOTO/26.pdf (अंतिम विजिट 10 फरवरी, 2015)

व्याहोव, डेविड, इट अल. "अरबन एज़ ए डिटरमिनेन्ट ऑफ हेल्थ" *जर्नल ऑफ अरबन हैल्थः बुलेटिन ऑफ द न्यूयार्क एकेडमी ऑफ मेडीसिन* 84, स्पलाई.1 (2007): 16–26.

वांग या पिंग एण्ड एलन मुरी. "द न्यू अफोर्डबल एण्ड सोशल हाउसिंग प्राविज़ीन सिस्टम इन चायनाः इम्पलीकेशन्स फॉर कम्पेरिटिव हाउसिंग स्टडीज" *इन्टरनेशनल जर्नल ऑफ हाउसिंग पॉलिसी* 11.3 (2011): 237–54.

वर्ल्ड हेल्थ आर्गनाइज़ेशन (डब्लू एच ओ), इडी एस. "कम्युनिकेबल डिज़ीज़ एलर्ट एण्ड रिस्पान्स फॉर मास गैदरिंग्स" वर्ल्ड हेल्थ आर्गनाइज़ेशन, 2008 http://www.who.int/csr/mass_gathering/en (अंतिम विजिट 10, फरवरी, 2015)

– "इको सिस्टम्स एण्ड हयुमन वैल–बींइगः हैल्थ सिनथिसिस" वर्ल्ड हेल्थ आर्गनाइज़ेशन, 2005 http://www.who.int/globalchange/ecosystems/ecosystems05/en (अंतिम विजिट 10 फरवरी, 2015)

वर्ल्ड हेल्थ आर्गनाइज़ेशन (डब्लू एच ओ), इट, अल. "ग्लोबल फॉरम ऑन मास गैदरिंग्स, रोम, इटली 26–29 अक्टूबर 2009" 2011 http://apps.who.int/iris/bitstream/10665/70616/1/WHO_HSE_GAR_SIH_2011.1_eng.pdf?ua=1 (अंतिम विजिट 10 फरवरी, 2015)

–"हिडन सिटीज़ः अनमासकिंग एण्ड ओवरकमिंग हैल्थ इनइक्विटीज़ इन अरबन" वर्ल्ड हेल्थ आर्गनाइज़ेशन, 2010, http://www.who.int/kobe_centre/publications/hiddencities_media/who_un_habitat_hidden_cities_web.pdf (अंतिम विजिट 10 फरवरी, 2015)

– "इन्टिरम पलानिंग कन्सीडिरेशन फॉर मास गैदरिंग्स इन द कॉन्टेक्स्ट ऑफ पैनडैमिक (एचवन एनवन) 2009 इनफ्लूइंज़ा" http://www.who.int/csr/resources/publications/swineflu/cp002_2009-0511_planning_considerations_for_mass_gatherings.pdf (अंतिम विजिट 10 फरवरी, 2015)

विन्सटन, डायेन और जॉन गिगी. "इन्ट्रोडक्शन स्पेशल इश्यू, रिलीजन एण्ड द सिटी" *जर्नल ऑफ अरबन हिस्ट्री* 28.4 (2002): 395–97.

ज़ीटज़ कैथरीन, इट अल. "मैज़रिंग इमरजैन्सी सर्विसेज़ वर्कलॉडस एट मास गैदरिंग इवैन्ट्स" *द आस्ट्रेलियन जर्नल ऑफ इमरजैन्सी मैनेजमैन्ट* 22, न. 3 (अगस्त, 2007): 23–30.

फिल्म एण्ड वीडियो

इन्टरिंग द एकस्ट्राऑर्डीनरी वर्ल्डः इनिशियेशन राइट्स वीडियो, बाबा रामपुरी, 2012, http://rampuri.com/entering-the-extraordinary-world (अंतिम विजिट 10 फरवरी,2015)

आइआरएचए सिमपोसियम. पार्ट्स 1, 2 और 3. 2011. https://vimeo.com/ephemeralcity (अंतिम विजिट 10 फरवरी, 2015)

लागोस वाइड एण्ड क्लोज़ः एन इन्टरएक्टीव जर्नी इन्टर एन एक्सप्लोडिंग सिटी रेम कूहल्लास एण्ड ब्रेगटीज़ वैन डर हाक, 2001 http://lagos.submarinechannel.com (अंतिम विजिट 10 फरवरी, 2015)

कुम्भ मेला, माइकलऐन्जिलो *एन्टीनीमों,* 1989.

कुम्भ मेलाः सांग्स ऑफ द रिवर. नदीम उडेन, 2005.

कुम्भ मेलाः वॉकिंग विद द नागास जुलियन राशोर, 2008.

मिसटिक इन्डियाः एन इनक्रेडिबल जर्नी ऑफ इंस्पिरेशन, कीथ् मेलटन, 2005.

रिवर ऑफ फेथः ए फिल्म अबाउट द कुम्भ मेला नमित अरोड़ा, 2013.

शार्टकट टू निरवानाः कुम्भ मेला, मोरिज़ीयो विनेज़ो एण्ड निक डे, 2004.

"वर्शिपिंग एट कुम्भ मेला" पोह सी टेंग, *द न्यूयार्क टाइम्स,* फरवरी 10,2013, http://www.nytimes.com/video/world/100000002055648/worshipping-at-kumbh-mela.html (अंतिम विजिट 10 फरवरी, 2015)

वेबसाइट

अर्धकुम्भ, 2007, *इलाहाबाद* http://ardhkumbh.up.nic.in.

स्वच्छ गंगा पोर्टल http://www.cleangangaportal.org.

"इनवाउडिंग ऑनलाइन वर्ज़्शकरन" *डाजीयेल्स* http://www.dajiales.info

"फाइव स्टेजेस ऑफ स्क्वाटिंग" *इनकाउन्टरिंग अरबनिगृ ब्लॉग.* http://encounteringurbanism.blogspot.de/2009/09/five-stages-of-squatting.html.

गंगा एक्शन परिवार http://www.gangaaction.org.

ज्ञान: ग्रीनयात्रा एक्शन नेटवर्क http://www.gyanworldwide.org.

के एम पी 2001: *कुम्भ मेला प्रोजेक्ट* http://www.kmp2001.com.

कुम्भ मेला: समकालीन भारत में हिन्दू तीर्थ यात्रा http://www.kumbhamela.net.

"मॉनीटरिंग कमेटीज़ फॉर कुम्भ मेला 2013." *रेलवे, नार्थ ईस्टर्न.* http://www.ner.indianrailways.gov.in.

"राष्ट्रीय नदी संरक्षण निदेशालय (एन आर सी डी)" *संकट मोचन संस्थान* http://www.sankatmochanfoundationonline.org/save_ganga.html.

ट्रेश। ट्रैक. http://senseable.mit.edu/trashtrack.

चित्र-आभार

प्रस्तावना

पृष्ठ 6–7: दिनेश मेहता
पृष्ठ 14: दिनेश मेहता
पृष्ठ 16–17: दिनेश मेहता

प्रायोजन

पृष्ठ 18–19: ध्रुव काज़ी
पृष्ठ 22: डायना एक्क
पृष्ठ 24: जेम्स बर्क–टाईर्म एन्ड लाइफ पिक्चरस/गैटी इमेज़ेस
पृष्ठ 25: कर्टसी ऑफ डायना एक्क
पृष्ठ 26: डायना एक्क
पृष्ठ 29: डायना एक्क
पृष्ठ 30: डायना एक्क
पृष्ठ 32: डायना एक्क
पृष्ठ 35: डायना एक्क
पृष्ठ 37: डायना एक्क
पृष्ठ 40: डायना एक्क

शहरीकरण

पृष्ठ 44–45: दिनेश मेहता
पृष्ठ 49: फिलीप वेरा
पृष्ठ 51: क्रिस्टीन ब्लेसर
पृष्ठ 52: कल्पेश भट्ट
पृष्ठ 54: दिनेश मेहता
पृष्ठ 59: दिनेश मेहता
पृष्ठ 64: ऑस्कर मालस्पीना
पृष्ठ 65: विनीत दिवादकर
पृष्ठों 70: दिनेश मेहता
पृष्ठों 71: दिनेश मेहता
पृष्ठ 72–73: दिनेश मेहता

कुम्भ मेले के दौरान: जनवरी 14 से मार्च 22

पृष्ठ 74–75: दिनेश मेहता
पृष्ठ 76–81: दिनेश मेहता
पृष्ठ 85: जेम्स बर्क– टाइम एण्ड लाइफ पिक्चरस/गैटी इमेज़ेस
पृष्ठ 89: ध्रुव काज़ी
पृष्ठ 90: डेरेक ब्राउन
पृष्ठ 93: ध्रुव काज़ी
पृष्ठ 94: डेरेक ब्राउन
पृष्ठ 105: ऑस्कर मालस्पीना
पृष्ठ 106: विनीत दिवादकर
पृष्ठ 108: विनीत दिवादकर

परिनियोजन व विखंडन

पृष्ठ 119: अलीखान मोहम्मद
पृष्ठों 116–17: दिनेश मेहता
पृष्ठों 120–21: दिनेश मेहता
पृष्ठों 122–23: दिनेश मेहता
पृष्ठ 124: गूगल मैप्स, 2012–13
पृष्ठ 254: गूगल मैप्स, 2012–13
पृष्ठ 256: गूगल मैप्स, 2012–13
पृष्ठ 258: गूगल मैप्स, 2012–13
पृष्ठ 260: गूगल मैप्स, 2012–13
पृष्ठ 262: गूगल मैप्स, 2012–13
पृष्ठों 268–69: दिनेश मेहता
पृष्ठ 134: आस्कर मालस्पीना
पृष्ठ 139: क्रिस्टीन ब्लेसर, विनीत दिवादकर, आस्कर मालस्पीना, जेम्स व्हिटन
पृष्ठ 143: क्रिस्टीन ब्लेसर, ऑस्कर मालास्पीना, फिलीप वेरा
पृष्ठ 146–47: दिनेश मेहता
पृष्ठ 149: दिनेश मेहता
पृष्ठ 151: विनीत दिवादकर
पृष्ठों 153: दिनेश मेहता
पृष्ठ 156: विनीत दिवादकर, ऑस्कर मालस्पीना, दिनेश मेहता, फिलीप वेरा
पृष्ठों 158–59: दिनेश मेहता
पृष्ठों 160: दिनेश मेहता
पृष्ठ 162–67: कल्पेश भट्ट, क्रिस्टीन ब्लेसर, विनीत दिवादकर, ऑस्कर मालस्पीना, अलीखान मोहम्मद,
जेम्स व्हिटन

शासन और व्यापार

पृष्ठ 168–69: ऑस्कर मालस्पीना
पृष्ठ 172: ध्रुव काज़ी
पृष्ठ 175: विनीत दिवादकर
पृष्ठ 178: डेरेक ब्राउन
पृष्ठ 179: दिनेश मेहता
पृष्ठ 181: कल्पेश भट्ट
पृष्ठ 183: ऑस्कर मालस्पीना
पृष्ठ 188: दिनेश मेहता
पृष्ठ 196: हिन्दुस्तान टाइम्स–योगदान कर्ता/गैटी इमेजेस
पृष्ठ 206: दिनेश मेहता

सबक

पृष्ठ 212–13: दिनेश मेहता
पृष्ठ 228–39: गाइल्स प्राइस

आभार

क्षेत्र यात्रा प्रतिभागी

पूजा अग्रवाल
नम्रता अरोड़ा
डोरोथी ऑस्टीन
इवान बान
सत्चित बालसारी
कल्पेश भट्ट
क्रिस्टीन ब्लेसर
जैनी बोरडो
अमान्डा बरूस्टर
कैनेडेस ब्राउन
डैरेक ब्राउन
रिबैका बियरली
रिचर्ड कैश
सलोनी चतुर्वेदी
स्टीफ़न चैंग
कश्यप चौकसी
ईसेक डायनो
फ़ैलिक्स डेरोसन
नमिता धरिया
विनीत दिवादकर
डायना एक्क
सुई गोल्डी
ग्रेगरी ग्रीनवाउच
रीत हज़ारिका
मीना हिवैट
सुसन होलमैन
उमंग हुथसंग
एम जावेद
ध्रुव काज़ी
तरुण खन्ना
आन्ना नैफ़िल
केटी कोच
जिम लासको
बेन लुईस
जॉन मैकॉम्बर
नोरा मैगिन
ऑस्कर मालस्पीना
नूतन मौर्य
ब्रीना मैकडफ़ी
राहुल मेहरोत्रा
दिनेश मेहता
दीपि मेहता
अलीख़ान मोहम्मद
डियोनी मूडी
टॉड मोस्टक
लॉरस म्यूलर
नील मूर्ति
जुका–पैका ओनीला
परिमल पाटील
लोगन प्लास्टर
अनीथा पोट्टकुलम
निकोलस रोथ
रवी सैम
रणवीर शाह
लैला शैगन
वौगन टैन
रैचल टैलर
फिलीप वेरा
गुन्थर बोग्ट
मिशैल वौटॅमन
नेड वाइटमैन
जेम्स वाइटन
टियाना ज़ुज़ुल

यह पुस्तक विक्रम गाँधी और मीरा गाँधी के उदार योगदान से संभव हो सकी।

क्षेत्र कार्य में सहायक घटनाओं को आयोजित करने में मदद करने के लिये प्रकृति फ़ाउन्डेशन को विशेष धन्यवाद देना चाहता हूँ और कुम्भ मेले के अन्तर्गत उदार सहयोग के लिये देवेश चतुर्वेदी, श्रद्धा द्विवेदी, मणि प्रसाद मिश्रा, राजेश राठौर, आलोक शर्मा को धन्यवाद देता हूँ। अगस्त 2013 हार्वर्ड यूनिवर्सिटी के रैडक्लिफ़ इंस्टीट्यूट में हुये वर्कशॉप का आभारी हूँ।